Kenn-Nummern der Reichsanstalt für Luftschutz 1936-1944

RL-Nummern-Liste

Zusammengestellt von

Ingo Danielzik und Holger Förstemann

5. Auflage – Mai 2018

Bibliografische Information der Deutschen Nationalbibliothek
Die Deutsche Nationalbibliothek verzeichnet diese Publikation in der Deutschen Nationalbibliografie; detaillierte bibliografische Daten sind im Internet über http://dnb.d-nb.de abrufbar.

Herstellung und Verlag:BoD- Books on Demand, Norderstedt
ISBN 978-3-837-01598-0

Inhalt

Einleitung

Bereits im Jahr 1794 versuchte man unter Bonaparte das erste mal, Flugobjekte – damals noch einfache Ballons – zu Kriegszwecken einzusetzen. Diese einfache Technik erlangte jedoch nur eine geringe militärische Bedeutung und erfuhr in den folgenden Jahrzehnten auch keine nennenswerte Weiterentwicklung. Dies änderte sich erst, als Anfang des 20. Jahrhunderts manövrierbare Luftfahrzeuge erfunden wurden: Im Deutschen Reich (in anderen Staaten setzte die Entwicklung vergleichbar ein) wurden 1911 erstmals Flugzeuge im Rahmen der Kaisermanöver eingesetzt. Sie dienten dabei nur der Aufklärung und waren unbewaffnet. Dies änderte sich im Ersten Weltkrieg. Waren anfangs nur die leicht zu bekämpfenden Luftschiffe (Zeppeline) in der Lage, Bomben zu transportieren, so wurden im Verlauf des Krieges die Flugzeuge schnell leistungsfähiger und konnten in Folge dessen größere Lasten in die Luft befördern. Schon Ende 1915 wurden auf deutscher Seite Flugzeuge auch als reine Bomber konstruiert, die bis zu 1,8 t Bombenlast transportieren konnten. Später wurden auch Langstreckenbomber („Gotha"-Serie) entwickelt, mit denen es möglich war, auch weit entfernte Städte zu attackieren. So wurde von den Deutschen am 13. Juni 1917 ein Angriff auf London geflogen. Aber auch deutsche Städte wie Köln und Mannheim wurden bis Kriegsende Ziel von allierten Bombenangriffen.

Größer als der Schaden, der durch die abgeworfenen Bomben entstand, war die moralische Wirkung auf die Bevölkerung, die sich bis dahin weit hinter der Front in Sicherheit wähnen konnte. Als Abwurfmunition wurden fast ausschließlich Brisanzbomben verwendet. Die Brandbombe war zwar bereits entwickelt worden, kam jedoch nicht zum Einsatz.

Aus den Erkenntnissen des Ersten Weltkriegs erwuchs an maßgebenden Stellen die Einsicht, dass fortan Maßnahmen zum Schutz der Zivilbevölkerung vor Luftangriffen noch notwendiger wurden. Auch in den anderen großen europäischen Staaten (England, Frankreich, Russland) hielt man Luftschutzübungen ab, die den Nachweis lieferten, das Luftangriffe mit immer moderneren Waffen eine verheerende Wirkung erzielen würden. 1927 wurde der „Deutsche Luftschutzbund" gegründet, als überparteilicher Zusammenschluss zur Schaffung des zivilen Luftschutzes. Als Aufgaben erkannte man vor allem

- rechtzeitiges Warnen der Bevölkerung bei Luftangriffen
- Schaffung von Schutzmöglichkeiten vor Bomben(-splittern) und Giftgasen
- Ausbildung und Aufklärung der Bevölkerung in Erster Hilfe und Kampfstoffabwehr
- Brandbekämpfung

Besonders der Einsatz von Giftgasen an den Fronten des Ersten Weltkriegs hatte einen bleibenden Eindruck hinterlassen. Internationale Abkommen zur Ächtung der chemischen Kampfstoffe scheiterten in den 1920er Jahren und so musste auch in einem kommenden Luftkrieg mit dem Abwurf von Gasbomben gerechnet werden.

Dies führt in den Folgejahren zu einer ständigen Weiterentwicklung der praktischen und theoretischen Luftschutzmaßnahmen: Luftraumbeobachtung, Warn- und Alarmmittel, öffentliche Luftschutzübungen, verbesserte Koordination der Luftschutzhilfskräfte (Rotes Kreuz, Feuerwehren, Behörden, Technische Nothilfe) und Ausbildung von Behörden- und Industriearbeitern in Feuerlöschtechnik und Erster Hilfe.

Massiv gefördert wurden diese Maßnahmen nach der Machtübernahme durch die Nationalsozialisten im Januar 1933. Bereits drei Monate später, am 29. April 1933, wird der Reichsluftschutzbund aus der Taufe gehoben. Ihm kommt die Aufgabe zu, die gesamte Bevölkerung luftschutzmäßig auszubilden. Dazu werden in Folge reichsweit Luftschutzschulen eingerichtet.
Für den Schutz der Zivilbevölkerung war es anfangs nicht vorgesehen, bombensichere Schutzbauten (Bunker) zu errichten. Vielmehr sollte in „luftgefährdeten Gebieten" – als solche wurden anfangs vor allem die grenznahen Bereiche angesehen – in möglichst jedem geeigneten Haus ein Schutzraum für die Bewohner hergerichtet werden. Dieser sollte zumindest Schutz vor Bombensplittern und Trümmern bieten und zudem gassicher sein. Hierzu waren spezielle Einrichtungsgegenstände unabdingbar (Lüfter, Filter, Schutztüren und -blenden). Die Hersteller stellten sich schnell auf diesen Markt ein und begannen schnell mit der Produktion mutmaßlich geeigneter Waren, deren Nutzen bzw. Wirksamkeit aber zum Teil fraglich war.

Der beabsichtigte planmäßige Aufbau eines reichsweit einheitlichen Luftschutzwesens benötigte entsprechende gesetzliche Grundlagen, die am 26. Juni 1935 mit der Beschließung und Veröffentlichung des Luftschutzgesetzes im Reichsgesetzblatt auch formal geschaffen wurden. In ihm wurde nun auch erstmals geregelt, dass Produkte für den Luftschutz nicht ohne vorherige Genehmigung verbreitet werden durften:

§ 8 (Genehmigungsvorbehalt):

Wer Gerät oder Mittel für den Luftschutz vertreiben oder über Fragen des Luftschutzes Unterricht erteilen, Vorträge halten, Druckschriften veröffentlichen oder sonst verbreiten, Bilder oder Filme öffentlich vorführen oder Luftschutzausstellungen veranstalten will, bedarf der Genehmigung des Reichsministers der Luftfahrt oder der von ihm bestimmten Stellen.

(Luftschutzgesetz vom 26. Juni 1935, Reichsgesetzblatt I S. 827)

Für die Prüfung und Zulassung der Luftschutzprodukte wurde eigens eine neue Stelle geschaffen, die „Reichsanstalt der Luftwaffe für Luftschutz" (auch kurz bezeichnet als „Reichsanstalt für Luftschutz"). Diese ging durch Gründung am 1. April 1935 aus der preußischen Luftschutz- und Luftpolizeischule hervor. Organisatorisch war sie vollständig dem Reichsluftfahrtministerium unter Hermann Göring unterstellt und hatte zusammen mit der Reichsluftschutzschule und der Luftpolizeischule Berlin ihren Sitz in der Friesenstraße 16 in Berlin-Tempelhof, einer ehemaligen Kaserne des Königin-Augusta-Garde-Grenadier-Regiments Nr. 4 und des Garde-Kürassier-Regiments. Die wesentlichen Aufgaben der Reichsanstalt für Luftschutz lassen sich in zwei Hauptbereiche aufteilen:

Die **Schulabteilung** befasste sich hauptsächlich mit der Ausbildung und Schulung von Personen in öffentlichen und leitenden Stellungen. Dazu gehörten die oberen Ränge des Werkluftschutzes, örtliche Luftschutzleiter, leitende Polizeioffiziere, Ärzte des Luftschutzsanitätsdienstes, Beamte der Baupolizeibehörden, Feuerwehrführer, leitende Beamte der

Stadtverwaltungen und viele mehr. Sie erhielten behördlich verordnete fünf- bis zehntägige intensive Schulungen in Form von Vorträgen zu allgemeinen und fachspezifischen Themenbereichen des Luftschutzes und praktischen Übungen und Vorführungen an Geräten des Luftschutzes (Löschfahrzeuge, Gasmasken, usw.). Die Grundlagen für das in den Schulungen vermittelte Wissen wurden ebenfalls von der Schulabteilung erarbeitet. Die Lehrgänge wurden ganzjährig abgehalten. Im Schulungsjahr 1935/36 besuchten so bereits etwa 3000 Teilnehmer die Lehrgänge.
Anfang 1942 wurde zudem eine Luftschutz-Lehrkompanie mit 82 Personen aufgestellt, welche die Aufgabe hatte, Luftschutz-Unterführer aus Anlagen der Luftwaffe auszubilden.
Die **Prüf- und Versuchsabteilung** (Technisch-wissenschaftliche Abteilung) war für die Begutachtung, Prüfung und Weiterentwicklung von technischen Einrichtungen und Erzeugnissen für Luftschutzzwecke zuständig. Dies geschah in fünf verschiedenen Fachgruppen, die auf den Gebieten „Gasschutz und Entgiftung", „Brandschutz/Löschgeräte", „Bauwesen / Verdunkelung / Tarnung", „Fernmelde- und Alarmwesen" und „Luftschutzsanitäts- und Veterinärwesen" tätig waren. Wichtigster Punkt war hierbei vor allem die Erteilung von Vertriebsgenehmigungen nach § 8 des Luftschutzgesetzes. Hierzu mussten die zu genehmigenden Produkten eingehenden Prüfungen unterworfen werden. Die Reichsanstalt für der Luftwaffe für Luftschutz verfügte über Testgelände bei Rechlin (Luftwaffenerprobungsstelle) im heutigen Mecklenburg-Vorpommern und bei Ehra-Lessien nördlich von Wolfsburg. Dort wurden – unter zum Teil erheblichem Aufwand – Versuche im Bereich der Brandbekämpfung, der Entgiftung und der Bautechnik durchgeführt.
Für die Präsentation verschiedener Schutzbauvarianten befand sich auf dem Gelände in der Friesenstraße auch eine 1936-38 erbaute unterirdische Musteranlage und ein fünfgeschossiger Hochbunker, der auch bei der Erprobung von Luftschutzgegenständen Verwendung fand (der Bunker wurde nach dem Krieg auf Anweisung der Alliierten beseitigt). Die bei den Tests gewonnenen Erkenntnisse flossen wiederum in die Weiterentwicklung und die Kurse der Schulabteilung ein.
Daneben verfügte die Reichsanstalt für Luftschutz noch über eine **Bild- und Filmtechnische Abteilung**, die Fotos, Diareihen und Filme zu Lehr- und Dokumentationszwecken produzierte und verlieh. Darüber hinaus wirkte sie noch auf den Prüfgeländen bei der Dokumentation und Auswertung der Versuche mit. Die Abteilung war technisch hervorragend ausgerüstet und konnte alle fototechnischen Aufgaben selbständig ausführen.

Entsprechend der Vielzahl der Aufgaben existierte zudem auch noch eine Abteilung zur **Verwaltung, Koordination und Beschaffung**.

Vierte Durchführungsverordnung zum Luftschutzgesetz

Vom 31. Januar 1938 (Reichsgesetzblatt I S. 197)

Genehmigung und Vertrieb von Luftschutzgegenständen

Auf Grund des § 12 des Luftschutzgesetzes vom 26. Juni 1935 (Reichsgesetzblatt I S. 827) wird im Einvernehmen mit den zuständigen Reichsministern verordnet:

§ 1:

1. Geräte oder Mittel für den Luftschutz, deren Vertrieb nach § 8 des Luftschutzgesetzes genehmigungspflichtig ist, sind diejenigen Geräte, Mittel, Einrichtungen und Verfahren, die nach der Verkehrsanschauung ausschließlich oder vorwiegend für Luftschutzzwecke bestimmt sind oder die von der Reichsanstalt für Luftschutz für luftschutzwichtig erklärt werden (Luftschutzgegenstände). In Zweifelsfällen entscheidet die Reichsanstalt für Luftschutz.
2. Vertrieb im Sinne des Absatzes 1 ist auch die kostenlose Abgabe und Verteilung.

§ 2:

1. Bei der Werbung für Luftschutzgegenstände, deren Vertrieb gemäß § 8 des Luftschutzgesetzes genehmigt worden ist, dürfen ohne besondere Genehmigung nur solche Bezeichnungen, Beschreibungen oder Anpreisungen der Gegenstände verwendet werden, die inhaltlich der erteilten Genehmigung einschließlich etwaiger Bedingungen und Auflagen entsprechen.
2. Jede Werbung für Luftschutzgegenstände, deren Vertrieb gemäß § 8 des Luftschutzgesetzes noch nicht genehmigt worden ist, bedarf der Zustimmung der Reichsanstalt für Luftschutz.
3. Bei der Werbung für Gegenstände, die nicht Luftschutzgegenstände sind, dürfen Bezeichnungen, Beschreibungen und Anpreisungen, die auf eine ausschließliche oder vorwiegende Eignung für Luftschutzzwecke hinweisen, nicht verwendet werden. Hinweise darauf, daß die Gegenstände neben ihren sonstigen Verwendungszwecken auch für Luftschutzzwecke geeignet sind, sind zulässig; der Gebrauch derartiger Hinweise kann von der Reichsanstalt für Luftschutz untersagt oder von der Erfüllung von Bedingungen und Auflagen abhängig gemacht werden.
4. Die Verbindung der Bezeichnung eines nach § 1 nicht genehmigungspflichtigen Gegenstandes mit den Worten Luftschutz-, Schutzraum- und ähnlichen Zusätzen bedarf der Zustimmung der Reichsanstalt für Luftschutz.
5. Für Werbungen, insbesondere Druckschriften, die über eine Bezeichnung, Beschreibung oder Anpreisung des Gegenstandes hinausgehen, gilt § 8 des Luftschutzgesetzes.

§ 3:

1. Anträge auf Genehmigung zum Vertrieb von Luftschutzgegenständen im Inland und Ausland sind an die Reichsanstalt für Luftschutz zu richten. Diese entscheidet über die Genehmigung.

2. Dem Antrag sind prüfungsfähige Unterlagen (Zeichnungen, Beschreibungen u. dgl.) beizufügen. Die Genehmigung kann von dem Ergebnis einer Eignungsprüfung, vom Nachweis der geforderten Eigenschaften und von sonstigen Voraussetzungen abhängig gemacht werden. Insbesondere kann die Vorlage von Mustern des Gegenstandes und der verwendeten Werkstoffe gefordert werden. Muster und Unterlagen gehen auf Verlangen der Reichsanstalt für Luftschutz entschädigungslos in das Eigentum des Reichs über.
3. Die Reichsanstalt für Luftschutz kann die zur Genehmigung erforderlichen Prüfungen selbst vornehmen oder andere Stellen damit beauftragen. Die Kosten der Prüfung hat der Antragsteller zu tragen.
4. Gleichzeitig mit dem Antrag auf Genehmigung ist eine Verwaltungsgebühr von 20 Reichsmark zu zahlen.
5. In Ausnahmefällen kann die Reichsanstalt für Luftschutz die Kosten und die Verwaltungsgebühr ermäßigen oder erlassen.

§ 4:

1. Die Genehmigung wird widerruflich, unbeschadet der Rechte Dritter und nach freiem Ermessen erteilt. Der Widerruf ist zu begründen. Gegen den Widerruf ist binnen zwei Wochen die Beschwerde an den Reichsminister der Luftfahrt und Oberbefehlshaber der Luftwaffe zulässig.
2. Die Genehmigung kann unter Bedingungen und Auflagen, insbesondere auch hinsichtlich der Art der Werbung, erteilt werden.
3. Die Genehmigung erstreckt sich nur auf solche Gegenstände, die mit den zur Prüfung vorgelegten und geprüften Unterlagen völlig übereinstimmen.

§ 5:

1. Die Genehmigung wird in der Regel nur dem Hersteller erteilt.
2. Dem Hersteller gleichzuachten ist, wer im Ausland hergestellte Luftschutzgegenstände in das Reichsgebiet einführt.
3. Die Genehmigung ist nur mit Zustimmung der Reichsanstalt für Luftschutz übertragbar.
4. Für Luftschutzgegenstände, an die keine besonderen luftschutztechnischen Anforderungen zu stellen sind, kann die Reichsanstalt für Luftschutz allgemeine Vertriebsgenehmigungen erteilen.

§ 6:

Erteilung und Widerruf der Genehmigungen werden grundsätzlich im Deutschen Reichsanzeiger und Preußischen Staatsanzeiger veröffentlicht. Das gleiche gilt für die von der Reichsanstalt für Luftschutz nach § 1 Abs. 1 abzugebenden Erklärungen über die Luftschutzwichtigkeit.

§ 7:

1. Ist die Vertriebsgenehmigung dem Hersteller erteilt, so ist jeder weitere Vertrieb ohne Genehmigung zulässig, soweit nicht im Einzelfall etwas anderes bestimmt wird.

2. Vor jedem Weitervertrieb muß sich der Vertreibende von dem Hersteller oder Verkäufer eine Abschrift des für den Gegenstand erteilten Genehmigungsbescheids aushändigen lassen und sich davon überzeugen, daß die Gegenstände, deren Vertrieb er beabsichtigt, die in dem Genehmigungsbescheid vorgeschriebene Kennzeichnung tragen. Der Vertreibende ist dafür verantwortlich, daß der Weitervertrieb den gesetzlichen Vorschriften und etwaigen in dem Genehmigungsbescheid niedergelegten Bedingungen und Auflagen der Reichsanstalt für Luftschutz entspricht.
3. Der Weitervertrieb kann von der Reichsanstalt für Luftschutz untersagt werden.

§ 8:

1. Aus der Erteilung, Versagung oder Rücknahme der Genehmigung können Ansprüche gegen das Reich nicht hergeleitet werden.
2. Die Vorschriften über die Haftung des Reichs für seine Beamten bleiben unberührt.

§ 9:

1. Die vor dem Inkrafttreten dieser Verordnung von anderen Stellen als der Reichsanstalt für Luftschutz erteilten Inlands-Vertriebsgenehmigungen erlöschen mit Ablauf des 1. Mai 1938.
2. Für einen erneuten Antrag auf Genehmigung werden Kosten und Gebühren nicht erhoben.

§ 10:

1. Bei Zuwiderhandlungen gegen die Vorschriften dieser Verordnung können die Gegenstände, auf die sich die Zuwiderhandlung bezieht, eingezogen werden, auch wenn sie dem Täter oder einem Teilnehmer nicht gehören.
2. Kann keine bestimmte Person verfolgt oder verurteilt werden, so kann auf die Einziehung der Gegenstände selbständig erkannt werden.
3. Die Benutzung der ohne Genehmigung vertriebenen Gegenstände für Luftschutzzwecke kann untersagt werden.

§ 11:

Der Ortspolizeiverwalter kann die zur Durchführung dieser Verordnung notwendigen Maßnahmen im Wege polizeilicher Verfügung durchsetzen. § 17, mit Ausnahme von Satz 4, und § 21 Abs. 1 und 2 der Ersten Durchführungsverordnung zum Luftschutzgesetz vom 4. Mai 1937 (Reichsgesetzblatt I S. 559) finden entsprechende Anwendung.

Berlin, den 31. Januar 1938

Der Reichsminister der Luftfahrt und Oberbefehlshaber der Luftwaffe

Göring

Alle Produkte, die für Luftschutzzwecke hergestellt, beworben und vertrieben werden sollten, mussten auf ihre Eignung geprüft und genehmigt werden. Grundlage hierfür war die Vierte Durchführungsverordnung zum Luftschutzgesetz. Die Vertriebsgenehmigungen wurden auf Antrag hin erteilt, wenn alle erforderlichen Unterlagen (Zeichnungen, Musterentwürfe, Beschreibungen, Materialproben usw.) eingereicht und positiv bewertet wurden. Genehmigte Luftschutzgegenstände erhielten eine Kenn-Nummer zugeteilt, die im amtlichen „Deutschen Reichsanzeiger und Preußischen Staatsanzeiger" veröffentlicht wurden und mit der sie auch gekennzeichnet werden mussten. Noch heute findet man so Typenschilder, alte Werbeinserate oder Stempelungen, die anzeigen, wann ein Produkt für Luftschutzzwecke zugelassen wurde.

Die folgenden Auflistungen geben einen guten Überblick über die Vielzahl und Mannigfaltigkeit der in den einzelnen Fachgruppen auftretenden Produkte. Vom Riechprobenkasten über den Aufkleber für Luftschutzhelme bis hin zur Hautentgiftungssalbe und den kompletten Luftschutzturm ist das Sortiment so zahlreich wie die Hersteller, die aus dem gesamten damaligen Reichsgebiet – in späteren Jahren auch aus dem Deutschen Reich angeschlossenen Gebieten – kommen. Um gezielt auch Hersteller suchen zu können, wurde im Anschluss an die RL-Nummern-Listen ein Verzeichnis aller auftretenden Herstellersitze mit Herstellern und RL-Nummern angefügt.

Fachgruppe 1: Gasschutz und Entgiftung			
	Kenn-Nr.	**Beschreibung**	**Hersteller**
1	**RL1-37/1**	Gasanzug, 2-teilig	Auergesellschaft AG, Friedrich-Krause-Ufer 24, Berlin-Tiergarten
2	**RL1-37/2**	Chlorkalk- und Sandstreuer (fahrbar, ca. 160 l)	
3	**RL1-37/3**	Gelbriech-Schnüffeldose	Hagenuk - Hanseatische Apparatebau-Gesellschaft Neufeldt u. Kuhnke GmbH, Kiel
4	**RL1-37/4**	Gashandschuhe	Veritas Gummiwerke AG, Berlin-Lichterfelde
5	**RL1-37/5**	Reizstoff-Ampulle (50% bromessigsaures Methyl, 50% Tetrachlorkohlenstoff)	Deutsche Pyrotechnische Fabriken GmbH, Oranienstraße 165a, Berlin-Kreuzberg
6	**RL1-37/6**	Luftschutz-Experimentier-Gerät / Experimentierkasten „Morgner“	Kultur - Versandhaus für Lehrmittel, Kantstraße 22, Leipzig
7	**RL1-37/8**	schwere Gasbekleidung	
8	**RL1-37/9**	schwere Gasbekleidung	Continental Gummiwerke AG / Continental Caoutchouc-Compagnie GmbH, Hannover
9	**RL1-37/10**	Gasanzug	Drägerwerk, Heinr. u. Bernh. Dräger, Moislinger Allee 53-55, Lübeck
10	**RL1-37/11**	Chlorkalk- und Sandstreuer	W. Reinwart Metallwaren, Lauter (Sachsen)
11	**RL1-37/12**	schwere Gasbekleidung, aus Gasanzugstoff C 104 L	Auergesellschaft AG, Friedrich-Krause-Ufer 24, Berlin-Tiergarten
12	**RL1-37/12**	schwere Gasbekleidung	G. Jakobs, Kaiser-Maximilian-Straße 33, Leipzig
13	**RL1-37/15**	Gasanzug	Friedrich Häusgen, Berlin-Tempelhof
14	**RL1-37/16**	Sudanpapier Nr. 5	Drägerwerk, Heinr. u. Bernh. Dräger, Moislinger Allee 53-55, Lübeck
15	**RL1-37/17**	Beutel für verlostete Kleidungsstücke	Aluminium-Walzwerke Singen GmbH, Singen-Hohentwiel

Fachgruppe 1: Gasschutz und Entgiftung			
	Kenn-Nr.	**Beschreibung**	**Hersteller**
16	**RL1-37/19**	Gelbriech-Gießkanister	Hagenuk - Hanseatische Apparatebau-Gesellschaft Neufeldt u. Kuhnke GmbH, Kiel
17	**RL1-37/20**	Gelbriech-Gießkanister	Hagenuk - Hanseatische Apparatebau-Gesellschaft Neufeldt u. Kuhnke GmbH, Kiel
18	**RL1-37/21**	kleine Blaureiz-Schweldose	Hagenuk - Hanseatische Apparatebau-Gesellschaft Neufeldt u. Kuhnke GmbH, Kiel
19	**RL1-37/22**	große Blaureiz-Schweldose	Hagenuk - Hanseatische Apparatebau-Gesellschaft Neufeldt u. Kuhnke GmbH, Kiel
20	**RL1-37/23**	Reizstoff-Sprengampulle	Hagenuk - Hanseatische Apparatebau-Gesellschaft Neufeldt u. Kuhnke GmbH, Kiel
21	**RL1-37/24**	Reizstoff-Nebelkerze, 250 g	Hagenuk - Hanseatische Apparatebau-Gesellschaft Neufeldt u. Kuhnke GmbH, Kiel
22	**RL1-37/25**	kleine Reizstoff-Schweldose, 1 g Floracetophenon	Hagenuk - Hanseatische Apparatebau-Gesellschaft Neufeldt u. Kuhnke GmbH, Kiel
23	**RL1-37/26**	Reizstoff-Schweldose	Hagenuk - Hanseatische Apparatebau-Gesellschaft Neufeldt u. Kuhnke GmbH, Kiel
24	**RL1-37/27**	CO-Filter Typ 112 mit Schwebstoffilter dy 95	Drägerwerk, Heinr. u. Bernh. Dräger, Moislinger Allee 53-55, Lübeck
25	**RL1-37/32**	Phosgenpapier I zur Erkennung von Phosgen und Perstoff	Dr. Theodor Schuchardt GmbH, Chemische Fabrik, Görlitz
26	**RL1-37/33**	Gutzeitpapier zur Erkennung von Lewisit und Arsenverbindungen	Dr. Theodor Schuchardt GmbH, Chemische Fabrik, Görlitz
27	**RL1-37/34**	Natriumjodidacetonlösung	Dr. Theodor Schuchardt GmbH, Chemische Fabrik, Görlitz
28	**RL1-37/35**	Anilinwasser zur Erkennung von Phosgen und Perstoff	Dr. Theodor Schuchardt GmbH, Chemische Fabrik, Görlitz
29	**RL1-37/36**	Selenige Säure zur Erkennung von Lost	Dr. Theodor Schuchardt GmbH, Chemische Fabrik, Görlitz

Fachgruppe 1: Gasschutz und Entgiftung			
	Kenn-Nr.	**Beschreibung**	**Hersteller**
30	**RL1-37/37**	Bougault-Reagenz zur Erkennung von Blaukreuz	Dr. Theodor Schuchardt GmbH, Chemische Fabrik, Görlitz
31	**RL1-37/38**	Spürpulver	Drägerwerk, Heinr. u. Bernh. Dräger, Moislinger Allee 53-55, Lübeck
32	**RL1-37/39**	Gasanzug aus Stoff 10035	Karl Grube GmbH, Hannover-Linden
33	**RL1-37/40**	Entgiftungsschrank Dräger Mod. 2	Drägerwerk, Heinr. u. Bernh. Dräger, Moislinger Allee 53-55, Lübeck
34	**RL1-37/41**	Gashandschuhe	Veritas Gummiwerke AG, Berlin-Lichterfelde
35	**RL1-37/42**	Lost-Attrappe	Deutsche Mox-Brenner GmbH, Alte Jakobstraße 20-22, Berlin-Kreuzberg
36	**RL1-37/43**	Lost-Attrappe „LA 1000" in Blechbehälter	Deutsche Mox-Brenner GmbH, Alte Jakobstraße 20-22, Berlin-Kreuzberg
37	**RL1-37/44**	Sudanrot-Papier als Lost-Spürmittel	Deutsche Mox-Brenner GmbH, Alte Jakobstraße 20-22, Berlin-Kreuzberg
38	**RL1-37/47**	Gasmaske Modell 735	Auergesellschaft AG, Friedrich-Krause-Ufer 24, Berlin-Tiergarten
39	**RL1-37/48**	Gasanzug aus Gummi	Paul Stratmann & Co., Lübecker Straße 18, Dortmund
40	**RL1-37/52**	Gasstiefel Art. 1131 aus Naturkautschuk und Buna	Phoenix AG, Harburger Gummiwaren-Fabrik, Hamburg-Harburg
41	**RL1-37/53**	Schaukopf für Gasmasken	Auergesellschaft AG, Friedrich-Krause-Ufer 24, Berlin-Tiergarten
42	**RL1-37/54**	Atemwiderstandsmesser	Drägerwerk, Heinr. u. Bernh. Dräger, Moislinger Allee 53-55, Lübeck
43	**RL1-37/55**	Atemwiderstandsmesser	Auergesellschaft AG, Friedrich-Krause-Ufer 24, Berlin-Tiergarten

Fachgruppe 1: Gasschutz und Entgiftung

	Kenn-Nr.	Beschreibung	Hersteller
44	**RL1-37/56**	Schaukopf für Gasmasken	Auergesellschaft AG, Friedrich-Krause-Ufer 24, Berlin-Tiergarten
45	**RL1-37/58**	Gasanzug	H. Hohendahl, Gummi- und Asbest-Gesellschaft mbH, Schutzkleider-fabrik, Essen
46	**RL1-37/60**	Gasspürkasten	Dr. Hermann Rohrbeck Nachf. GmbH, Albrechtstraße 15, Berlin
47	**RL1-37/61**	Sprengkörper zur Darstellung von Kampfstoffschäden, Größe 1	Chemische Fabrik Dr. Hugo Stoltzenberg, Mönckebergstraße 19, Hamburg
48	**RL1-37/62**	Sprengkörper zur Darstellung von Kampfstoffschäden, Größe 2	Chemische Fabrik Dr. Hugo Stoltzenberg, Mönckebergstraße 19, Hamburg
49	**RL1-37/63**	Sprengkörper zur Darstellung von Kampfstoffschäden, Größe 3	Chemische Fabrik Dr. Hugo Stoltzenberg, Mönckebergstraße 19, Hamburg
50	**RL1-37/70**	Gasspürtornister	Albert Diedrich Domeyer, Osterfeuerbergstraße 1, Bremen
51	**RL1-37/71**	Gasspürkasten	Richter & Co. Berlin-Charlottenburg
52	**RL1-37/72**	Gasanzug	H. Hohendahl, Gummi- und Asbest-Gesellschaft mbH, Schutzkleider-fabrik, Essen
53	**RL1-37/73**	Gasanzug	H. Hohendahl, Gummi- und Asbest-Gesellschaft mbH, Schutzkleider-fabrik, Essen
54	**RL1-37/74**	Gasspürgerät (Fahrradgerät)	Görnitz & Stoik Leichtmetallbau, Michaelkirchstraße 20, Berlin
55	**RL1-37/78**	Gasanzug	Hagenuk - Hanseatische Apparate-bau-Gesellschaft Neufeldt u. Kuhnke GmbH, Kiel
56	**RL1-37/79**	Gasanzug	C. Steuernagel, Kleiderfabrik Worms
57	**RL1-37/142**	Wandgebläse zur Belüftung von Schutzräumen	Wilhelm Bruder Söhne, Waldkirch

Fachgruppe 1: Gasschutz und Entgiftung			
	Kenn-Nr.	**Beschreibung**	**Hersteller**
58	**RL1-38/1**	Gasspürtornister	Görnitz & Stoik Leichtmetallbau, Michaelkirchstraße 20, Berlin
59	**RL1-38/2**	Gasspürkasten	Albert Diedrich Domeyer, Osterfeuerbergstraße 1, Bremen
60	**RL1-38/3**	S-Maskenkörper (Gasmaskenkörper 30)	Auergesellschaft AG, Berlin, Werk Oranienburg
61	**RL1-38/4**	VM.37 (Volksgasmaske), VK-Karton, VM.-Filter	Auergesellschaft AG, Berlin, Werk Oranienburg
62	**RL1-38/5**	S-Maskenkörper (Gasmaskenkörper 30)	Drägerwerk, Heinr. u. Bernh. Dräger, Moislinger Allee 53-55, Lübeck
63	**RL1-38/6**	VM.37 (Volksgasmaske), VK-Karton, VM.-Filter	Drägerwerk, Heinr. u. Bernh. Dräger, Moislinger Allee 53-55, Lübeck
64	**RL1-38/7**	Gasanzug aus Stoff R 43 L	Gawadi Wetterschutz GmbH, Dresden
65	**RL1-38/8**	Gasanzug aus Stoff C 104 L	Kehler & Stelling, Kleiststraße 11, Berlin
66	**RL1-38/9**	Reizstoffdose Acetomox CBk für je 50 m^3	Deutsche Mox-Brenner GmbH, Alte Jakobstraße 20-22, Berlin-Kreuzberg
67	**RL1-38/10**	Reizstoffdose Acetomox CBm für je 100 m^3	Deutsche Mox-Brenner GmbH, Alte Jakobstraße 20-22, Berlin-Kreuzberg
68	**RL1-38/11**	Experimentierkasten für Gasmasken-versuche	Physikalische Werkstätten AG, Göttingen
69	**RL1-/38/12**	Experimentierkasten zum Luft- und Gasschutz	Physikalische Werkstätten AG, Göttingen
70	**RL1-38/13**	Reizkörper für Dichtigkeitsprobe	Nalfag - Wissenschaftliche Vereinigung für nationale LS-Geräte u. Kampfstoffchemie, Veilchenstraße 5, Berlin
71	**RL1-38/14**	Gasanzugstoff C 104 L	Albert Diedrich Domeyer, Osterfeuerbergstraße 1, Bremen
72	**RL1-38/15**	Übungsspürpulver Mox	Deutsche Mox-Brenner GmbH, Alte Jakobstraße 20-22, Berlin-Kreuzberg

Fachgruppe 1: Gasschutz und Entgiftung			
	Kenn-Nr.	**Beschreibung**	**Hersteller**
73	**RL1-38/16**	Schutzbeutel für Filtereinsätze (Muster Dräger)	Drägerwerk, Heinr. u. Bernh. Dräger, Moislinger Allee 53-55, Lübeck
74	**RL1-38/17**	Schutzbeutel für Filtereinsätze (Muster Auer)	Auergesellschaft AG, Berlin, Werk Oranienburg
75	**RL1-38/18**	Gasanzugbügel (Modell Dräger)	Drägerwerk, Heinr. u. Bernh. Dräger, Moislinger Allee 53-55, Lübeck
76	**RL1-38/19**	Losantin 12 in Trommeln	IG Farbenindustrie AG, Frankfurt / M.
77	**RL1-38/20**	Gasanzug aus Stoff C 104 L	Heinrich Sohn, Neu-Ulm
78	**RL1-38/21**	Gasstiefel	Tretorn und Calmon Gummiwerke AG, Flotowstraße 36, Hamburg
79	**RL1-38/22**	Reizstoff-Ampulle (mit Aufhänge-vorrichtung, 7 cm^3 Bn-Stoff)	Chemische Fabrik Dr. Hugo Stoltzenberg, Mönckebergstraße 19, Hamburg
80	**RL1-38/23**	Filtereinsatz SM 60	Auergesellschaft AG, Friedrich-Krause-Ufer 24, Berlin-Tiergarten
81	**RL1-38/24**	Filtereinsatz Nr. 89	Auergesellschaft AG, Friedrich-Krause-Ufer 24, Berlin-Tiergarten
82	**RL1-38/25**	S-CO-Filter Nr.86	Auergesellschaft AG, Friedrich-Krause-Ufer 24, Berlin-Tiergarten
83	**RL1-38/26**	Übungsfiltereinsatz	Auergesellschaft AG, Friedrich-Krause-Ufer 24, Berlin-Tiergarten
84	**RL1-38/27**	Sonderausführung der S-Maske für Säure- und Salzbetriebe	Auergesellschaft AG, Friedrich-Krause-Ufer 24, Berlin-Tiergarten
85	**RL1-38/28**	Gasmaske Modell 749	Auergesellschaft AG, Friedrich-Krause-Ufer 24, Berlin-Tiergarten
86	**RL1-38/29**	Gasmaske Modell 750	Auergesellschaft AG, Friedrich-Krause-Ufer 24, Berlin-Tiergarten

Fachgruppe 1: Gasschutz und Entgiftung			
	Kenn-Nr.	**Beschreibung**	**Hersteller**
87	**RL1-38/30**	Gasspürgerät Muster Nr. 16	Auergesellschaft AG, Friedrich-Krause-Ufer 24, Berlin-Tiergarten
88	**RL1-38/31**	Gasspürgerät Dräger-Schröter DS Mod. 16	Drägerwerk, Heinr. u. Bernh. Dräger, Moislinger Allee 53-55, Lübeck
89	**RL1-38/33**	Schaumodell VM.-Filter 37 (Muster Auer)	Auergesellschaft AG, Friedrich-Krause-Ufer 24, Berlin-Tiergarten
90	**RL1-38/34**	Riechprobenkasten	Auergesellschaft AG, Friedrich-Krause-Ufer 24, Berlin-Tiergarten
91	**RL1-38/35**	S-CO-Filter Type 537	Drägerwerk, Heinr. u. Bernh. Dräger, Moislinger Allee 53-55, Lübeck
92	**RL1-38/37**	Riechprobenkasten RK 5	Deutsche Mox-Brenner GmbH, Alte Jakobstraße 20-22, Berlin-Kreuzberg
93	**RL1-38/38**	Geruchsprüfkasten GK 10	Deutsche Mox-Brenner GmbH, Alte Jakobstraße 20-22, Berlin-Kreuzberg
94	**RL1-38/39**	Gashandschuhe	Metzeler Gummiwerke AG, Trappentreustraße, München
95	**RL1-38/40**	Schießtopf für Flachschuß zur Darstellung von Kampfstoffschäden, Größe 1	Albert Diedrich Domeyer, Osterfeuerbergstraße 1, Bremen
96	**RL1-38/41**	Schießtopf für Schrägschuß zur Darstellung von Kampfstoffschäden, Größe 2	Albert Diedrich Domeyer, Osterfeuerbergstraße 1, Bremen
97	**RL1-38/42**	Schießtopf für Steilschuß zur Darstellung von Kampfstoffschäden, Größe 3	Albert Diedrich Domeyer, Osterfeuerbergstraße 1, Bremen
98	**RL1-38/43**	Sudanpapier 1	Chemische Fabrik Dr. Hugo Stoltzenberg, Mönckebergstraße 19, Hamburg
99	**RL1-38/46**	Gasstiefel aus Gummi	
100	**RL1-38/54**	Gasanzug aus Stoff 10035	Kehler & Stelling, Kleiststraße 11, Berlin

Fachgruppe 1: Gasschutz und Entgiftung

	Kenn-Nr.	Beschreibung	Hersteller
101	**RL1-38/55**	Gasanzugbügel	Oswald Herrgesell, Neugersdorf / Sachsen
102	**RL1-38/56**	Gasschutzhaube (Verwundetenhaube)	Drägerwerk, Heinr. u. Bernh. Dräger, Moislinger Allee 53-55, Lübeck
103	**RL1-38/57**	Gasschutzhaube	Auergesellschaft AG, Friedrich-Krause-Ufer 24, Berlin-Tiergarten
104	**RL1-38/58**	Riechprobenkasten	Chemische Fabrik Dr. Hugo Stoltzenberg, Mönckebergstraße 19, Hamburg
105	**RL1-38/59**	Entgiftungsgerät „Entseuma“	Kugella vorm. Max Roth GmbH, Mittelschmalkalden
106	**RL1-38/66**	Sprengkörper zur Darstellung von Kampfstoffschäden, Größe 1, mit seitlich angebrachter Reibzündung	Chemische Fabrik Dr. Hugo Stoltzenberg, Mönckebergstraße 19, Hamburg
107	**RL1-38/67**	Sprengkörper zur Darstellung von Kampfstoffschäden, Größe 2, mit seitlich angebrachter Reibzündung	Chemische Fabrik Dr. Hugo Stoltzenberg, Mönckebergstraße 19, Hamburg
108	**RL1-38/68**	Sprengkörper zur Darstellung von Kampfstoffschäden, Größe 3, mit seitlich angebrachter Reibzündung	Chemische Fabrik Dr. Hugo Stoltzenberg, Mönckebergstraße 19, Hamburg
109	**RL1-38/69**	Reizgaspatrone (Bn-Stoff, Kaliber 12)	Erwin Remy, Essen
110	**RL1-38/70**	Reizstoffpatrone (Chloracetophenon, Kaliber 12)	Kunstfeuerwerkerei Carl Flemming, Neugraben (Hmbg.)
111	**RL1-38/71**	Reizgaspatrone (Bn-Stoff, Kaliber 12)	Kunstfeuerwerkerei Carl Flemming, Neugraben (Hmbg.)
112	**RL1-38/72**	Reizstoffpatrone (Chloracetophenon, Kaliber 12)	Gustav Genschow & Co. AG, Karlsruhe
113	**RL1-38/73**	Reizgaspatrone (Bn-Stoff, Kaliber 12)	Gustav Genschow & Co. AG, Karlsruhe
114	**RL1-38/74**	Reizstoff-Ampulle (10 cm^3 Bn-Stoff, mit Zündschnur und Schlinge)	Riedel-de Haen AG, Riedelstraße 1-32, Berlin-Britz
115	**RL1-38/75**	Reizstoff-Ampulle (5 cm^3 Bn-Stoff, ohne Zündschnur und Schlinge)	Riedel-de Haen AG, Riedelstraße 1-32, Berlin-Britz

Fachgruppe 1: Gasschutz und Entgiftung			
	Kenn-Nr.	**Beschreibung**	**Hersteller**
116	**RL1-38/76**	Reizstoff-Ampulle (2 cm³ Bn-Stoff, ohne Zündschnur und Schlinge)	Riedel-de Haen AG, Riedelstraße 1-32, Berlin-Britz
117	**RL1-38/77**	Reizgaspatrone (Bn-Stoff, Kaliber 12)	Riedel-de Haen AG Riedelstraße 1-32, Berlin-Britz
118	**RL1-38/78**	Entgiftungsstoff Chlorkalk L.W.E.	Alkaliwerke Westeregeln GmbH, Westeregeln
119	**RL1-38/79**	Entgiftungsstoff Chlorkalk L.J.G.	IG Farbenindustrie AG Unter den Linden 82, Berlin
120	**RL1-38/80**	Gashandschuhe „Erista" G	Fr. M. Daubitz Gummiwerke, Köpenicker Straße 91-95, Berlin-Rudow
121	**RL1-38/81**	Entgiftungsstoff Chlorkalk L.S.W.	Deutsche Solvaywerke AG, Osternienburg
122	**RL1-38/82**	Gashandschuhe	Schötz & Franke Nachf., Wurgwitz
123	**RL1-38/83**	Losantin-Tabletten (rechteckig)	IG Farbenindustrie AG, Frankfurt / M.
124	**RL1-38/84**	Losantin-Tabletten (rund)	IG Farbenindustrie AG, Frankfurt / M.
125	**RL1-38/85**	Geruchsprüfkasten	Drägerwerk, Heinr. u. Bernh. Dräger, Moislinger Allee 53-55, Lübeck
126	**RL1-38/86**	Gasanzug aus Stoff R 43 L	Kehler & Stelling, Kleiststraße 11, Berlin
127	**RL1-38/87**	Geruchsprüfkasten	Chem. Fabrik Dr. Hugo Stoltzenberg Mönckebergstraße 19, Hamburg
128	**RL1-38/88**	Ergänzungskasten für VM. 37	Drägerwerk, Heinr. u. Bernh. Dräger, Moislinger Allee 53-55, Lübeck
129	**RL1-38/89**	Ergänzungskasten für VM. 37	Auergesellschaft AG, Friedrich-Krause-Ufer 24, Berlin-Tiergarten
130	**RL1-38/90**	SM-Filter	Drägerwerk, Heinr. u. Bernh. Dräger, Moislinger Allee 53-55, Lübeck
131	**RL1-38/91**	Gashandschuhe	Continental Gummiwerke AG / Continental Caoutchouc-Compagnie GmbH, Hannover

Fachgruppe 1: Gasschutz und Entgiftung

	Kenn-Nr.	Beschreibung	Hersteller
132	**RL1-38/92**	Sudanpapier „7 a“	Dr. Hermann Rohrbeck Nachf. GmbH Albrechtstraße 15, Berlin
133	**RL1-38/93**	Lost-Attrappe Dr. R. 1	Chemische Fabrik Dr. Reininghaus, Essen
134	**RL1-38/94**	Tragetasche für VM. 37 (Muster Dräger)	Drägerwerk, Heinr. u. Bernh. Dräger, Moislinger Allee 53-55, Lübeck
135	**RL1-38/95**	Gashandschuhe	Migua KG Th. Hammerschmidt, Blankenburg
136	**RL1-38/96**	Lost-Attrappe A.D. 10	Albert Diedrich Domeyer Osterfeuerbergstraße 1, Bremen
137	**RL1-38/97**	Geruchsprüfkasten	Auergesellschaft AG, Friedrich-Krause-Ufer 24, Berlin-Tiergarten
138	**RL1-38/98**	Lost-Sand-Attrappe D.W. 10	Drägerwerk, Heinr. u. Bernh. Dräger, Moislinger Allee 53-55, Lübeck
139	**RL1-38/99**	Riechprobenkasten	Hagenuk - Hanseatische Apparatebau-Gesellschaft Neufeldt u. Kuhnke GmbH, Kiel
140	**RL1-38/100**	Geruchsprüfkasten	Hagenuk - Hanseatische Apparatebau-Gesellschaft Neufeldt u. Kuhnke GmbH, Kiel
141	**RL1-38/101**	Tragetasche für die VM. 37	Deutscher Verlag Kochstraße 22-26, Berlin
142	**RL1-38/102**	Schnittmusterbogen für die Tragetasche der VM. 37	Deutscher Verlag Kochstraße 22-26, Berlin
143	**RL1-39/1**	Gasanzug aus Gasanzugstoff 10035	Thüringer Gummimantel-Fabrik Paul Lehmann, Erfurt
144	**RL1-39/1A**	VM.-Tragetasche	Carl Henkel, Herforder Straße 48, Bielefeld
145	**RL1-39/3**	Lost-Attrappe 38	Nalfag - Wissenschaftliche Vereinigung für nationale LS-Geräte u. Kampfstoffchemie, Veilchenstraße 5, Berlin
146	**RL1-39/4**	Raumfilter Type 2020/2021 nach Zeichnung F2183 (0,3 m^3/min.)	Drägerwerk, Heinr. u. Bernh. Dräger, Moislinger Allee 53-55, Lübeck

Fachgruppe 1: Gasschutz und Entgiftung			
	Kenn-Nr.	**Beschreibung**	**Hersteller**
147	**RL1-39/5**	Riechprobenkasten	Drägerwerk, Heinr. u. Bernh. Dräger, Moislinger Allee 53-55, Lübeck
148	**RL1-39/6**	Schaumodell VM.-Filter 37 (Muster Dräger)	Drägerwerk, Heinr. u. Bernh. Dräger, Moislinger Allee 53-55, Lübeck
149	**RL1-39/7**	Riechprobenkasten	Nalfag - Wissenschaftliche Vereinigung für nationale LS-Geräte u. Kampfstoffchemie, Veilchenstraße 5, Berlin
150	**RL1-39/8**	Geruchsprüfkasten (10 Proben)	Nalfag - Wissenschaftliche Vereinigung für nationale LS-Geräte u. Kampfstoffchemie, Veilchenstraße 5, Berlin
151	**RL1-39/9**	Gashandschuhe (Deka. B.T. 100)	Deutsche Kabelwerke, Abt. Gummiwerk, Boxhagener Straße 80, Berlin
152	**RL1-39/10**	Tragetasche für die VM. 37 (Muster Auer)	Auergesellschaft AG, Friedrich-Krause-Ufer 24, Berlin-Tiergarten
153	**RL1-39/11**	Lostsandattrappe Nr. 565	Auergesellschaft AG, Friedrich-Krause-Ufer 24, Berlin-Tiergarten
154	**RL1-39/12**	Flüssigkeitszerstäuber „Protex 2"	Carl Platz GmbH, Ludwigshafen
155	**RL1-39/13**	Gasanzug aus Gasanzustoff 10035	C. Steuernagel, Kleiderfabrik, Worms
156	**RL1-39/14**	Entgiftungsstoff Chlorkalk L.S.E.	Ebenseer Solvaywerke, Hallein
157	**RL1-39/16**	Luftförderer (0,6 m^3/min.) nach Zeichnung Nr. 1	Harry Noack Neue Gasse 27, Breslau
158	**RL1-39/16**	Gasanzugstoff G.S.A. 1000	Deutsche Kabelwerke, Abt. Gummiwerk, Boxhagener Straße 80, Berlin
159	**RL1-39/17**	Reizstoff-Ampulle (Bn-Stoff, 10 cm^3, mit Zündschnur und Schlinge und 1 g Schwarzpulver)	Schering AG Müllerstraße 170/172, Berlin
160	**RL1-39/18**	Lost-Attrappe G.A.	Math. Becker Uerdinger Straße 3, Köln-Nippes

Fachgruppe 1: Gasschutz und Entgiftung			
	Kenn-Nr.	**Beschreibung**	**Hersteller**
161	**RL1-39/19**	Reizstoff-Ampulle (Bn-Stoff, 1 cm³, ohne Zündschnur und Schlinge)	Chemische Fabrik Dr. Hugo Stoltzenberg Mönckebergstraße 19, Hamburg
162	**RL1-39/21**	Luftförderer MR 300 (0,3 m³/min.)	Auergesellschaft AG, Berlin, Werk Oranienburg
163	**RL1-39/29**	Gasstiefel, langschäftig	Phoenix AG, Harburger Gummiwaren-Fabrik, Hamburg-Harburg
164	**RL1-39/32**	Tragetasche für VM. 37 (Muster Dräger)	Drägerwerk, Heinr. u. Bernh. Dräger, Moislinger Allee 53-55, Lübeck
165	**RL1-39/35**	Geruchsprüfkasten	Drägerwerk, Heinr. u. Bernh. Dräger, Moislinger Allee 53-55, Lübeck
166	**RL1-39/36**	VM.-Tasche	Werner Küning, Weilenkirchen
167	**RL1-39/40**	Gasjäckchen für Kleinkinder	Auergesellschaft AG, Berlin, Werk Oranienburg
168	**RL1-39/41**	Gasanzug aus Gasanzugstoff G.S.A. 1000	Kehler & Stelling Kleiststraße 11, Berlin
169	**RL1-39/42**	Spürbüchse (LS)	Albert Diedrich Domeyer Osterfeuerbergstraße 1, Bremen
170	**RL1-39/43**	Tragbüchse für die VM. 37 (VM.-Pappdose, D.R.G.M.)	Künneth & Knöchel, Magdeburg
171	**RL1-39/44**	Raumfilter (10 m³/min.) nach Zeichnung Nr. 247 392	Brand & Grafemann Nachf., Gotha
172	**RL1-39/45**	Gasmasken der Firmen Maur. Chauré & Sohn, Böhm. Rotmühle (30000 Stück) und Stahlhaus AG, Prag (25000 Stück)	Erich Berkner Muskauer Straße 15, Berlin
173	**RL1-39/46**	Abluftventil mit einer lichten Anschlußweite von 100, 150 und 200 mm	H. Spelleken Nachf. KG, Wuppertal-Oberbarmen
174	**RL1-39/47**	Gasbettchen für Säuglinge	Auergesellschaft AG, Berlin, Werk Oranienburg
175	**RL1-39/48**	Gasbettchen für Säuglinge	Drägerwerk, Heinr. u. Bernh. Dräger, Moislinger Allee 53-55, Lübeck
176	**RL1-39/49**	Gasjäckchen für Kleinkinder	Auergesellschaft AG, Berlin, Werk Oranienburg

Fachgruppe 1: Gasschutz und Entgiftung			
	Kenn-Nr.	**Beschreibung**	**Hersteller**
177	**RL1-39/50**	Gasjäckchen für Kleinkinder	Drägerwerk, Heinr. u. Bernh. Dräger, Moislinger Allee 53-55, Lübeck
178	**RL1-39/51**	Doppelanschlußstück für VM. 37	Drägerwerk, Heinr. u. Bernh. Dräger, Moislinger Allee 53-55, Lübeck
179	**RL1-39/52**	Entgiftungsstoff Chlorkalk L. N. St.	Salzbergwerk Neu-Staßfurt Berliner Str. 1/4, Berlin-Niederschöneweide
180	**RL1-39/53**	Überdruckventil Umg 50 (max. 5 m^3/min.)	Auergesellschaft AG, Berlin, Werk Oranienburg
181	**RL1-39/54**	Schnellschluß-Absperrventil „SAV 80“ (max. 1,2 m^3/min.)	Auergesellschaft AG, Friedrich-Krause-Ufer 24, Berlin-Tiergarten
182	**RL1-39/55**	Tragbüchse für die VM. 37 (Pappdose)	Eugen Suhl Nachf., Inh. Richard Kahl Alexandrinenstraße 105-106, Berlin
183	**RL1-39/56**	Metall-Tragbüchse für die VM. 37	Auergesellschaft AG, Friedrich-Krause-Ufer 24, Berlin-Tiergarten
184	**RL1-39/57**	Metall-Tragbüchse für die VM. 37	A. Ringelband, Humboldtstraße 2, Bochum
185	**RL1-39/58**	Losantin-Tabletten in Bakelitkasten (660 Tabletten Inhalt)	IG Farbenindustrie AG, Frankfurt / M.
186	**RL1-39/59**	20 Stück Raumfilter (1,2 m^3/min.) nach Zeichnung 1370/17	Chemische Fabrik Dr. Hugo Stoltzenberg, Mönckebergstraße 19, Hamburg
187	**RL1-39/60**	Gasspürtornister	Richter & Co., Berlin-Charlottenburg
188	**RL1-39/61**	Gasstiefel	
189	**RL1-39/62**	Balg-Luftförderer (0,6 m^3/min.) nach Zeichnung Nr. L 2000	Drägerwerk, Heinr. u. Bernh. Dräger, Moislinger Allee 53-55, Lübeck
190	**RL1-39/63**	Nebomox Nebelsteine mit Tränenreiz	Deutsche Mox-Brenner GmbH, Alte Jakobstraße 20-22, Berlin-Kreuzberg
191	**RL1-39/64**	Nebomox Nebelbüchse mit Tränenreiz, TN 400	Deutsche Mox-Brenner GmbH, Alte Jakobstraße 20-22, Berlin-Kreuzberg

Fachgruppe 1: Gasschutz und Entgiftung			
	Kenn-Nr.	**Beschreibung**	**Hersteller**
192	**RL1-39/65**	Hochknöpfvorrichtung für S-Maske	Auergesellschaft AG, Friedrich-Krause-Ufer 24, Berlin-Tiergarten
193	**RL1-39/66**	Hochknöpfvorrichtung für S-Maske	Drägerwerk, Heinr. u. Bernh. Dräger, Moislinger Allee 53-55, Lübeck
194	**RL1-39/67**	Absperrventil, 70 mm lichte Weite, nach Zeichnung Nr. 12 899	H. Spelleken Nachf. KG, Wuppertal-Oberbarmen
195	**RL1-39/68**	Überdruckventil „System Dräger" nach Zeichnung Nr. 147	Dipl.-Ing. Kommoß & Brodthagen, Albrechtstraße 22, Berlin-Steglitz
196	**RL1-39/69**	Lost-Attrappe 1939	Hagenuk - Hanseatische Apparatebau-Gesellschaft Neufeldt u. Kuhnke GmbH, Kiel
197	**RL1-39/70**	Gasspürtornister	Dr. Hermann Rohrbeck Nachf. GmbH, Albrechtstraße 15, Berlin
198	**RL1-39/71**	Metall-Tragbüchse für die VM. 37	Schröder & Co., Neheim / Ruhr
199	**RL1-39/72**	Metall-Tragbüchse für die VM. 37	Deutsche Gerätebau AG, Geisweid
200	**RL1-39/74**	Überdruckventil nach Zeichnung Nr. 13 273	H. Spelleken Nachf. KG, Wuppertal-Oberbarmen
201	**RL1-39/75**	Schnellschluß-Absperrventil nach Zeichnung Nr. P 381 c	Brand & Grafemann Nachf., Gotha
202	**RL1-39/76**	Überdruckventil Type DK 1 nach Zeichnung Nr. 6 10392/B	Brand & Grafemann Nachf., Gotha
203	**RL1-39/77**	Gasanzugstoff C 179	Continental Gummiwerke AG / Continental Caoutchouc-Compagnie GmbH, Hannover
204	**RL1-39/78**	Gasanzugstoff 10035 Nr. 47	Phoenix AG, Harburger Gummiwaren-Fabrik, Hamburg-Harburg
205	**RL1-39/79**	Gasanzugstoff 10035 Nr. 48	Phoenix AG, Harburger Gummiwaren-Fabrik, Hamburg-Harburg
206	**RL1-39/80**	Luftförderer (20 m^3/min.) nach Zeichnung Nr. J 329525	Siemens-Schuckertwerke AG, Berlin-Siemensstadt
207	**RL1-39/81**	Gashandschuhe aus Buna	Radium Gummiwerke mbH, Köln-Dellbrück

Fachgruppe 1: Gasschutz und Entgiftung

	Kenn-Nr.	Beschreibung	Hersteller
208	**RL1-39/82**	Gasanzug aus Gasanzugstoff C 104 L	Rudolph & Co. KG, Textil-Gummiwarenfabrik, Wittenberger Straße 6, Leipzig
209	**RL1-39/83**	Gasjacke, lang, aus Gasanzugstoff C 104 L	Auergesellschaft AG, Friedrich-Krause-Ufer 24, Berlin-Tiergarten
210	**RL1-39/84**	Entgiftungsstoff Chlorkalk L.S.B.	Carbidwerk Deutsch-Matrei AG, Chlorfabrik, Brückl / Kärnten
211	**RL1-39/85**	Lost-Attrappe LAD 100 für Übungen mit Spürgeräten	Deutsche Mox-Brenner GmbH, Alte Jakobstraße 20-22, Berlin-Kreuzberg
212	**RL1-39/86**	Volksgasmaskenkörper (VM. 40, schwarz, grün)	Auergesellschaft AG, Berlin, Werk Oranienburg
213	**RL1-39/87**	Volksgasmaskenkörper (VM. 40, grün)	Drägerwerk, Heinr. u. Bernh. Dräger, Moislinger Allee 53-55, Lübeck
214	**RL1-39-88**	Entgiftungsstoff Chlorkalk L.A.K.	Chemische Werke Aussig-Falkenau GmbH, Aussig
215	**RL1-39/89**	Ergänzungskasten für VM. 37	Auergesellschaft AG, Friedrich-Krause-Ufer 24, Berlin-Tiergarten
216	**RL1-39/89**	Entgiftungsstoff Chlorkalk L.A.S.	Chemische Werke Aussig-Falkenau GmbH, Aussig
217	**RL1-39/90**	SM-Filter	Drägerwerk, Heinr. u. Bernh. Dräger, Moislinger Allee 53-55, Lübeck
218	**RL1-40/5**	Metall-Tragbüchse für VM. 37, Marke „Es-Em“ (?)	Schmidt & Melmer Blechwarenfabrik und Verzinkerei, Weidenau (Sieg)
219	**RL1-40/6**	Tragbüchse aus Vulkanfiber für die VM. 37	Neue Deutsche Werkstoffe Fabrikations- und Vertriebs-GmbH, Brandenburgerstraße 34, Berlin
220	**RL1-40/7**	Tragbüchse aus Vulkanfiber für die S-Maske	Neue Deutsche Werkstoffe Fabrikations- und Vertriebs-GmbH, Brandenburgerstraße 34, Berlin
221	**RL1-40/8**	Metall-Tragbüchse für die VM. 37	Müller & Biermann Klemensborn 87, Essen-Werden
222	**RL1-40/9**	Metall-Tragbüchse für VM. 37, Marke „Es-Em“	Schmidt & Melmer Blechwarenfabrik und Verzinkerei, Weidenau (Sieg)

Fachgruppe 1: Gasschutz und Entgiftung			
	Kenn-Nr.	**Beschreibung**	**Hersteller**
223	**RL1-40/10**	Tragbüchse aus Hartpappe für die VM. 37	Auwaerter & Bubeck KG, Lederwarenfabrik, Stuttgart
224	**RL1-40/11**	Metall-Tragbüchse für die VM. 37	E. Martin Scheithauer KG, Zwönitz / Sachsen
225	**RL1-40/12**	Gasjacke, lang, aus Gasanzugstoff C 104 L	Continental Gummiwerke AG / Continental Caoutchouc-Compagnie GmbH, Hannover
226	**RL1-40/14**	Spürbüchse (LS)	Görnitz & Stoik Leichtmetallbau Michaelkirchstraße 20, Berlin
227	**RL1-40/15**	Spürpapier „B" zur Erkennung flüssiger Kampfstoffe	Rheinische Buntpapier-Fabrik KG, Erkrath
228	**RL1-40/16**	Gasjacke, lang, aus Gasanzugstoff R 43 C	Drägerwerk, Heinr. u. Bernh. Dräger, Moislinger Allee 53-55, Lübeck
229	**RL1-40/17**	Gasanzugstoff 254/142/2	Wachstuch- und Kunstleder-Werke AG, Kassel-Bettenhausen
230	**RL1-40/18**	Gasanzugstoff Phoenix 10035/Type 56	Phoenix AG, Harburger Gummiwaren-Fabrik, Hamburg-Harburg
231	**RL1-40/19**	Gasstiefel aus 85-90% synthetischem Kautschuk	Tretorn und Calmon Gummiwerke AG, Flotowstraße 36, Hamburg
232	**RL1-40/20**	VM.-Tragebüchse, blau	August Zschiedrich Metallwarenfabrik, Beierfeld / Erzgebirge
233	**RL1-40/20**	Gashandschuhe aus synt. Kautschuk	Vulkan Gummiwarenfabrik Weiß & Baeßler AG, Leipzig
234	**RL1-40/21**	Überdruckventil NW 70 nach Zeichnung Nr. 1361/17	Chemische Fabrik Dr. Hugo Stoltzenberg, Mönckebergstraße 19, Hamburg
235	**RL1-40/22**	Tragbüchse für die VM. 37	Ernst Keller, Kaiser-Friedrich-Straße 12, Pforzheim
236	**RL1-40/23**	Überdruckventil NW 100 nach Zeichnung Nr. 1362/17	Chemische Fabrik Dr. Hugo Stoltzenberg, Mönckebergstraße 19, Hamburg
237	**RL1-40/24**	Anschlußzwischenstück 80 mm Durchmesser zur Verbindung des Raumfilters mit der Saugleitung	H. Spelleken Nachf. KG, Wuppertal-Oberbarmen

Fachgruppe 1: Gasschutz und Entgiftung			
	Kenn-Nr.	**Beschreibung**	**Hersteller**
238	**RL1-40/25**	Anschlußzwischenstück 80 mm Durchmesser zur Verbindung des Raumfilters mit der Saugleitung	H. Spelleken Nachf. KG, Wuppertal-Oberbarmen
239	**RL1-40/26**	Luftförderer Typ L 0,6/3 (0,6 m^3/min.)	Drägerwerk, Heinr. u. Bernh. Dräger, Moislinger Allee 53-55, Lübeck
240	**RL1-40/27**	Raumfilter Typ 06/10 (0,6 m^3/min.)	Drägerwerk, Heinr. u. Bernh. Dräger, Moislinger Allee 53-55, Lübeck
241	**RL1-40/28**	Staub- und Wasserabscheider St 0,6/6	Drägerwerk, Heinr. u. Bernh. Dräger, Moislinger Allee 53-55, Lübeck
242	**RL1-40/29**	Absperrventil A 0,6/60 nach Zeichnung Nr. L 1633	Drägerwerk, Heinr. u. Bernh. Dräger, Moislinger Allee 53-55, Lübeck
243	**RL1-40/30**	Reizstoff-Ampulle „Bromessigester" (15 g, mit Zündschnur und Schlinge)	Hagenuk - Hanseatische Apparatebau-Gesellschaft Neufeldt u. Kuhnke GmbH, Kiel
244	**RL1-40/31**	Gashandschuhe aus Buna	Veritas Gummiwerke AG, Berlin-Lichterfelde
245	**RL1-40/32**	Gasjacke, lang, aus Gasanzugstoff R 43 LZZ	August Stelling, Berkaer Straße 31, Berlin-Schmargendorf
246	**RL1-40/33**	Gasjacke, lang, aus Gasanzugstoff C 104 L	August Stelling, Berkaer Straße 31, Berlin-Schmargendorf
247	**RL1-40/34**	Gasjacke, lang, aus Gasanzugstoff 10035	August Stelling, Berkaer Straße 31, Berlin-Schmargendorf
248	**RL1-40/35**	Raumfilter Typ R 1,2/10 (1,2 m^3/min.)	Drägerwerk, Heinr. u. Bernh. Dräger, Moislinger Allee 53-55, Lübeck
249	**RL1-40/38**	Gasanzugstoff R 143 LZZ	Radium Gummiwerke mbH, Köln-Dellbrück
250	**RL1-40/39**	Gasanzugstoff R 43 LZZ	Radium Gummiwerke mbH, Köln-Dellbrück
251	**RL1-40/40**	Gasanzug aus Gasanzugstoff R 43 LZZ	Rudolph & Co. KG, Textil-Gummiwarenfabrik, Wittenberger Straße 6, Leipzig
252	**RL1-40/41**	Gasstiefel, kurz, mit geringerer Gewebeeinlage	Radium Gummiwerke mbH, Köln-Dellbrück
253	**RL1-40/43**	Luftförderer (1,2 m^3/min.) nach Zeichnungen vom 17.10.39	Max Carolus & Sohn, Schoppershofstraße 12, Nürnberg

Fachgruppe 1: Gasschutz und Entgiftung			
	Kenn-Nr.	**Beschreibung**	**Hersteller**
254	**RL1-40/44**	Gasanzug aus Gasanzugstoff R 143 LZZ	Radium Gummiwerke mbH, Köln-Dellbrück
255	**RL1-40/45**	Überdruckmesser für Luftschutzräume für Auf- und Einbau	Schäfer & Budenberg GmbH, Magdeburg-Buckau
256	**RL1-40/46**	Tragbüchse für die VM. 37	F. Brüsewitz, Prinzregentenstraße 53, Berlin-Wilmersdorf
257	**RL1-40/48**	Reizstoff-Ampulle „Bromessigester", (7,5 g, mit Zündschnur und Schlinge)	Hagenuk - Hanseatische Apparatebau-Gesellschaft Neufeldt u. Kuhnke GmbH, Kiel
258	**RL1-40/49**	Gashandschuhe aus Buna SS	Zieger & Wiegand, Leipzig
259	**RL1-40/50**	Gashose, kurz, aus doppelseitigem Oppanolstoff R 95	Radium Gummiwerke mbH, Köln-Dellbrück
260	**RL1-40/51**	Gasjacke, lang, aus Gasanzugstoff R 143 LZZ	Radium Gummiwerke mbH, Köln-Dellbrück
261	**RL1-40/52**	Tragbüchse für die VM. 37	Pappenguß-Membranen, Dr. Kurt Müller, Berlin-Spandau
262	**RL1-40/53**	Gaskittel aus Gasanzugstoff R 143 LZZ	Radium Gummiwerke mbH, Köln-Dellbrück
263	**RL1-40/54**	Instandsetzungskasten für Gasanzüge	Auergesellschaft AG, Berlin, Werk Oranienburg
264	**RL1-40/55**	Lost-Attrappe 40	Chemische Fabrik Dr. Hugo Stoltzenberg Mönckebergstraße 19, Hamburg
265	**RL1-40/57**	Gasjacke, lang, aus Gasanzugstoff 10035	Phoenix AG, Harburger Gummiwaren-Fabrik, Hamburg-Harburg
266	**RL1-40/58**	Spürfähnchen (LS), 1 Satz	Albert Diedrich Domeyer Osterfeuerbergstraße 1, Bremen
267	**RL1-40/59**	Tragbüchse aus Hartpappe für VM. 37	Auwaerter & Bubeck KG, Lederwarenfabrik, Stuttgart
268	**RL1-40/60**	Gasjacke, lang, aus Gasanzugstoff 10035	Paul Stratmann & Co., Lübecker Straße 18, Dortmund
269	**RL1-40/61**	Absperrventil A 2,4	H. Spelleken Nachf. KG, Wuppertal-Oberbarmen

Fachgruppe 1: Gasschutz und Entgiftung			
	Kenn-Nr.	**Beschreibung**	**Hersteller**
270	**RL1-40/62**	Gasanzug aus Gasanzugstoff C 104 L	Flügel & Polter KG, Leipzig
271	**RL1-40/63**	Gaskittel aus Gasanzugstoff C 104 L	Continental Gummiwerke AG / Continental Caoutchouc-Compagnie GmbH, Hannover
272	**RL1-40/64**	Tragbüchse „Original Vupa" für die VM. 37	Neue Deutsche Werkstoffe Fabrikations- und Vertriebs-GmbH, Brandenburgerstraße 34, Berlin
273	**RL1-40/65**	Spürpapier „L"	Leipziger Chromo- und Kunstdruck-Papierfabrik, Leipzig
274	**RL1-40/66**	Maskenspanner für S-Maskenkörper	
275	**RL1-40/67**	Raumfilter Typ R 2,4/11 (2,4 m^3/min.)	Drägerwerk, Heinr. u. Bernh. Dräger, Moislinger Allee 53-55, Lübeck
276	**RL1-40/68**	Raumfilter Typ R 5/10 (5,0 m^3/min.)	Drägerwerk, Heinr. u. Bernh. Dräger, Moislinger Allee 53-55, Lübeck
277	**RL1-40/69**	Raumfilter Typ R 7,5/10 (7,5 m^3/min.)	Drägerwerk, Heinr. u. Bernh. Dräger, Moislinger Allee 53-55, Lübeck
278	**RL1-40/70**	Raumfilter Typ R 10/10 (10,0 m^3/min.)	Drägerwerk, Heinr. u. Bernh. Dräger, Moislinger Allee 53-55, Lübeck
279	**RL1-40/71**	Luftförderer L 1,2 (1,2 m^3/min.)	Th. Möhle, Inh. J. Flüchter, Uellendahler Str. 468, Wuppertal-Elberfeld
280	**RL1-40/72**	Luftförderer L 2,4 (2,4 m^3/min.)	Franke und Skeide, Dievenower Straße 4, Breslau-Schmiedefeld
281	**RL1-40/73**	S-Filtereinsatz (Filtereinsatz für die Gm 30 (LS))	Drägerwerk, Heinr. u. Bernh. Dräger, Moislinger Allee 53-55, Lübeck
282	**RL1-40/74**	Tragbüchse für die S-Maske (Tragbüchse für die Gm 30 (LS))	Drägerwerk, Heinr. u. Bernh. Dräger, Moislinger Allee 53-55, Lübeck
283	**RL1-40/75**	Klarscheiben für S-Maske und VM. (Klarscheiben für Gm 30 und VM.)	Drägerwerk, Heinr. u. Bernh. Dräger, Moislinger Allee 53-55, Lübeck
284	**RL1-40/76**	Tragbüchse für die S-Maske (Tragbüchse für die Gm 30 (LS))	Auergesellschaft AG, Berlin, Werk Oranienburg
285	**RL1-40/77**	S-Filtereinsatz (Filtereinsatz für die Gm 30 (LS))	Auergesellschaft AG, Berlin, Werk Oranienburg

Fachgruppe 1: Gasschutz und Entgiftung

	Kenn-Nr.	Beschreibung	Hersteller
286	**RL1-40/78**	Klarscheiben für S-Maske und VM. (Klarscheiben für Gm 30 und VM.)	Auergesellschaft AG, Friedrich-Krause-Ufer 24, Berlin-Tiergarten
287	**RL1-40/79**	Klarsichtmittel 38	Drägerwerk, Heinr. u. Bernh. Dräger, Moislinger Allee 53-55, Lübeck
288	**RL1-40/80**	Gasjacke, lang, aus Gasanzugstoff C 104 L	Migua KG, Th. Hammerschmidt, Blankenburg
289	**RL1-40/81**	Instandsetzungskasten für Gasanzug	Drägerwerk, Heinr. u. Bernh. Dräger, Moislinger Allee 53-55, Lübeck
290	**RL1-40/82**	Gashose, kurz, aus doppelseitigem Oppanolstoff R 95	Auergesellschaft AG, Friedrich-Krause-Ufer 24, Berlin-Tiergarten
291	**RL1-41/1**	Luftförderer L 2,4 nach Zeichnung Nr. 10832/1	Oscar Sichtig & Co., Karlsruhe
292	**RL1-41/2**	Gaskittel aus Gasanzugstoff R 143 LZZ	Auergesellschaft AG, Friedrich-Krause-Ufer 24, Berlin-Tiergarten
293	**RL1-41/3**	Gaskittel aus Gasanzugstoff C 104 L	Auergesellschaft AG, Friedrich-Krause-Ufer 24, Berlin-Tiergarten
294	**RL1-41/4**	Gashandschuhe aus Perbunan in gerauhter Ausführung	Metzeler Gummiwerke AG, Trappentreustraße, München
295	**RL1-41/5**	Gashandschuhe aus Perbunan	Zieger & Wiegand, Leipzig
296	**RL1-41/6**	Gashose, kurz, aus doppelseitigem Oppanolstoff C 201	Continental Gummiwerke AG / Continental Caoutchouc-Compagnie GmbH, Hannover
297	**RL1-41/8**	Maskenspanner für S-Maskenkörper	Rudolf Lang, Koppehlstraße 5-7, Brandenburg / Havel
298	**RL1-41/9**	Gaskittel aus Gasanzugstoff C 104 L	Rudolph & Co. KG, Textil-Gummiwarenfabrik, Wittenberger Straße 6, Leipzig
299	**RL1-41/10**	Gasjacke, lang, aus Gasanzugstoff C 104 L	Rudolph & Co. KG, Textil-Gummiwarenfabrik, Wittenberger Straße 6, Leipzig

Fachgruppe 1: Gasschutz und Entgiftung			
	Kenn-Nr.	**Beschreibung**	**Hersteller**
300	**RL1-41/11**	Überdruckventil NW 150 nach Zeichnung Nr. M 909	Dipl.-Ing. Kommoß & Brodthagen, Albrechtstraße 22, Berlin-Steglitz
301	**RL1-41/12**	Rosettenschieber NW 150 nach Zeichnung Nr. M 906	Dipl.-Ing. Kommoß & Brodthagen, Albrechtstraße 22, Berlin-Steglitz
302	**RL1-41/13**	Gashandschuh in gerauhter Ausführung	Fr. M. Daubitz Gummiwerke, Köpenicker Straße 91-95, Berlin-Rudow
303	**RL1-41/15**	Raumfilter R 1,2 nach Zeichnung Nr. 038B 5164 Bl. 1	Auergesellschaft AG, Friedrich-Krause-Ufer 24, Berlin-Tiergarten
304	**RL1-41/16**	Raumfilter R 2,4 nach Zeichnung Nr. 038B 5166 Bl. 1	Auergesellschaft AG, Friedrich-Krause-Ufer 24, Berlin-Tiergarten
305	**RL1-41/17**	Raumfilter R 5 nach Zeichnung Nr. 4231	Auergesellschaft AG, Friedrich-Krause-Ufer 24, Berlin-Tiergarten
306	**RL1-41/18**	Raumfilter R 7,5 nach Zeichnung Nr. 4232	Auergesellschaft AG, Friedrich-Krause-Ufer 24, Berlin-Tiergarten
307	**RL1-41/19**	Raumfilter R 10 nach Zeichnung Nr. 4233	Auergesellschaft AG, Friedrich-Krause-Ufer 24, Berlin-Tiergarten
308	**RL1-41/20**	Metall-Tragbüchse für die VM. 37	August Zschiedrich Metallwarenfabrik, Beierfeld / Erzgeb.
309	**RL1-41/21**	Gasmaskenmikrofon für die S-Maske	Hagenuk - Hanseatische Apparatebau-Gesellschaft Neufeldt u. Kuhnke GmbH, Kiel
310	**RL1-41/21**	Gashandschuhe mit gerauhter Innenfläche	Continental Gummiwerke AG / Continental Caoutchouc-Compagnie GmbH, Hannover
311	**RL1-41/22**	Gasmaskenmikrofon für die Volksgasmaske	Hagenuk - Hanseatische Apparatebau-Gesellschaft Neufeldt u. Kuhnke GmbH, Kiel
312	**RL1-41/23**	Schnellschlußschieber nach Zeichnung L 492, Ausführung „B“	Walter Osthoff, Kiesbergstraße 25, Wuppertal-Elberfeld
313	**RL1-41/24**	Gasmaskenmikrofon für VM. und S-Maske	Krone & Co., Behringstraße 50-56, Berlin

Fachgruppe 1: Gasschutz und Entgiftung			
	Kenn-Nr.	**Beschreibung**	**Hersteller**
314	**RL1-41/25**	Lüftungsventil NW 100 nach Zeichnung Nr. M 907	Dipl.-Ing. Kommoß & Brodthagen, Albrechtstraße 22, Berlin-Steglitz
315	**RL1-41/26**	Lüftungsventil NW 150 nach Zeichnung Nr. M 910	Dipl.-Ing. Kommoß & Brodthagen, Albrechtstraße 22, Berlin-Steglitz
316	**RL1-41/27**	Lüftungsventil NW 200 nach Zeichnung Nr. M 911	Dipl.-Ing. Kommoß & Brodthagen, Albrechtstraße 22, Berlin-Steglitz
317	**RL1-41/28**	Gasanzugbügel	Nikolaus Ohler, Seiffen
318	**RL1-41/29**	Gasstiefel, kurz	Gummiwarenfabrik Hutchinson, Industriehafen, Mannheim
319	**RL1-41/30**	Gasjacke, lang, aus Gasanzugstoff R 143 LZZ	Auergesellschaft AG, Friedrich-Krause-Ufer 24, Berlin-Tiergarten
320	**RL1-41/31**	Entgiftungsstoff Chlorkalk L.A.H	Chemische Werke Aussig-Falkenau GmbH, Aussig
321	**RL1-41/33**	Schnellschluß-Schieber nach Zeichnung L 428, Ausführung „A“	Walter Osthoff, Kiesbergstraße 25, Wuppertal-Elberfeld
322	**RL1-41/34**	Kunststoffmundstück mit FE Gewinde	R. Kreisel, Gablonz (Sudetenland)
323	**RL1-41/38**	Luftförderer L 0,6 für Nennfördermenge von 0,6 m³/min., nach Zeichnung Nr. GS 200	Maschinenfabrik Rheinwerk Heinen & Co., Wuppertal-Oberbarmen
324	**RL1-41/42**	Spürbüchse	Papiergefäß-Fabrikation und Verwertungsgesellschaft mbH, Mühlenstraße 30/31, Berlin
325	**RL1-41/45**	Luftförderer L 5	Maschinenfabrik Rheinwerk Heinen & Co., Wuppertal-Oberbarmen
326	**RL1-42/2**	Rosettenschieber NW100 nach Zeichnung Nr. L 9001 und NW 150 nach Zeichnung Nr. L 9002	Berliner Elektrizitäts-Gesellschaft Otto Speck & Co., Heubnerweg 2, Berlin-Charlottenburg
327	**RL1-42/3**	Überdruckventil Umg 1,2 nach Zeichnung Nr. 4060 Teil Z 2	Auergesellschaft AG, Friedrich-Krause-Ufer 24, Berlin-Tiergarten
328	**RL1-42/9**	Tragbüchse für die VM. 37 (aus Pappe)	Künneth & Knöchel, Magdeburg

Fachgruppe 1: Gasschutz und Entgiftung			
	Kenn-Nr.	**Beschreibung**	**Hersteller**
329	**RL1-42/13**	Estnische Gasmaskenkörper mit Tragetaschen (5345 Stück)	Arthur Leverentz, Sedanstraße 9, Berlin-Steglitz
330	**RL1-42/14**	Gasanzugstoff „Phoenix 10035 Type 78a"	Phoenix AG, Harburger Gummiwaren-Fabrik, Hamburg-Harburg
331	**RL1-42/16**	VM.-Tragetasche	Auwaerter & Bubeck KG, Lederwarenfabrik, Stuttgart
332	**RL1-44/1**	Gasbettchen	Ludwig Krumm, Offenbach
333	**RL1-44/2**	Gasjäckchen für Kleinkinder	Auergesellschaft AG, Berlin, Werk Oranienburg
334	**RL1-44/3**	Gasjäckchen	Gebr. Schiel AG, Römerstadt / Altvater
335	**RL1-44/4**	Gasjäckchen	Mayer & Söhne KG, Mährisch-Trübau
336	**RL1-44/5**	Gasjäckchen	Gebr. Bader, Mährisch-Chrostau
337	**RL1-44/6**	Gasjäckchen für Kleinkinder	Auergesellschaft AG, Berlin, Werk Oranienburg
338	**RL1-44/7**	Gasbettchen	Landeslieferungsgenossenschaft, Mährisch-Schönberg
339	**RL1-44/8**	Gasbettchen	Rieth & Kopp GmbH, Offenbach
340	**RL1-44/9**	Volksgasmaskenkörper (VM. 40, schwarz, aus Buna)	Drägerwerk, Heinr. u. Bernh. Dräger, Moislinger Allee 53-55, Lübeck
341	**RL1-44/14**	Schutzlüfter (1,2 m³/min.)	Drägerwerk, Heinr. u. Bernh. Dräger, Moislinger Allee 53-55, Lübeck
342	**RL1-44/15**	Schutzlüfter (2,4 m³/min.)	Drägerwerk, Heinr. u. Bernh. Dräger, Moislinger Allee 53-55, Lübeck

Teilweise wurden die RL-Nummern auf Baumuster und an Industrie- und Handwerksverbände vergeben oder an andere / weitere Hersteller übertragen, so dass auch andere als der hier angegebene Hersteller auftreten können.

Fachgruppe 2: Brandschutz			
	Kenn-Nr.	**Beschreibung**	**Hersteller**
1	**RL2-38/1**	Mox-Brandsatz ETS 50 (stark spritzend mit Elektron-Einlage)	Deutsche Mox-Brenner GmbH, Alte Jakobstraße 20-22, Berlin-Kreuzberg
2	**RL2-38/2**	Mox-Brandsatz ETS 250 (stark spritzend mit Elektron-Gußkörper)	Deutsche Mox-Brenner GmbH, Alte Jakobstraße 20-22, Berlin-Kreuzberg
3	**RL2-38/3**	Mox-Brandsatz ETS 500 zu Übungszwecken (stark spritzend mit Elektron-Gußkörper)	Deutsche Mox-Brenner GmbH, Alte Jakobstraße 20-22, Berlin-Kreuzberg
4	**RL2-38/4**	Mox-Brandsatz ETS 1000 zu Übungszwecken (stark spritzend mit Elektron-Gußkörper)	Deutsche Mox-Brenner GmbH, Alte Jakobstraße 20-22, Berlin-Kreuzberg
5	**RL2-38/5**	Mox-Brandsatz ETW 250 zu Übungszwecken (wenig spritzend mit Elektron-Gußkörper)	Deutsche Mox-Brenner GmbH, Alte Jakobstraße 20-22, Berlin-Kreuzberg
6	**RL2-38/6**	Mox-Brandsatz ETW 500 zu Übungszwecken (wenig spritzend mit Elektron-Gußkörper)	Deutsche Mox-Brenner GmbH, Alte Jakobstraße 20-22, Berlin-Kreuzberg
7	**RL2-38/7**	Mox-Brandsatz ETW 1000 zu Übungszwecken (wenig spritzend mit Elektron-Gußkörper)	Deutsche Mox-Brenner GmbH, Alte Jakobstraße 20-22, Berlin-Kreuzberg
8	**RL2-38/8**	Mox-Brandsatz T 250 zu Übungszwecken (nicht spritzend mit Aluminiumhülle)	Deutsche Mox-Brenner GmbH, Alte Jakobstraße 20-22, Berlin-Kreuzberg
9	**RL2-38/9**	Mox-Brandsatz T 500 zu Übungszwecken (nicht spritzend mit Aluminiumhülle)	Deutsche Mox-Brenner GmbH, Alte Jakobstraße 20-22, Berlin-Kreuzberg
10	**RL2-38/10**	Mox-Brandsatz T 1000 (nicht spritzend mit Aluminiumhülle)	Deutsche Mox-Brenner GmbH, Alte Jakobstraße 20-22, Berlin-Kreuzberg
11	**RL2-38/11**	CFR-Brandsatz ETS 50	Chemische Fabrik Dr. Franz & Rutenbeck, Schalksmühle/Westf.
12	**RL2-38/12**	CFR-Brandsatz ETS 250	Chemische Fabrik Dr. Franz & Rutenbeck, Schalksmühle/Westf.
13	**RL2-38/13**	CFR-Brandsatz ETS 500	Chemische Fabrik Dr. Franz & Rutenbeck, Schalksmühle/Westf.

Fachgruppe 2: Brandschutz			
	Kenn-Nr.	**Beschreibung**	**Hersteller**
14	**RL2-38/14**	CFR-Brandsatz ETS 1000	Chemische Fabrik Dr. Franz & Rutenbeck, Schalksmühle/Westf.
15	**RL2-38/15**	CFR-Brandsatz T 50	Chemische Fabrik Dr. Franz & Rutenbeck, Schalksmühle/Westf.
16	**RL2-38/16**	CFR-Brandsatz T 250	Chemische Fabrik Dr. Franz & Rutenbeck, Schalksmühle/Westf.
17	**RL2-38/17**	CFR-Brandsatz T 500	Chemische Fabrik Dr. Franz & Rutenbeck, Schalksmühle/Westf.
18	**RL2-38/18**	CFR-Brandsatz T 1000	Chemische Fabrik Dr. Franz & Rutenbeck, Schalksmühle/Westf.
19	**RL2-38/19**	CFS-Brandsatz ETW 250	Chemische Fabrik Dr. Hugo Stoltzenberg, Mönckebergstraße 19, Hamburg
20	**RL2-38/20**	CFS-Brandsatz ETW 500	Chemische Fabrik Dr. Hugo Stoltzenberg, Mönckebergstraße 19, Hamburg
21	**RL2-38/21**	CFS-Brandsatz T 50	Chemische Fabrik Dr. Hugo Stoltzenberg, Mönckebergstraße 19, Hamburg
22	**RL2-38/22**	CFS-Brandsatz T 250	Chemische Fabrik Dr. Hugo Stoltzenberg, Mönckebergstraße 19, Hamburg
23	**RL2-38/23**	CFS-Brandsatz T 500	Chemische Fabrik Dr. Hugo Stoltzenberg, Mönckebergstraße 19, Hamburg
24	**RL2-38/24**	CFS-Brandsatz T 1000	Chemische Fabrik Dr. Hugo Stoltzenberg, Mönckebergstraße 19, Hamburg
25	**RL2-38/25**	CFS-Brandsatz ETW 50	Chemische Fabrik Dr. Hugo Stoltzenberg, Mönckebergstraße 19, Hamburg
26	**RL2-38/26**	CFS-Brandsatz ETS 250	Chemische Fabrik Dr. Hugo Stoltzenberg, Mönckebergstraße 19, Hamburg
27	**RL2-38/27**	CFS-Brandsatz ETS 500	Chemische Fabrik Dr. Hugo Stoltzenberg, Mönckebergstraße 19, Hamburg

Fachgruppe 2: Brandschutz			
	Kenn-Nr.	**Beschreibung**	**Hersteller**
28	**RL2-38/28**	Luftschutzhelm (3-teilig, Gladiatorform)	Paul Diener, Metalldrückerei und Stanzerei, Bernhardstraße 103, Dresden
29	**RL2-38/29**	Luftschutzhelm (3-teilig, Gladiatorform)	Eisenhüttenwerk Thale AG, Thale (Harz)
30	**RL2-38/30**	Luftschutzhelm	H. Becker & Co., Militär- u. Feuerwehrausrüstungen, Marsiliusstraße 4-6, Berlin
31	**RL2-38/31**	Luftschutzhelm	Maury & Co., Lederwarenfabrik, Louisenstraße 16, Offenbach
32	**RL2-38/32**	CFS-Brandsatz ETS 50	Chemische Fabrik Dr. Hugo Stoltzenberg, Mönckebergstraße 19, Hamburg
33	**RL2-38/33**	CFS-Brandsatz ETS 1000	Chemische Fabrik Dr. Hugo Stoltzenberg, Mönckebergstraße 19, Hamburg
34	**RL2-38/34**	CFS-Brandsatz ETW 1000	Chemische Fabrik Dr. Hugo Stoltzenberg, Mönckebergstraße 19, Hamburg
35	**RL2-38/35**	Luftschutzhelm (Gladiatorform)	
36	**RL2-38/42**	Luftschutzhelm (Gladiatorform)	
37	**RL2-39/1**	Luftschutzhelm	A. Wunderlich Nachfahre, Fabrik für Heeresausrüstung, Finowstraße 27, Berlin-Neukölln
38	**RL2-39/2**	Luftschutzhelm	Bath & Wagawa, Metallwarenfabrik, Reißigerstraße 22, Dresden
39	**RL2-39/3**	Hagenuk-Brandsatz ETS 50	Hagenuk - Hanseatische Apparatebau-Gesellschaft Neufeldt u. Kuhnke GmbH, Kiel
40	**RL2-39/4**	Hagenuk-Brandsatz ETS 500	Hagenuk - Hanseatische Apparatebau-Gesellschaft Neufeldt u. Kuhnke GmbH, Kiel
41	**RL2-39/5**	Hagenuk-Brandsatz ETS 1000	Hagenuk - Hanseatische Apparatebau-Gesellschaft Neufeldt u. Kuhnke GmbH, Kiel

Fachgruppe 2: Brandschutz			
	Kenn-Nr.	**Beschreibung**	**Hersteller**
42	**RL2-39/6**	Hagenuk-Brandsatz ETW 500	Hagenuk - Hanseatische Apparatebau-Gesellschaft Neufeldt u. Kuhnke GmbH, Kiel
43	**RL2-39/7**	Hagenuk-Brandsatz ETN 250	Hagenuk - Hanseatische Apparatebau-Gesellschaft Neufeldt u. Kuhnke GmbH, Kiel
44	**RL2-39/8**	Hagenuk-Brandsatz ETN 500	Hagenuk - Hanseatische Apparatebau-Gesellschaft Neufeldt u. Kuhnke GmbH, Kiel
45	**RL2-39/9**	Hagenuk-Brandsatz ETN 1000	Hagenuk - Hanseatische Apparatebau-Gesellschaft Neufeldt u. Kuhnke GmbH, Kiel
46	**RL2-39/10**	Luftschutzhelm	Rafflenbeul & Sohn, Preß- und Stanzwerk, Hückeswagen (Rhld.)
47	**RL2-39/11**	Luftschutzhelm (Gladiatorform)	Carl Busse, Kurfürstenstraße 11, Mainz
48	**RL2-39/12**	Luftschutzhelm	Robert Lubstein, Mützen- und Helmfabrik (EREL), Alt-Moabit 105, Berlin-Tiergarten
49	**RL2-39/13**	Luftschutzabzeichen für Luftschutzhelm (Abziehbild)	August Jüttner, Saalfeld (Saale)
50	**RL2-39/14**	Luftschutzhelm	Hans Römer, Fabrik für Heeresausrüstung, Arnulfstraße 1/7, Neu Ulm
51	**RL2-39/15**	Luftschutzabzeichen für Luftschutzhelm (Abziehbild)	Methner & Bürger, Markusstraße 18, Berlin
52	**RL2-39/16**	Luftschutzabzeichen für Luftschutzhelm (Abziehbild)	C.A. Pocher KG, Nürnberg
53	**RL2-39/17**	Phosphor-Brandsatz P 500	Hagenuk - Hanseatische Apparatebau-Gesellschaft Neufeldt u. Kuhnke GmbH, Kiel
54	**RL2-39/18**	Luftschutzabzeichen für Luftschutzhelm (Abziehbild)	E. Wunderlich & Comp. AG, Waldenburg
55	**RL2-39/19**	Luftschutzabzeichen für Luftschutzhelm (Abziehbild)	Huber, Jordan & Körner, Abziehbilderfabrik, Nürnberg

Fachgruppe 2: Brandschutz			
	Kenn-Nr.	**Beschreibung**	**Hersteller**
56	**RL2-39/20**	Luftschutzhelm	Albert Diedrich Domeyer, Osterfeuerbergstraße 1, Bremen
57	**RL2-39/21**	Luftschutzhelm	F.W. Quist, Metallwarenfabrik, Esslingen
58	**RL2-39/22**	Hagenuk-Brandsatz ETN 50	Hagenuk - Hanseatische Apparatebau-Gesellschaft Neufeldt u. Kuhnke GmbH, Kiel
59	**RL2-39/23**	Hagenuk-Brandsatz ETW 1000	Hagenuk - Hanseatische Apparatebau-Gesellschaft Neufeldt u. Kuhnke GmbH, Kiel
60	**RL2-39/24**	Luftschutzhelm	Westfälische Aluminiumindustrie Jürger & Co., Lüdenscheid
61	**RL2-39/25**	Luftschutzhelm (einteilig, Gladiatorform)	Eisenhüttenwerk Thale AG, Thale (Harz)
62	**RL2-39/26**	Luftschutzhelm	H. Becker & Co., Militär- u. Feuerwehrausrüstungen, Marsiliusstraße 4-5, Berlin
63	**RL2-39/27**	Luftschutzhandspritze	Oskar Butter KG, Strehlaer Straße 30, Bautzen
64	**RL2-39/28**	Luftschutzhandspritze	Oskar Butter KG, Strehlaer Straße 30, Bautzen
65	**RL2-39/29**	Luftschutzhandspritze	Karl Windeit, Hindenburgstraße 26, Leipzig
66	**RL2-39/30**	Luftschutzhelm	Carl Busse, Kurfürstenstraße 11, Mainz
67	**RL2-39/31**	Luftschutzhandspritze „Typ Goliath VI“, mit 5 m Druckschlauch	G. Goliasch & Co.KG, Braunauer Straße 47-49, Berlin-Neukölln
68	**RL2-39/32**	CFS-Brandsatz ETS 50	Chemische Fabrik Dr. Hugo Stoltzenberg, Mönckebergstraße 19, Hamburg
69	**RL2-39/33**	CFS-Brandsatz ETS 1000	Chemische Fabrik Dr. Hugo Stoltzenberg, Mönckebergstraße 19, Hamburg

Fachgruppe 2: Brandschutz			
	Kenn-Nr.	**Beschreibung**	**Hersteller**
70	**RL2-39/34**	CFS-Brandsatz ETW 1000	Chemische Fabrik Dr. Hugo Stoltzenberg, Mönckebergstraße 19, Hamburg
71	**RL2-39/35**	Luftschutzhandspritze „Gloria", mit 5 m Druckschlauch	Ernst Hähnel, Sächsische Lötkolben- u. Lötapparate-Fabrik, Saydaer Straße 18, Heidersdorf
72	**RL2-39/36**	Luftschutz-Handspritze „Renus", mit 5 m Druckschlauch	Zulauf & Cie., Fabrik für Feuerlösch-armaturen und -geräte, Borsig-Allee 13, Frankfurt / M.
73	**RL2-39/37**	Hagenuk-Brandsatz ETS 250	Hagenuk - Hanseatische Apparate-bau-Gesellschaft Neufeldt u. Kuhnke GmbH, Kiel
74	**RL2-39/38**	Luftschutzhelm	Maury & Co., Lederwarenfabrik, Louisenstraße 16, Offenbach
75	**RL2-39/39**	Luftschutzabzeichen für Luftschutz-helm (Abziehbild)	Ed. Strache, Warnsdorf / Sudeten
76	**RL2-39/40**	Luftschutzhandspritze, mit 5 m Druckschlauch	Aug. Hönig GmbH, Feuerlösch-geräte- und Armaturenfabrik, Geldernstraße 48/50, Köln-Nippes
77	**RL2-39/41**	Luftschutzhelm	
78	**RL2-39/42**	Luftschutzhelm	Gustav Rudolph, Stanz-, Preß- und Ziehwerk, Oberpfannenstiel bei Aue
79	**RL2-39/43**	Luftschutzabzeichen für Luftschutz-helm (Abziehbild)	Friedr. Bentlage, Abziehbilderfabrik, Poststraße 1-3, Bielefeld
80	**RL2-39/44**	Brandsatz ETN 250	Eugen Müller, Pyrotechnische Fabrik, Weißenbachstraße 35, Wien
81	**RL2-39/45**	Luftschutzhelm	Robert Lubstein, Mützen- und Helmfabrik (EREL), Alt-Moabit 105, Berlin-Tiergarten
82	**RL2-40/1**	Luftschutzhelm	Sächsische Emaillier- und Stanzwerke, Lauter
83	**RL2-40/2**	Luftschutzhelm	Gebr. Gräbner, Crottendorf / Erzgebirge
84	**RL2-40/3**	Einheits-Luftschutzhandspritze mit Druckschlauch	Oskar Butter KG, Strehlaer Straße 30, Bautzen

Fachgruppe 2: Brandschutz			
	Kenn-Nr.	**Beschreibung**	**Hersteller**
85	**RL2-40/4**	Einheits-Luftschutzhandspritze mit 5 m Druckschlauch	Karl Windeit, Hindenburgstraße 26, Leipzig
86	**RL2-40/5**	Einheits-Luftschutzhandspritze „Goliath E" mit 5 m Druckschlauch	G. Goliasch & Co. KG, Braunauer Straße 47-49, Berlin-Neukölln
87	**RL2-40/6**	Einheits-Luftschutzhandspritze	Ernst Hähnel, Sächsische Lötkolben- u. Lötapparate-Fabrik, Saydaer Straße 18, Heidersdorf
88	**RL2-40/7**	Einheits-Luftschutzhandspritze „Renus" mit Druckschlauch	Zulauf & Cie., Fabrik für Feuerlösch-armaturen und -geräte, Borsig-Allee 13, Frankfurt / M.
89	**RL2-40/8**	Einheits-Luftschutzhandspritze	Aug. Hönig GmbH, Feuerlösch-geräte- und Armaturenfabrik, Geldernstraße 48/50, Köln-Nippes
90	**RL2-40/9**	Einheits-Luftschutzhandspritze „Höchst" mit 5 m Druckschlauch	J. Schmitz & Co., Frankfurt-Höchst
91	**RL2-40/10**	Einheits-Luftschutzhandspritze mit 5 m Druckschlauch	Gloria-Werk Brosche & Co., Friedland (Sudeten)
92	**RL2-40/11**	Phosphor-Brandsatz P 500	Chemische Fabrik Dr. Hugo Stoltzenberg, Mönckebergstraße 19, Hamburg
93	**RL2-40/12**	Luftschutzhelm (Gladiatorform)	Alfred Landmann, Dresden
94	**RL2-40/13**	Luftschutzhelm	Hans Römer, Fabrik für Heeresausrüstung, Arnulfstraße 1/7, Neu-Ulm
95	**RL2-40/14**	Luftschutzhelm (Gladiatorform)	E. Martin Scheithauer KG, Zwönitz / Sachsen
96	**RL2-40/15**	Luftschutzabzeichen für Luftschutz-helm (Abziehbild)	Gustav Peiniger, Abziehbilderfabrik, Bielefeld
97	**RL2-40/16**	Luftschutzhelm	Maury & Co., Lederwarenfabrik, Luisenstraße 16, Offenbach
98	**RL2-40/17**	Luftschutzabzeichen für Luftschutz-helm (Abziehbild)	Carl Schimpf, Münchener Straße 1-9, Nürnberg
99	**RL2-40/18**	Einheits-Luftschutzhandspritze (?)	

Fachgruppe 2: Brandschutz			
	Kenn-Nr.	**Beschreibung**	**Hersteller**
100	**RL2-40/21**	Luftschutzhelm (Gladiatorform)	
101	**RL2-41/1**	Luftschutzhelm	Schmalzeder Erben, Mügelner Straße 29, Dresden
102	**RL2-42/1**	Luftschutzhelm (Vertrieb)	C. Pose, Boxhagener Straße 16, Berlin
103	**RL2-42/2**	Tragbares Brennschneidegerät „Perkeo 127"	Perkeo, Hermann Stahl & Co., Ludwigsburg
104	**RL2-43/1**	Einheits-Brandsatz ETE 250	Deutsche Mox-Brenner GmbH, Alte Jakobstraße 20-22, Berlin
105	**RL2-43/2**	Einheits-Brandsatz ETE 250	Chemische Fabrik Dr. Hugo Stoltzenberg, Mönckebergstraße 19, Hamburg
Teilweise wurden die RL-Nummern auf Baumuster und an Industrie- und Handwerksverbände vergeben oder an andere / weitere Hersteller übertragen, so dass auch andere als der hier angegebene Hersteller auftreten können.			

Fachgruppe 3: Bauwesen / Tarnung / Verdunklung			
	Kenn-Nr.	**Beschreibung**	**Hersteller**
1	**RL3-36/1**	Fensterblende (gassicher, Prüfungszeugnis des Staatl. Materialprüfungs-Amtes Berlin-Dahlem AZ: B3 A 317a)	Fenestra GmbH, Rather Straße 243, Düsseldorf
2	**RL3-36/2**	Schutzraumtür (Prüfungszeugnis des Staatl. Materialprüfungs-Amtes Berlin-Dahlem AZ: B 3 A 317b)	Fenestra GmbH, Rather Straße 243, Düsseldorf
3	**RL3-36/3**	Cellon-Drahtgewebe dunkelblau	Cellon-Werke GmbH, Tegeler Weg 28-33, Berlin-Charlottenburg
4	**RL3-36/4**	Cellon-Verdunklungsgewebe schwarz	Cellon-Werke GmbH, Tegeler Weg 28-33, Berlin-Charlottenburg
5	**RL3-36/5**	Verdunklungspapier „Igraf-Velament", schwarz	Igraf GmbH, Potsdamer Straße 122a, Berlin
6	**RL3-36/6**	Luftschutz-Rollo (Selbstroller)	Hollender & Wolf, Amsinckstraße 16-17, Hamburg
7	**RL3-36/6**	Verdunklungsstoff Abblendstoffe „Qualität RL schwarz/schwarz" , „Qualität RV schwarz/schwarz", „Qualität LS schwarz/écru", „Qualität LS schwarz/grau"	Wachstuch- u. Kunstleder-Werke AG, Kassel-Bettenhausen
8	**RL3-36/7**	Verdunklungsstoffe „Qualität 1071", „Qualität 1072" und „Qualität 1073"	Hermann Engler, Mechanische Weberei, Reichenau / Sachsen
9	**RL3-36/8**	Verdunklungsstoffe „HL", „HL blau Qualität H 6" und Verdunklungsmolton „H 6"	Ferdinand Haase, Peterswaldau
10	**RL3-36/9**	Federzugrollo mit Zugpendel und seiltichen Klappleisten	Solostopp, Bechstedter Weg 5, Berlin-Wilmersdorf
11	**RL3-36/10**	Verdunklungsstoff, Azetylzellulose, beiderseitig schwarz angefärbt; Verdunklungspapier mit Kunstharzlack überzogen	Solostopp, Bechstedter Weg 5, Berlin-Wilmersdorf
12	**RL3-36/11**	Verdunklungsstoff Mipolam, kaschiert	Venditor Kunststoffe-Verkaufsgs. mbH, Mauerstraße 83/84, Berlin
13	**RL3-36/12**	Verdunklungsstoff, schwarz gefärbt (max. 75 Lux)	Stromeyer & Co., Konstanz

Fachgruppe 3: Bauwesen / Tarnung / Verdunklung			
	Kenn-Nr.	**Beschreibung**	**Hersteller**
14	**RL3-36/13**	Verdunklungspapier 110 Ia, Spezial-Krepp-Verdunklungspapier	Rheinische Papiermanufaktur Hans Mehwald, Volksgartenstraße 49/55, Düsseldorf
15	**RL3-36/14**	Verdunklungsstoff 10335	Continental Gummiwerke AG / Continental Caoutchouc-Compagnie GmbH, Hannover
16	**RL3-36/15**	Verdunklungs-Pergament „Vohlit 100 g/m²" (max. 120 Lux) und „Vohlit 80 g/m²" (max. 8 Lux)	Vohlit-Werke AG, Göttingen
17	**RL3-36/16**	Verdunklungsstoffe „V. C. 4411 schwarz/schwarz", „V. C. 4658 schwarz/schwarz", „K. II schwarz/schwarz" und „E schwarz/schwarz"	Kötizer Ledertuch- und Wachstuch-Werke AG, Coswig
18	**RL3-36/17**	Verdunklungspapier Nr. 2200	Jagenberg & Cie., Solinger Papierfabrik, Solingen
19	**RL3-36/18**	Schutzraumtür „Bauart Baur, Modell Z 2" (geprüft durch Mech.-Techn. Laboratorium der TH München, Prüfungszeugnis Nr. 92)	Ludwig Baur, Architekt, Pettenkoferstraße 38, München
20	**RL3-36/19**	Satinstoff Qualität I und Qualität II	E. Liesegang, Fabrik für Projektionsapparate, Düsseldorf
21	**RL3-36/20**	Verdunklungsstoff Qualität M 71	C. F. Plouquet, Heidenheim / Brenz
22	**RL3-36/21**	Verdunklungsstoff Qualität 146 (max. 14 Lux)	Lincas Gummiwarenfabrik GmbH, Keplerstraße 1-10, Berlin-Charlottenburg
23	**RL3-36/22**	Verdunklungsstoff St-blau	Mech. Leinenweberei Salzgitter, Salzgitter
24	**RL3-36/23**	Verdunklungsstoffe „Lux", „Exelsior" und „Juwel" gelb und grau	Suhler Rollofabrik Hans Jenrich, Suhl
25	**RL3-36/24**	Verdunklungssatin, ca. 78 cm breit (max. 120 Lux)	Pongs & Zahn Textilwaren AG, Viersen
26	**RL3-36/25**	Verdunklungspapier Nr. 258/3389, 200er und 250er Stärke	Kugler & Co., Winkelmannstraße 31, Dresden
27	**RL3-36/26**	Verdunklungspapier, mit Krepp-Papier hinterklebt	Richard Telle, Papierwarenfabrik, Gera

Fachgruppe 3: Bauwesen / Tarnung / Verdunklung			
	Kenn-Nr.	**Beschreibung**	**Hersteller**
28	**RL3-36/27**	Verdunklungsstoff	Mechanische Weberei Salach J. H. Neuburger, Salach
29	**RL3-36/28**	Verdunklungsstoff, grau (max. 8 Lux)	Gebr. Müller GmbH, Löbau / Sachsen
30	**RL3-36/29**	Verdunklungsstoff Hansa Extra grau/schwarz, Verdunklungsstoff Kosmos, schwarz und Verdunklungspapier, schwarz	Hansa Metallwarengesellschaft mbH Thiessen & Hager, Rödingsmarkt 35, Hamburg
31	**RL3-36/30**	Verdunklungsstoff, gummiert	Mariendorfer Gummiwarenfabrik GmbH, Wilhelm-von-Siemans-Straße, Mariendorf
32	**RL3-36/31**	Verdunklungsstoff Diwa	Deutsche Kunstlederwerke Wolfgang GmbH, Wolfgang
33	**RL3-36/32**	Verdunklungspapier Kreppack, schwarz, 100, 150, 180, 200 und 220 g/m^2	Cellulosefabrik Alzenau, Alzenau
34	**RL3-36/33**	Schutzraumtür (geprüft durch das Staatl. Materialprüfungs-Amt Berlin-Dahlem)	August Blödner GmbH, Gotha
35	**RL3-36/34**	Original Rüsse Volksverdunkler, Original Rüsse Industrieverdunkler Extra Prima	H. J. Otto Rüsse und Joh. Schöttle, Dittestraße 42, Plauen
36	**RL3-36/37**	Schutzraumtür „Certit“	Mauser KG - Werk Waldeck, Köln
37	**RL3-36/38**	Verdunklungsgerät „Tarna“, Type BN (bis 25 Watt, ohne Lüftung) und BNL (bis 40 Watt mit Lüftung)	Blaulicht-Ges. Mittendorf & Co., Groner Landstraße 5, Göttingen
38	**RL3-36/41**	Schutzraumtür (aus Stahl, gasdicht)	Feugas Schutzgesellschaft mbH, Plantagenstraße 15, Berlin-Steglitz
39	**RL3-36/42**	Schutzraumtür Type KL	Hazet-Werkstätten, Erich Haack-Werke, Rittergutstraße 121-124, Berlin-Lichtenberg
40	**RL3-36/43**	Fensterblende Type A 4/1 (aus 16 mm Stahlplatte, gasdicht, splittersicher, mit Treibriegelverschluß)	Feugas Schutzgesellschaft mbH, Plantagenstraße 15, Berlin-Steglitz
41	**RL3-36/45**	Schutzraumtür „Certit“ (gasdicht, mit Zentralverschluß)	Mauser KG - Werk Waldeck, Köln

Fachgruppe 3: Bauwesen / Tarnung / Verdunklung			
	Kenn-Nr.	**Beschreibung**	**Hersteller**
42	**RL3-36/49**	Rohrverschluß (gasdicht)	Feugas Schutzgesellschaft mbH, Plantagenstraße 15, Berlin-Steglitz
43	**RL3-36/50**	Luftschutz-Verdunklungsglocke „Veduglo“	Brunkenser Maschinenfabrik Heuer & Wegener, Brunkensen
44	**RL3-36/51**	Luftschutz-Glühlampe, Tropfenform und Pilzform, je 5 - 6 Watt	Plechati-Glühlampenfabrik mbH, Kiel
45	**RL3-36/64**	Gasschutztür	Mannesmann Stahlblechbau AG, Schicklerstraße 7, Berlin
46	**RL3-36/65**	Springrollo „Gelafa“	Vereinigung Deutscher Springrollo-Fabriken e.V., Ansbacher Straße 19, Berlin
47	**RL3-36/66**	Springrollo „Gelafa“	C. Holzgrefe Rollofabrik, Falkenstraße 60/62, Bremen
48	**RL3-36/68**	Schutzraumtür	Eisenbau Fabry, Köln
49	**RL3-36/78**	Verdunklungsstoff, Kunstleder, schwarz-grau	Ernst Ferd. Waentig, Großenhain
50	**RL3-36/80**	Schutzraumblende	J. A. John AG, Erfurt
51	**RL3-36/82**	Bicella-Luftschutzblau (unentflammbar, als Filter in Verbindung mit Blenden)	Kalle & Co. AG, Wiesbaden-Biebrich
52	**RL3-36/86**	Schutzraumtür Type E	Hazet-Werkstätten Erich Haack, Reinickendorfer Straße 41, Berlin-Wedding
53	**RL3-36/95**	Luftschutzhülle „Misnia“ D.R.G.M	Oskar Törsel, Meißen
54	**RL3-36/102**	Verdunklungsstoff	Max Scheffel GmbH, Mechanische Weberei, Grünbach
55	**RL3-36/103**	Luftschutz-Verdunklungsanlage	Quantmeyer & Eicke, Kronenstraße 61-63, Berlin
56	**RL3-36/105**	Schutzraumtür	Peltz Geldschrankwerke GmbH, Düsseldorf-Neuß
57	**RL3-36/106**	Gasschutztür / Blende	Trube & Kings KG, Stahlbau, Sürth bei Köln

Fachgruppe 3: Bauwesen / Tarnung / Verdunklung

	Kenn-Nr.	Beschreibung	Hersteller
58	**RL3-36/107**	Gasschutztür / Blende	Trube & Kings KG, Stahlbau, Sürth bei Köln
59	**RL3-36/123**	Schutzraumtür	Georg Kammenhuber, Alexanderstraße 12, Hamburg-St. Georg
60	**RL3-36/124**	Schutzraumtür	GHH (Gutehoffnungshütte), Oberhausen-Sterkrade
61	**RL3-36/125**	Schutzraumtür, Typ Mono „G-E-Tür" (einwandig)	Deutsche Metalltürenwerke Aug. Schwarze AG, Brackwede
62	**RL3-36/126**	Schutzraumtür, Typ Mono „G-D-Tür" (doppelwandig)	Deutsche Metalltürenwerke Aug. Schwarze AG, Brackwede
63	**RL3-36/143**	Schutzraumtür	Karl Ehrmann, Metallwarenfabrik Kreuzsteinstraße 9, Nürnberg
64	**RL3-36/145**	Autoblende „Fabeg"	Dr.-Ing. E. Jacobi, Rembrandtstraße 5/6, Berlin-Friedenau
65	**RL3-36/149**	Rücklichtblende „Fabeg"	Dr.-Ing. E. Jacobi, Rembrandtstraße 5/6, Berlin-Friedenau
66	**RL3-36/150**	Vielfachblende BV 430	Dr.-Ing. Schneider & Co., Rebstöckerstraße 55, Frankfurt / M
67	**RL3-36/151**	Vielfachblende BV 435	Dr.-Ing. Schneider & Co., Rebstöckerstraße 55, Frankfurt / M.
68	**RL3-36/152**	Vielfachblende BV 530	Dr.-Ing. Schneider & Co., Rebstöckerstraße 55, Frankfurt / M.
69	**RL3-36/153**	Vielfachblende BV 540	Dr.-Ing. Schneider & Co., Rebstöckerstraße 55, Frankfurt / M.
70	**RL3-36/154**	Klemmvorrichtung „Pimi" für Verdunklungsmittel	Illmer & Sohn, Schlesische Korkstein- und Isoliermittelfabrik, Breslau
71	**RL3-36/156**	Schutzraumtür (?)	
72	**RL3-37/1**	Schutzraumtür Typ M.R.1	Max Rieger, Bauschlosserei, Berliner Straße 108, Berlin-Wilmersdorf
73	**RL3-37/3**	Luftförderer MR 600 (0,6 m^3/min.)	Degea AG (Auergesellschaft), Rotherstraße 16-19, Berlin

Fachgruppe 3: Bauwesen / Tarnung / Verdunklung			
	Kenn-Nr.	**Beschreibung**	**Hersteller**
74	**RL3-37/4**	Luftförderer MR 1200 (1,2 m³/min.)	Degea AG (Auergesellschaft), Rotherstraße 16-19, Berlin
75	**RL3-37/8**	Luftschutzraum-Abschluß	Essener Metallwerkstätten L. Leiner GmbH, Essen
76	**RL3-37/9**	Verdunklungspapier	Gerhard Richter, Forst
77	**RL3-37/11**	Verdunklungsblende	Wilhelm Herzberg, Hostedderstraße 4, Dortmund-Derne
78	**RL3-37/17**	Luftschutz-Verdunklungsglocke „Carl-Nr. 3"	Elektrotechnische Fabrik J. Carl GmbH, Oberweimar
79	**RL3-37/18**	Zuglaterne „Nr. 90 Z" mit flachem Deckel zur Abblendung von Innenleuchten bis zu 40 Watt	Thüringer Maskenfabrik Heintz & Kühn, Manebach
80	**RL3-37/19**	Ballonlaterne „Nr. 180 B" zur Abblendung von Innenleuchten bis zu 40 Watt	Thüringer Maskenfabrik Heintz & Kühn, Manebach
81	**RL3-37/20**	Zuglaterne „Nr. 91 Z" mit kegelförmigem Ansatzstück im Deckel zur Abblendung von Innenleuchten bis zu 40 Watt	Thüringer Maskenfabrik Heintz & Kühn, Manebach
82	**RL3-37/22**	Blende Nr. 100 T/1 zum Abblenden von Innenleuchten bis zu 40 Watt	Thüringer Maskenfabrik Heintz & Kühn, Manebach
83	**RL3-37/23**	Blende Nr. 100 T/2 zum Abblenden von Innenleuchten bis zu 40 Watt	Thüringer Maskenfabrik Heintz & Kühn, Manebach
84	**RL3-37/28**	Verdunklungslampion	C. Riethmüller, Papierlaternenfabrik GmbH, Kirchheim-Teck
85	**RL3-37/29**	Schornsteintür	J. A. John AG, Erfurt
86	**RL3-37/30**	LS-Verdunklungsvorrichtung, Springrollo für senkrechte Einzelfenster	Reinhold Wormstädt, Potsdamer Straße 44/45, Berlin-Spandau
87	**RL3-37/31**	Blende Typ E. B. 3 mit zusammenschiebbarer Topfform	Dr.-Ing. E. Jacobi, Rembrandtstraße 5/6, Berlin-Friedenau

Fachgruppe 3: Bauwesen / Tarnung / Verdunklung			
	Kenn-Nr.	**Beschreibung**	**Hersteller**
88	**RL3-37/32**	Handlampenblende Typ H. B. 1	Dr.-Ing. E. Jacobi, Rembrandtstraße 5/6, Berlin-Friedenau
89	**RL3-37/33**	Blende für Richtlampen Typ R. B. 1	Dr.-Ing. E. Jacobi, Rembrandtstraße 5/6, Berlin-Friedenau
90	**RL3-37/34**	Blende für Richtlampen Typ R. B. 2	Dr.-Ing. E. Jacobi, Rembrandtstraße 5/6, Berlin-Friedenau
91	**RL3-37/38**	Schutzraumtür (gassicher)	Hermann Verlohr jun., Duisburg
92	**RL3-37/39**	SK-Fenster	Mannesmann Stahlblechbau AG, Schicklerstraße 7, Berlin
93	**RL3-37/41**	Schutzraumtür Type 1	Adolf Fichter, Nürnberg
94	**RL3-37/44**	Schutzraumbelüfter	Spelleken Nachf. KG, Wuppertal
95	**RL3-37/45**	Schutzraumfensterblende (gassicher, splittersicher)	Albert Hansen, Eisenbau, Peine
96	**RL3-37/56**	Verdunklungspapier	Otto Günther Papierfabrik, Greiz
97	**RL3-37/60**	Verdunklungs-Mantel „Merkur-anker“ für Kugel-Glocken bis 35 cm Durchmesser	Verlagsdruckerei Merkur, Neanderstraße 4, Berlin-Lichtenrade
98	**RL3-37/61**	Zuglaterne „Lampion“	C. Riethmüller, Papierlaternenfabrik GmbH, Kirchheim-Teck
99	**RL3-37/62**	Verdunklungsballon P.F.S. 70	P. F. Schönberner, Oschatz
100	**RL3-37/63**	Verdunklungsballon P.F.S. 72	P. F. Schönberner, Oschatz
101	**RL3-37/64**	Verdunklungsballon P.F.S. 74	P. F. Schönberner, Oschatz
102	**RL3-37/65**	Verdunklungsmantel P.F.S. 52	P. F. Schönberner, Oschatz
103	**RL3-37/66**	Verdunklungsmantel P.F.S. 54	P. F. Schönberner, Oschatz

Fachgruppe 3: Bauwesen / Tarnung / Verdunklung			
	Kenn-Nr.	**Beschreibung**	**Hersteller**
104	**RL3-37/67**	Verdunklungsmantel P.F.S. 62	P. F. Schönberner, Oschatz
105	**RL3-37/68**	Verdunklungsmantel P.F.S. 64	P. F. Schönberner, Oschatz
106	**RL3-37/69**	Schutzraumbelüfter	Brand & Grafemann Nachf., Gotha
107	**RL3-37/70**	Blende „Modell I"	J. Georg Eiser, Jungfernstieg 44, Kiel
108	**RL3-37/71**	Blende „Modell III"	J. Georg Eiser, Jungfernstieg 44, Kiel
109	**RL3-37/72**	Blende „Modell IV"	J. Georg Eiser, Jungfernstieg 44, Kiel
110	**RL3-37/76**	Lampenverdunklung „Hirsch 1"	E. Martin Scheithauer KG, Zwönitz / Sachsen
111	**RL3-37/77**	Luftschutz-Verdunklungskappe „Verdula" für Glühbirnen bis 15 Watt in Innenleuchten	Fritz Müller, Beleuchtungskörper-fabrik, Bamberger Straße 20, Dresden
112	**RL3-37/78**	Luftschutz-Verdunklungskappe „Merkuranker" für Glühlampen	Verlagsdruckerei Merkur, Neanderstraße 4, Berlin-Lichtenrade
113	**RL3-37/79**	Abblendkappe „Deluka" für 15 Watt-Glühlampen	Ernst Flohr & Co. GmbH, Wichmannstraße 24a, Berlin
114	**RL3-37/81**	Schutzraumtür aus Stahl	OWA Ostertag-Werke, Vereinigte Geldschrankwerke AG, Aalen
115	**RL3-37/82**	Schutzraumtür Typ 200 G 16 (gassicher)	OWA Ostertag-Werke, Vereinigte Geldschrankwerke AG, Aalen
116	**RL3-37/84**	Schutzraumtür (gassicher)	Stahl-Schanz, Frankfurt / M.
117	**RL3-37/87**	Schutzraumtür	Adalbert Klement & Sohn, Stahltüren-werk, Völckerstraße 14-16, Hamburg-Altona
118	**RL3-37/88**	Schutzraumtür	Peltz Geldschrankwerke GmbH, Düsseldorf-Neuß

Fachgruppe 3: Bauwesen / Tarnung / Verdunklung			
	Kenn-Nr.	**Beschreibung**	**Hersteller**
119	**RL3-37/92**	Abdichtungswickel „Denso-Hermeticum“ rot, in Verbindung mit plastischer Binde rot und Abdichtungsmasse „Denso-Hermeticum“ rotbraun	Hermetic Ges. für Gebäudeschutz, Kantstraße 78, Berlin-Charlottenburg
120	**RL3-37/93**	Abdichtungsmasse „Denso-Hermeticum“ rotbraun, in Verbindung mit Abdichtungswickel „Denso-Hermeticum“ rot oder Fensterdichtungswickel schwarz	Hermetic Ges. für Gebäudeschutz, Kantstraße 78, Berlin-Charlottenburg
121	**RL3-37/94**	WF-Fensterdichtungswickel schwarz in Verbindung mit WF-Binde schwarz, plastischer WF-Masse rot und plastischer Masse „Denso-Hermeticum“ rotbraun	Hermetic Ges. für Gebäudeschutz, Kantstraße 78, Berlin-Charlottenburg
122	**RL3-37/96**	Aussteigeluke „SK-Fenster“ (waagerecht, gassicher, trümmersicher, bestehend aus nach unten klappbarem Gitterrost in Verbindung mit einer unterseitigen und getrennt angebrachten gassicheren Blende mit Wasserdichtung)	Mannesmann Stahlblechbau AG, Schicklerstraße 7, Berlin
123	**RL3-37/99**	Verdunklungsblende „J. M.“	Josef Million, Lohestraße 28, Breslau
124	**RL3-37/100**	Schutzraumtür (gassicher, splittersicher, aus 16 mm Stahlplatte St52)	Feugas Schutzgesellschaft mbH, Plantagenstraße 15, Berlin-Steglitz
125	**RL3-37/101**	Luftschutzraum-Abschluß	Essener Metallwerkstätten L. Leiner GmbH, Essen
126	**RL3-37/103**	Fensterblende (gassicher)	Karl Ehrmann, Metallwarenfabrik, Kreuzsteinstraße 9, Nürnberg
127	**RL3-37/104**	Verdunklungsstoff „Columbus“, Gütegruppe I	Rudolf Breuer, Reichenau / Sachsen
128	**RL3-37/105**	Verdunklungsglocke „Veduglo“ mit Blaufilter	Brunkenser Maschinenfabrik Heuer & Wegener, Brunkensen
129	**RL3-37/107**	Mechanische Verdunkelung	J. Eberspächer, Eßlingen
130	**RL3-37/108**	Abblendleuchte Type „Eule“, bestückt mit 15 Watt	Transformatoren- und Apparatebau, Industriebedarf, Bleicherode

Fachgruppe 3: Bauwesen / Tarnung / Verdunklung			
	Kenn-Nr.	**Beschreibung**	**Hersteller**
131	**RL3-37/116**	Schutzraumtür „Certit“	Mauser KG, Werk Waldeck, Köln
132	**RL3-37/119**	Verdunklungstrichter zur Abblendung von Glühbirnen von 15 Watt in Innenleuchten	Wilhelm Ruthe, Saalburgstraße 15, Oberstedten
133	**RL3-37/120**	Verdunklungskorb „Merkuranker“	Verlagsdruckerei „Merkuranker“, Neanderstraße 4, Berlin-Lichtenrade
134	**RL3-37/122**	Verdunklungsblende „J.M. I“	Josef Million, Lohestraße 28, Breslau
135	**RL3-37/123**	Luftschutz-Deckenklammer	Vollmann & Schmelzer, Metallwarenfabrik, Iserlohn
136	**RL3-37/124**	Stahlschutzraum-Bauweise Dr.-Ing. Schoßberger	Friedr. Michaelis, Schutzraumbau, Nürnberger Straße 53/55, Berlin
137	**RL3-37/129**	Luftschutz-Handlaterne als Außenleuchte für die eingeschränkte Notbeleuchtung bzw. Not- oder Warnungsleuchte für die Verdunklung	F. Hermann Hesse KG, Regensburger Straße 32, Nürnberg
138	**RL3-37/132**	Verdunklungs-Hydroloid, Gütegruppe I	Schleipen & Erkens AG & Co., Jülich
139	**RL3-37/134**	Blende „J. M.“ für elektrische Glühbirnen	Julius Miller & Co., Leinzell
140	**RL3-37/135**	Blende „J. M.“ für Kugelleuchten	Julius Miller & Co., Leinzell
141	**RL3-37/136**	Luftschutz-Abblendvorrichtung „Tarnkappe“	Ludwig Eichenhauer, Schenkendorfstraße 8/11, Wiesbaden
142	**RL3-37/137**	Abblendhülle „Luschufix“	Luitpold Schuwer, Vogesenstraße 77, Landau
143	**RL3-37/140**	Schutzraumtür	Paul Steinau, Stahltüren- und Fensterbau, Neheim / Ruhr
144	**RL3-37/142**	Blasebalglüfter für Handbetrieb	Feugas Schutzgesellschaft mbH, Plantagenstraße 15, Berlin-Steglitz
145	**RL3-37/143**	Schornsteinschieber (gasdicht, mit Reinigungsklappe)	Feugas Schutzgesellschaft mbH, Plantagenstraße 15, Berlin-Steglitz
146	**RL3-37/144**	Ventilationsklappe (gasdicht)	Feugas Schutzgesellschaft mbH, Plantagenstraße 15, Berlin-Steglitz

Fachgruppe 3: Bauwesen / Tarnung / Verdunklung			
	Kenn-Nr.	**Beschreibung**	**Hersteller**
147	**RL3-37/148**	Fensterblende (gasdicht, aus 3 mm Stahlblech, mit Treibriegelverschluß)	Feugas Schutzgesellschaft mbH, Plantagenstraße 15, Berlin-Steglitz
148	**RL3-37/148**	Schutzraumtür Typ „X" (gassicher)	Hazet-Werkstätten Erich Haack, Reinickendorfer Straße 41, Berlin-Wedding
149	**RL3-37/149**	Kandem-Luftschutzringblende als Blende für Außenleuchten für die eingeschränkte Beleuchtung	Körting & Mathiesen AG, Leipzig
150	**RL3-37/150**	Verdunklungs-Manschette aus flammsicherem Papier mit Asbest-einlage	Carl Hanf Papierwarenfabrik, Ohrdruf
151	**RL3-37/153**	Schutzraumtür (gasdicht)	Emil Michel, Stahltürenbau, Schleifweg 5b, Halle / S.
152	**RL3-37/154**	Verdunklungsstoff (grün / braun, ca. 130 cm breit)	Max Scheffel GmbH, Mechanische Weberei, Grünbach
153	**RL3-37/155**	Schutzraumtür (gassicher)	Erwin Auert, Fabrik für Feineisen-konstruktionen, Franz-Joseph-Straße 9-11, Berlin-Weißensee
154	**RL3-37/160**	Schutzraumtür (gassicher)	Erwin Auert, Fabrik für Feineisen-konstruktionen, Franz-Joseph-Straße 9-11, Berlin-Weißensee
155	**RL3-37/169**	Leuchtfarbe „Meteor Emaille gelb-grün"	A. Borgs, Meteor Leuchtfarben, Frankfurt / M.
156	**RL3-37/171**	Außenleuchte JU 7, als Leuchte für die eingeschränkte Beleuchtung	Berliner Elektrizitäts-Gesellschaft Otto Speck & Co., Heubnerweg 2, Berlin-Charlottenburg
157	**RL3-37/172**	Verdunklungsvorrichtung	Willy Uhde, Scheffelstraße 110, Chemnitz
158	**RL3-37/178**	Schutzraumtür „Bauart Baur, Modell Z 2" (einwandig, gassicher)	Ludwig Kaufer, Eisenbau, Gmunder Straße 11, München
159	**RL3-37/182**	Schutzraumtür Typ M.R.4 (gassicher, gepreßte Stahlzarge)	Max Rieger, Bauschlosserei, Kastanienallee 79, Berlin
160	**RL3-37/184**	Schutzraumtür (?)	

Fachgruppe 3: Bauwesen / Tarnung / Verdunklung			
	Kenn-Nr.	**Beschreibung**	**Hersteller**
161	**RL3-37/185**	Schutzraumtür	J. A. John AG, Erfurt
162	**RL3-37/215**	Verdunklungs-Fensterblende, Lichtschutz A	K.H. Clostermann, Stettin
163	**RL3-37/216**	Hartpapier Trolitax	Venditor Kunststoffe-Verkaufsgesellschaft mbH, Mauerstraße 83/84, Berlin
164	**RL3-37/220**	Stahlschutzzelle Type 1, splittersicher	Deutsche Metalltürenwerke Aug. Schwarze AG, Brackwede
165	**RL3-37/222**	Blende „Modell Nr. 1" für Außenleuchten für die eingeschränkte Beleuchtung	C. A. Schaefer KG, Abtlg. Hellux, Lichttechnische Spezialfabrik, Hildesheimer Straße 220, Hannover
166	**RL3-37/223**	Blende „Modell Nr. 2" für Außenleuchten für die eingeschränkte Beleuchtung	C. A. Schaefer KG, Abtlg. Hellux, Lichttechnische Spezialfabrik, Hildesheimer Straße 220, Hannover
167	**RL3-37/224**	Stahlschutzzelle Type A, splittersicher	C. H. Jucho, Juchostraße 100, Dortmund
168	**RL3-37/225**	Stahlschutzzelle Type B, splittersicher	C. H. Jucho, Juchostraße 100, Dortmund
169	**RL3-37/230**	„Kramer"-Verdunklungsfensterblende	Kappen-Orth, Holstenstraße 17, Lübeck
170	**RL3-37/234**	Gasschutztür	Bruno Albus, Albus Stahltürenwerk, Glückaufstraße 52, Dortmund
171	**RL3-37/235**	Schutzraumtür (Baustoffplatte mit beidseitigen Asbestzementplatten)	Hermann Siegrist, Friedberger Landstraße 298, Frankfurt / M.
172	**RL3-37/236**	Schutzraumtür (Baustoffplatte mit beidseitigen Asbestzementplatten)	Hermann Siegrist, Friedberger Landstraße 298, Frankfurt / M.
173	**RL3-37/237**	Schutzraumtür (gassicher, stahlsparende Bauweise, verleimte Sperrholzplatte)	Max Rother sen., Breslauer Straße 8, Strehlen / Schlesien
174	**RL3-37/238**	Luftschutz-Verdunklungsanlage	Apelt & Gernart, Oranienstraße 22, Berlin-Kreuzberg
175	**RL3-37/239**	Schutzraumtür (doppelwandig, gassicher)	Carl Hermann Luftschutztürenbau, Forsthofstraße 10-16, Nürnberg

Fachgruppe 3: Bauwesen / Tarnung / Verdunklung			
	Kenn-Nr.	**Beschreibung**	**Hersteller**
176	**RL3-37/248**	Schutzraumtür	
177	**RL3-37/265**	mechanische Verdunkelung	J. Eberspächer, Eßlingen
178	**RL3-37/266**	Schutzraumtür Type X 1 (gassicher, splittersicher)	Hazet-Werkstätten Erich Haack, Reinickendorfer Straße 41, Berlin-Wedding
179	**RL3-37/267**	Fensterblende Type X 1 (gassicher, splittersicher)	Hazet-Werkstätten Erich Haack, Reinickendorfer Straße 41, Berlin-Wedding
180	**RL3-37/271**	Richtlampe Listen-Nr. 2501, Allwegestrahler	C. A. Schaefer KG, Abtlg. Hellux, Lichttechnische Spezialfabrik, Hildesheimer Straße 220, Hannover
181	**RL3-37/272**	Richtlampe Listen-Nr. 2502, Zweiwegestrahler	C. A. Schaefer KG, Abtlg. Hellux, Lichttechnische Spezialfabrik, Hildesheimer Straße 220, Hannover
182	**RL3-37/273**	Richtlampe Listen-Nr. 2503, Vierwegestrahler	C. A. Schaefer KG, Abtlg. Hellux, Lichttechnische Spezialfabrik, Hildesheimer Straße 220, Hannover
183	**RL3-37/274**	Richtlampe Listen-Nr. 2504, Allwegestrahler	C. A. Schaefer KG, Abtlg. Hellux, Lichttechnische Spezialfabrik, Hildesheimer Straße 220, Hannover
184	**RL3-37/277**	Stahlrahmentür mit spezialverleimter Holzplatte	Hazet-Werkstätten, Reinickendorfer Straße 41, Berlin-Wedding
185	**RL3-37/283**	Luftschutz-Glühlampe (bis 3 Lumen)	Osram GmbH, Ehrenbergstraße 11/14, Berlin
186	**RL3-37/284**	Schutzraumtür	
187	**RL3-37/290**	Schutzraumblende (splittersicher, aus Stahlblech)	Hazet-Werkstätten, Erich Haack-Werke, Rittergutstraße 121-124, Berlin-Lichtenberg
188	**RL3-37/291**	Schutzraumblende (splittersicher, luftdurchlässig, aus Stahlblech)	Hazet-Werkstätten, Reinickendorfer Straße 41, Berlin-Wedding
189	**RL3-37/294**	Schutzraumblende (einwandig, gassicher, aus 2,5 mm Stahlblech)	Walter Callmann, Greifswalderstraße 140/141, Berlin

Fachgruppe 3: Bauwesen / Tarnung / Verdunklung			
	Kenn-Nr.	**Beschreibung**	**Hersteller**
190	**RL3-37/295**	Schutzraumtür	Carl Hermann Luftschutztürenbau, Forsthofstraße 10-16, Nürnberg
191	**RL3-37/299**	Verdunklungspapier	Otto Günther Papierfabrik, Greiz
192	**RL3-37/306**	Schutzraumtür	
193	**RL3-37/307**	LS-Geworit-Verdunklungsvorhang	Reinhold Wormstädt, Potsdamer Straße 44/45, Berlin-Spandau
194	**RL3-37/308**	Raumfilter Typ 2042 (5,0 m^3/min, 10 mm WS)	Drägerwerk, Heinr. u. Bernh. Dräger, Moislinger Allee 53-55, Lübeck
195	**RL3-37/309**	Raumfilter Typ 2043 (7,5 m^3/min, 100 mm WS)	Drägerwerk, Heinr. u. Bernh. Dräger, Moislinger Allee 53-55, Lübeck
196	**RL3-37/314**	Raumfilter Typ 2044 (7,5 m^3/min, 150 mm WS)	Drägerwerk, Heinr. u. Bernh. Dräger, Moislinger Allee 53-55, Lübeck
197	**RL3-37/315**	Raumfilter Typ 2045 (10,0 m^3/min, 200 mm WS)	Drägerwerk, Heinr. u. Bernh. Dräger, Moislinger Allee 53-55, Lübeck
198	**RL3-37/316**	LS-Verdunklungspapier „schwarz Leinenpapier Safir 17/85“, Gütegruppe I, 136 g/m^2	Renter-Belipa GmbH, Düren
199	**RL3-37/317**	Stahllamellen für den Schutzraumbau (aus 3 mm SM-Blech)	Ruhrstahl AG, Henrichshütte, Hattingen
200	**RL3-37/318**	Schutzzelle, splittersicher	Wilhelmshütte, Eisen- und Emailierwerke AG, Sprottau
201	**RL3-37/321**	Schutzraumtür (gassicher, stahlsparend, aus Sperrholz)	Bernhard Sommer, Gandauer Straße 20, Breslau
202	**RL3-37/322**	Luftschutz-Richtlaterne Type „L-R-Witten“	Dr. Willy Thomas, Hirschhorn-Gasleuchten, Grünauer Straße 133, Berlin-Köpenick
203	**RL3-37/323**	Schutzraumtür (einwandig, gassicher)	Erwin Auert, Fabrik für Feineisenkonstruktionen, Franz-Joseph-Straße 9-11, Berlin-Weißensee
204	**RL3-37/325**	Schutzraumtür (stahlsparend, Sperrholz mit beiderseitigen Lignatplatten)	Walter Klein Stahlbau und Eisenkonstruktion, Inh. August Klein, Zimmerstraße 11-12, Liegnitz

Fachgruppe 3: Bauwesen / Tarnung / Verdunklung			
	Kenn-Nr.	**Beschreibung**	**Hersteller**
205	**RL3-37/326**	tragbares Brennschneidegerät Type A-Fn R, mit 10 m Reserve-Schlauch, Transportkoffer für Gasflasche	Drägerwerk Heinr. & Bernh. Dräger, Moislinger Allee 53-55, Lübeck
206	**RL3-37/329**	Verdunklungsvorrichtung	Geyer & Klemt, Neurode / Eulengebirge
207	**RL3-37/330**	Verdunklungsvorrichtung „Zugvorhang oben und unten mit Laufschiene"	Geyer & Klemt, Neurode / Eulengebirge
208	**RL3-37/332**	Schutzraumtür (einwandig, gasdicht, aus Stahl)	Rudolf Zimmermann GmbH, Stahlfensterwerk, Strehlaer Str. 19, Bautzen
209	**RL3-37/333**	Schutzraumtür (einwandig, gasdicht, aus Stahl)	Otto Briefe, Bau- und Geldschrank-Schlosserei, Schliemannstraße 5, Berlin
210	**RL3-38/1**	Schutzraumtür (einwandig, gassicher, stahlsparende Bauweise aus Sperrholzplatte mit Xylolith-Platten)	Karl Ehrmann, Metallwarenfabrik, Kreuzsteinstraße 9, Nürnberg
211	**RL3-38/3**	Schutzraumtür (einwandig, gassicher, aus Stahl)	Fenestra GmbH, Rather Straße 243, Düsseldorf
212	**RL3-38/4**	Schutzraumtür (einwandig, gassicher, aus Stahl, mit eingepreßten Diagonalverstrebungen)	Carl Renner, Nachf. Ernst Brinkop, Landeshut / Schlesien
213	**RL3-38/5**	LS-Verdunklungsvorrichtung „Schnellblender Rekord"	Adam Stiehl, Heppersheiderweg 47, Köln-Höhenhaus
214	**RL3-38/6**	LS-Verdunklungspapier „grün-schwarz", Gütegruppe I	Friedrich Erfurt & Sohn GmbH, Papierfabrik, Wuppertal-Beyenburg
215	**RL3-38/7**	Schutzraumtür (gassicher, aus Sperrholzplatte mit aufgeleimten Lignatplatten, Winkeleisenrahmen)	Fabrik für Eisenbau Carl Trippel, Seitengasse 11, Breslau
216	**RL3-38/8**	Schutzraumtür (gassicher, aus Baustoffplatte (Xylotekt), in zweiteiligem Stahlrahmen)	Deutsche Metalltürenwerke Aug. Schwarze AG, Brackwede
217	**RL3-38/9**	Schutzraumblende (splittersicher, aus Stahlblech)	Deutsche Metalltürenwerke Aug. Schwarze AG, Brackwede

Fachgruppe 3: Bauwesen / Tarnung / Verdunklung			
	Kenn-Nr.	**Beschreibung**	**Hersteller**
218	**RL3-38/10**	LS-Verdunklungsvorrichtung „Hewa-Verdunklungsrollo D.R.G.M."	H. Max Heber, Karlsplatz 4, Kassel
219	**RL3-38/11**	LS-Verdunklungsvorrichtung „Luba-Oberlicht- und Shed-Harmonika Nr. 4 u. 5" (bis zu etwa 10 m Länge der einzelnen Faltbahn)	Ernst Flohr & Co. GmbH, Wichmannstraße 24a, Berlin
220	**RL3-38/12**	Schutzraumtür	
221	**RL3-38/15**	Schutzraumtür (gassicher, aus Wehrbeton)	Hazet-Werkstätten, Reinickendorfer Straße 41, Berlin-Wedding
222	**RL3-38/16**	Schutzraumtür (gasdicht, aus Baustoffplatte mit beidseitigen Asbestzementplatten)	C. Puls & Co. GmbH, Fabrik für Metallkonstruktionen, Germaniastraße 157-158, Berlin-Tempelhof
223	**RL3-38/17**	LS-Verdunklungsstoff Art. 8784, einseitig gummiert, Gütegruppe I	
224	**RL3-38/18**	LS-Verdunklungsstoff „Qualität V 722", Gütegruppe I	F. A. Bernhardt AG, Zittau
225	**RL3-38/19**	LS-Verdunklungsstoff „Qualität VL-128/30", Gütegruppe I	Willibald Lichtner, Mechanische Weberei, Reichenau / Sachsen
226	**RL3-38/20**	LS-Verdunklungsvorrichtung „Spezial-Verdunklungsanlage"	Karl Riesel, Neurode / Eulengebirge
227	**RL3-38/25**	LS-Verdunklungsvorrichtung „Selbstroller"	Kappen-Orth, Holstenstraße 17, Lübeck
228	**RL3-38/26**	Schnell-Verdunklungsroller "Knax"	Kappen-Orth, Holstenstraße 17, Lübeck
229	**RL3-38/27**	Schutzraumtür (gasdicht, aus Baustoffplatte (kreuzweise verleimt) mit beiderseitigem Asbestschieferbelag)	Albert Hansen, Metalltüren-Industrie Eisenbau, Peine
230	**RL3-38/28**	Schutzraumtür (gassicher, splittersicher, aus Stahl)	Peltz Geldschrankwerke GmbH, Düsseldorf-Neuß
231	**RL3-38/29**	Fensterblende (einwandig, gasdicht, aus Stahlblech)	Peltz Geldschrankwerke GmbH, Düsseldorf-Neuß

Fachgruppe 3: Bauwesen / Tarnung / Verdunklung			
	Kenn-Nr.	**Beschreibung**	**Hersteller**
232	**RL3-38/34**	LS-Verdunklungsstoff Qualität 1144, Gütegruppe I	Hermann Engler, Mechanische Weberei, Reichenau / Sachsen
233	**RL3-38/35**	LS-Verdunklungsstoff HB 1, grün/ecrü, Gütegruppe I	Wachstuch- und Kunstleder-Werke AG, Kassel-Bettenhausen
234	**RL3-38/36**	LS-Verdunklungsvorrichtung „Lichtweg“	Max Schätzler, Ludendorffstraße 24, Berlin
235	**RL3-38/37**	LS-Verdunklungsvorrichtung „Lichtfang“	Max Schätzler, Ludendorffstraße 24, Berlin
236	**RL3-38/39**	Schutzraumtür (einwandig, gasdicht, aus Stahl)	Brüder Beyer, Eisenbau, Siemensstraße 5, Berlin-Oberschöneweide
237a	**RL3-38/40**	Luftschutzturm "Bauart Winkel" in Stampfbetonbauweise mit Eisen-betondecken	Fa. L. Winkel & Co., Duisburg
237b	**RL3-38/41**	Schutzraumtür (aus Stahlblech)	Karl Ebinger, Blechkonstruktionen und Preßteile, Schwieberdinger Straße 99, Stuttgart-Zuffenhausen
238	**RL3-38/42**	Baustoffplatte (2 Spezial-Hartholz-platten, deren Zwischenraum in Ab-ständen mit Holzstäben versteift ist)	Ewald Berninghaus, Duisburg
239	**RL3-38/44**	Luftschutzzelle aus Stahl (kegelförmig, für 1-2 Mann)	Mannesmann Stahlblechbau AG, Schicklerstraße 7, Berlin
240	**RL3-38/45**	Abdichtmasse „Monarch-Faser-plast“	Hesselkamp & Co., Hohe Bleichen 20, Hamburg
241	**RL3-38/46**	LS-Verdunklungsvorrichtung "Z-Rollo" mit seitlichem Schnurzug und Andrückleisten mit Blattfedern	Bruno Werner, Werkstätten für Holz-bearbeitung, Grimma
242	**RL3-38/48**	Schutzraumtür	
243	**RL3-38/49**	Baustoffplatte (stabverleimter Holzkern mit beidseitigen Asbest-zementplatten)	Erwin Auert, Fabrik für Feineisenkonstruktionen, Franz-Joseph-Straße 9-11, Berlin-Weißensee
244	**RL3-38/50**	Schutzraumtür (gasdicht)	Fenestra GmbH, Rather Straße 243, Düsseldorf

Fachgruppe 3: Bauwesen / Tarnung / Verdunklung

	Kenn-Nr.	Beschreibung	Hersteller
245	**RL3-38/51**	Fensterblende (gassicher)	Fenestra GmbH, Rather Straße 243, Düsseldorf
246	**RL3-38/53**	Schutzraumtür	Hermann Hartrampf, Eisenkonstruktionen, Borngasse 3, Dresden
247	**RL3-38/54**	Kunststoffplatte „Trolitat-Supra" (8 mm stark)	Fabrik für Eisenbau Carl Trippel, Seitengasse 11, Breslau
248	**RL3-38/55**	Baustoffplatte	August Hörmann & Sohn, Zastrowstraße 28, Bielefeld
249	**RL3-38/56**	Baustoffplatte	Karl Groneberg, Feineisen- und Metallbau, Eitelstraße 9-15, Berlin-Lichtenberg
250	**RL3-38/57**	Baustoffplatte	Karl Groneberg, Feineisen- und Metallbau, Eitelstraße 9-15, Berlin-Lichtenberg
251	**RL3-38/58**	Schutzraumtür „Certit" (gassicher, aus Stahl, mit Zentralverrieglung)	Mauser KG, Marienstraße 28-30, Köln-Ehrenfeld
252	**RL3-38/59**	Schutzraumfensterblende „Certit" (gassicher, aus Stahl)	Mauser KG, Marienstraße 28-30, Köln-Ehrenfeld
253	**RL3-38/60**	Schutzraumtür „Certit" (gassicher, aus Stahl, mit 2 Einzelverschlüssen)	Mauser KG, Marienstraße 28-30, Köln-Ehrenfeld
254	**RL3-38/61**	Schutzraumtür „Certit" (zweiflüglig, gassicher, aus Stahl)	Mauser KG, Marienstraße 28-30, Köln-Ehrenfeld
255	**RL3-38/62**	Schutzraumtür (splittersicher, ohne Zarge bei 50 mm allseitiger Auflage auf dem Mauerwerk)	Deutsche Metalltürenwerke Aug. Schwarze AG, Brackwede
256	**RL3-38/66**	Schutzraumtür (gassicher, aus Thoma-Panzerplatte „Siwi" mit Holzstabarmierung)	Hugo Thoma, Elisenstraße 2, Berlin-Steglitz
257	**RL3-38/67**	Schutzraumtür (einwandig, gassicher, aus Stahl)	August Preuß, Feineisenbau, Bahnhofstraße 26, Gladbeck
258	**RL3-38/68**	Schutzraumtür „SK-Tür" (einwandig, gassicher, aus 2,75 mm Stahlblech, nutlos, gummilos, mit „Filz-Pastendichtung")	Mannesmann Stahlblechbau AG, Schicklerstraße 7, Berlin

Fachgruppe 3: Bauwesen / Tarnung / Verdunklung			
	Kenn-Nr.	**Beschreibung**	**Hersteller**
259	**RL3-38/69**	Schutzraumtür (gassicher, splittersicher, aus 20 mm Stahlblech St37)	
260	**RL3-38/70**	Schutzraumtür (einwandig, gassicher, aus Stahl)	
261	**RL3-38/71**	Schutzraumtür (gassicher, aus Baustoffplatte mit beidseitigen Holzasbestzementplatten)	Stahl-Schanz, Frankfurt / M.
262	**RL3-38/72**	Schutzraumtür „Mono G-D" (doppelwandig, gassicher, aus Stahl)	Deutsche Metalltürenwerke Aug. Schwarze AG, Brackwede
263	**RL3-38/73**	Schutzraumtür (einwandig, gassicher, aus Stahl)	Johann Janich, Annaberger Straße 98, Chemnitz
264	**RL3-38/74**	„Steha"-Stoff, Gütegruppe I, glatt	Hermann Steiner, Neustadt bei Coburg
265	**RL3-38/75**	LS-Verdunklungsvorrichtung „Alarm-Verdunkler" mit Schleife	Alb. Fritz Ebert, Elsbethstraße 7 u. 12, Leipzig
266	**RL3-38/76**	LS-Verdunklungsvorrichtung „Alarm-Verdunkler" mit Selbstroller	Alb. Fritz Ebert, Elsbethstraße 7 u. 12, Leipzig
267	**RL3-38/77**	LS-Verdunklungsvorrichtung „Alarm-Verdunkler" mit Wellaufzug	Alb. Fritz Ebert, Elsbethstraße 7 u. 12, Leipzig
268	**RL3-38/78**	LS-Verdunklungsvorrichtung „Alarm-Verdunkler" mit Gurtaufroller	Alb. Fritz Ebert, Elsbethstraße 7 u. 12, Leipzig
269	**RL3-38/79**	Tragbares Brennschneidegerät „Agahilf 38 R" mit Reserve-Sauerstofftasche im Tragkasten	Autogen-Gasaccumulator-AG, Johanniterstraße 6, Berlin
270	**RL3-38/80**	LS-Verdunklungsvorrichtung, Selbstroller mit seitlichen Klappleisten	Heines & Hinnenberg, Langestraße 23d, Wuppertal-Elberfeld
271	**RL3-38/81**	LS-Verdunklungsvorrichtung, Zugrollo mit seitlichem Gurtzug	Heines & Hinnenberg, Langestraße 23d, Wuppertal-Elberfeld
272	**RL3-38/82**	LS-Verdunklungsvorrichtung, Fenster-Rollo mit Ringaufzug	Clemens Becker Söhne, Aue
273	**RL3-38/83**	LS-Verdunklungsvorrichtung „Im-Nu"	J. Herbert Eppendorfer, Rittergasse 3, Freiberg / Sachsen

Fachgruppe 3: Bauwesen / Tarnung / Verdunklung			
	Kenn-Nr.	**Beschreibung**	**Hersteller**
274	**RL3-38/84**	Schutzraumtür (einwandig, gassicher, mit hochklappbarer Schwelle, aus Stahl)	Mauser KG, Marienstraße 28-30, Köln-Ehrenfeld
275	**RL3-38/85**	Schutzraumtür (einwandig, gassicher, mit selbsttätig bewegter Schwelle, aus Stahl)	Mauser KG, Marienstraße 28-30, Köln-Ehrenfeld
276	**RL3-38/86**	LS-Verdunklungspapier schwarz-weiß Nr. 2857, Gütegruppe I	Papierfabrik Otto Günther, Greiz
277	**RL3-38/87**	LS-Verdunklungsvorrichtung für Oberlichter und Sheddächer	Friedrich Ziegler, Annastraße 9, Gotha
278	**RL3-38/88**	Schutzraumtür (gassicher, aus Baustoffplatte mit beidseitigem Asbestschieferbelag)	Stahltürenbau Carl Eßmann, Schulterblatt 58, Hamburg-St. Pauli
279	**RL3-38/89**	Schutzraumtür (einwandig, gassicher, aus Stahl, mit Zentralriegelverschluß)	Josef Gartner & Co., Gundelfingen
280	**RL3-38/90**	Luftschutzraumbauweise „Dyckerhoff & Widmann" aus eisenarmierten Betonringen	Dyckerhoff & Widmann AG, Wiesbaden-Biebrich
281	**RL3-38/91**	Luftschutz-Glühlampe (3 Hlm)	Radium Elektrizitäts-GmbH, Wipperfürth
282	**RL3-38/92**	LS-Verdunklungsstoff, schwarz, beiderseitig imprägniert (Leinenbindung), Gütegruppe I, 290 g/m²	Wilhelm Vilhuber, Gartenstraße 123, Düsseldorf
283	**RL3-38/93**	Schutzraumtür (einwandig, gassicher, aus Stahl)	Paul Herzog, Stahlbau, Emmastraße 18-22, Düsseldorf
284	**RL3-38/94**	Schutzraumtür (gassicher, aus Baustoffplatte mit beidseitigen Asbestzementplatten, mit umlaufendem U-Stahlblechrahmen)	Rudolf Zimmermann GmbH, Stahlfensterwerk, Strehlaer Straße 19, Bautzen
285	**RL3-38/95**	Schutzraumtür (doppelwandig, gassicher, aus Stahl)	A. u. E. Frank, Bau- und Kunstschlosserei, Teckstraße 18, Stuttgart
286	**RL3-38/96**	LS-Verdunklungsstoff „V", doppelseitig schwarz-creme, glatt, reine Zellwolle, Gütegruppe I, Leinenbindung, 402 g/m²	Eduard Keffel AG, Augustusplatz 1, Leipzig

Fachgruppe 3: Bauwesen / Tarnung / Verdunklung			
	Kenn-Nr.	**Beschreibung**	**Hersteller**
287	**RL3-38/97**	LS-Verdunklungsstoff „V", doppelseitig schwarz-creme, Moiré-Narbe, 85% Zellwolle, Gütegruppe I, Leinenbindung, 428 g/m²	Eduard Keffel AG, Augustusplatz 1, Leipzig
288	**RL3-38/98**	LS-Verdunklungsvorrichtung „Luba-Schnürharmonika Nr.9", mit seitlichem Schnurzug	Ernst Flohr & Co. GmbH, Wichmannstraße 24a, Berlin
289	**RL3-38/99**	LS-Verdunklungsvorrichtung „Luba-Fall-Harmonika Nr.10"	Ernst Flohr & Co. GmbH, Wichmannstraße 24a, Berlin
290	**RL3-38/100**	Schutzraumfensterblende (gassicher)	Marcus-Metallbau GmbH, Monumentenstraße 35, Berlin-Schöneberg
291	**RL3-38/101**	Schutzraumtür (einflüglig, gassicher, aus Baustoffplatte mit umlaufendem Winkelstahlrahmen)	Marcus-Metallbau GmbH, Monumentenstraße 35, Berlin-Schöneberg
292	**RL3-38/102**	Schutzraumtür (zweiflüglig, gassicher, aus Baustoffplatte mit umlaufendem Winkelstahlrahmen)	Marcus-Metallbau GmbH, Monumentenstraße 35, Berlin-Schöneberg
293	**RL3-38/103**	Schutzraumtür (einwandig, zweiflüglig, gassicher, aus Stahl)	Theodor Möhle, Uellendahler Str. 468, Wuppertal-Elberfeld
294	**RL3-38/104**	Schutzraumfensterblende Type M.R.7 (einwandig, gassicher, aus Stahl)	Max Rieger, Bauschlosserei, Kastanienallee 79, Berlin
295	**RL3-38/105**	Schutzraumtür Type M.R.6 (zweiflüglig, gassicher, aus Stahl)	Max Rieger, Bauschlosserei, Kastanienallee 79, Berlin
296	**RL3-38/106**	Schutzraumtür (einflüglig, gassicher, aus Baustoffplatte mit umlaufendem U-Profil-Rahmen)	Eisenkonstruktionen Gerhard Glos, Bärenstraße 7-9, Würzburg
297	**RL3-38/107**	LS-Verdunklungsvorrichtung „Wema-Schwingklappe" (für Sägezahndächer)	J. Eberspächer, Eßlingen
298	**RL3-38/108**	Schutzraumtür (gassicher, aus Kunststoffplatte mit umlaufendem Stahlblechrahmen und Zentralriegelverschluß)	Mauser KG, Marienstraße 28-30, Köln-Ehrenfeld

Fachgruppe 3: Bauwesen / Tarnung / Verdunklung			
	Kenn-Nr.	**Beschreibung**	**Hersteller**
299	**RL3-38/109**	Schutzraumtür (gassicher, aus Sperrholzplatte mit umlaufendem Stahlblechrahmen und Zentralriegelverschluß)	Mauser KG, Marienstraße 28-30, Köln-Ehrenfeld
300	**RL3-38/110**	LS-Verdunklungsstoff „Nox", einseitig imprägniert mit Linderol, Leinenbindung, Gütegruppe I, 305 g/m^2	J. H. Knöpfel KG, Leutersdorf
301	**RL3-38/111**	Schutzraumtür (einwandig, gassicher, aus Holz)	Joh. Rupprecht & Sohn Altdorf (b. Nürnberg)
302	**RL3-38/112**	LS-Verdunklungsvorrichtung (Fensterblende mit seitlichen Holzleisten)	Ernst Müller, Franz-Seldte-Straße 33, Reichenbach
303	**RL3-38/113**	Abdichtungsmasse "Bubi"	Ernst Herre, Vertriebs- und Baugesellschaft für Isoliermaterialien GmbH, Martin-Luther-Str. 26, Berlin-Schöneberg
304	**RL3-38/114**	Abdichtungsmasse "Palesit"	Paul Lechler, Kronenstraße 50, Stuttgart
305	**RL3-38/115**	Luftschutzraum-Abdichtungsmasse "Acosal-Dichtungskitt Nr. 608"	Chemische Fabrik Grünau, Landshoff und Meyer AG, Regattastraße 35, Berlin-Grünau
306	**RL3-38/116**	LS-Verdunklungsstoff aus Holzdrahtgewebe Nr. 24 V, Gütegruppe I	Grüßner & Co., Neurode / Eulengebirge
307	**RL3-38/117**	LS-Verdunklungsstoff aus Holzdrahtgewebe Nr. 900 V, Gütegruppe I	Grüßner & Co., Neurode / Eulengebirge
308	**RL3-38/118**	LS-Verdunklungsstoff aus Holzdrahtgewebe Nr. 600 V, Gütegruppe I	Grüßner & Co., Neurode / Eulengebirge
309	**RL3-38/119**	Fensterblende (gassicher, aus Wehrbeton)	Hazet-Werkstätten, Reinickendorfer Straße 41, Berlin-Wedding
310	**RL3-38/120**	Schutzraumtür (gassicher, aus Wehrbeton)	Hazet-Werkstätten, Reinickendorfer Straße 41, Berlin-Wedding
311	**RL3-38/121**	Schutzraumtür (gassicher, splittersicher, aus Stahlblech)	Fabrik für Eisenbau Carl Trippel, Seitengasse 11, Breslau

Fachgruppe 3: Bauwesen / Tarnung / Verdunklung			
	Kenn-Nr.	**Beschreibung**	**Hersteller**
312	**RL3-38/124**	Schutzraumtür (einwandig, gassicher, aus Baustoffplatte)	Paul Steinau, Stahltüren- und Fensterbau, Neheim / Ruhr
313	**RL3-38/125**	LS-Verdunklungstoff aus Holzdrahtgewebe, „Dessin 108 schwarz", Gütegruppe 1	Ewald Friederichs, Friedrichroda
314	**RL3-38/126**	LS-Verdunklungstoff aus Holzdrahtgewebe, „Dessin 108 hell", Gütegruppe 1	Ewald Friederichs, Friedrichroda
315	**RL3-38/127**	LS-Verdunklungstoff aus Holzdrahtgewebe, „Dessin 127 schwarz", Gütegruppe 1	Ewald Friederichs, Friedrichroda
316	**RL3-38/128**	LS-Verdunklungstoff aus Holzdrahtgewebe, „Dessin 127 hell", Gütegruppe 1	Ewald Friederichs, Friedrichroda
317	**RL3-38/129**	LS-Verdunklungsvorrichtung „Ausführung 1" mit seitlichem Gurtzug und Stahlführungsschienen	Ewald Friederichs, Friedrichroda
318	**RL3-38/130**	LS-Verdunklungsvorrichtung „Ausführung 1a" mit seitlichem Gurtzug und Holzführungsschienen	Ewald Friederichs, Friedrichroda
319	**RL3-38/131**	LS-Verdunklungsvorrichtung „Ausführung 2" mit seitlichem Gurtzug und Stahlführungsschienen ohne Holzeinlage	Ewald Friederichs, Friedrichroda
320	**RL3-38/132**	LS-Verdunklungsvorrichtung "Ausführung 3", Springrollo mit Schutzkasten und seitlichen Klappleisten	Ewald Friederichs, Friedrichroda
321	**RL3-38/133**	LS-Verdunklungsvorrichtung „Ausführung 4", zweiseitiger Vorhang an Rilogaschienen mit Schleuderstäben	Ewald Friederichs, Friedrichroda
322	**RL3-38/134**	LS-Verdunklungsvorrichtung "Ausführung 5", Faltvorhang mit Querleisten zur Verdunklung von horizontalen Oberlichtern	Ewald Friederichs, Friedrichroda
323	**RL3-38/135**	Schutzraumtür (einwandig, gassicher, aus Stahlblech)	Wilhelm Dorendorf, Fürstenufer 24, Magdeburg
324	**RL3-38/136**	Schutzraumtür (splittersicher, aus Stahl)	Deutsche Metalltürenwerke Aug. Schwarze AG, Brackwede

Fachgruppe 3: Bauwesen / Tarnung / Verdunklung			
	Kenn-Nr.	**Beschreibung**	**Hersteller**
325	**RL3-38/137**	Fensterblende (splittersicher, aus Stahlblech)	Deutsche Metalltürenwerke Aug. Schwarze AG, Brackwede
326	**RL3-38/138**	Schutzraumblende (einwandig, gassicher, aus Stahlblech)	Repal-Stahl-Fenster GmbH, Leipzig
327	**RL3-38/139**	Schutzraumtür (einwandig, gassicher, aus Spezialplatte mit beidseitigen Asbestzementplatten)	Peltz Geldschrankwerke GmbH, Düsseldorf-Neuß
328	**RL3-38/140**	Schutzzelle	Erkelenzer Maschinenfabrik Ferd. Clasen KG, Erkelenz
329	**RL3-38/141**	Schutzraumtür (einwandig, gassicher, aus Stahl)	Paul Steinau, Stahltüren- und Fensterbau, Neheim / Ruhr
330	**RL3-38/142**	Luftschutzturm, Bauart Zombeck	Industriebau Paul Zombeck, Dortmund
331	**RL3-38/143**	Schutzraumtür (gassicher, splittersicher, aus Stahlblech)	L. Pabst u. Sohn, Saarbrücken
332	**RL3-38/144**	Fensterblende (einwandig, gassicher, aus Stahlblech)	OWA Ostertag-Werke, Vereinigte Geldschrankwerke AG, Aalen
333	**RL3-38/145**	Schutzraumtür (einwandig, gassicher, aus Spezialbauplatte)	Essener Metallwerkstätten L. Leiner GmbH, Essen
334	**RL3-38/146**	Fensterblende (gassicher, splittersicher, aus Stahlblech)	Repal-Stahl-Fenster GmbH, Leipzig
335	**RL3-38/147**	Schutzraumtür (gassicher, splittersicher, aus Stahlblech)	Repal-Stahl-Fenster GmbH, Leipzig
336	**RL3-38/148**	Schutzraumtür (zweiflüglig, einwandig, gassicher, aus Stahlblech)	Fabrik für Eisenbau Carl Trippel, Seitengasse 11, Breslau
337	**RL3-38/149**	Schornstein-Reinigungsschieber (einwandig, gassicher, aus 4 mm Stahlblech mit Zarge aus Winkelstahl)	Otto Schöbe, Zinksgartenstraße 13, Halle / S.
338	**RL3-38/150**	Schutzraumtür (einwandig, gassicher, aus Stahlblech)	Hanseatische Stahltürenfabr. Oeltjen, Dietrich-Eckart-Straße, Hamburg
339	**RL3-38/151**	Schutzraumtür (einwandig, gassicher, aus Stahlblech)	Eisen- und Stahlbau GmbH Heinrich Raacke, Gelsenkirchen
340	**RL3-38/152**	Schutzraumtür (einwandig, gassicher, aus Stahlblech)	Fabrik für Eisenbau Carl Trippel, Seitengasse 11, Breslau

Fachgruppe 3: Bauwesen / Tarnung / Verdunklung			
	Kenn-Nr.	**Beschreibung**	**Hersteller**
341	**RL3-38/153**	Luftschutzzelle aus Stahl (rund / eckig, splittersicher)	Dortmund-Hörder-Hüttenverein AG, Rheinische Straße 173, Dortmund
342	**RL3-38/154**	Luftschutzzelle aus Stahl (splittersicher, ohne Rückwand)	Dortmund-Hörder-Hüttenverein AG, Rheinische Straße 173, Dortmund
343	**RL3-38/155**	LS-Verdunklungsstoff "Qualität 4ft.", doppelseitig, schwarz/schwarz, Moiré-Narbe, Gütegruppe I, 302 g/m^2	Eduard Keffel AG, Augustusplatz 1, Leipzig
344	**RL3-38/156**	LS-Verdunklungsstoff "Qualität 5ft.", doppelseitig, schwarz/schwarz, Moiré-Narbe, Gütegruppe I, 346 g/m^2	Eduard Keffel AG, Augustusplatz 1, Leipzig
345	**RL3-38/157**	LS-Verdunklungspapier grün-schwarz, Nr. 2859/191, Gütegruppe 1	Papierfabrik Otto Günther, Greiz
346	**RL3-38/158**	LS-Verdunklungsstoff H3491, Qualität 16/16 aus 20/20, 100% Zellwolle, einseitig imprägniert, Leinenbindung, 208 g/m^2, Gütegruppe I	Martini u. Ko., Haunstetten
347	**RL3-38/159**	LS-Verdunklungsvorrichtung „Modell 2", Fallrollo mit seitlichen Federklammern	Hawner u. Schmidt, Saarlautern (Saarlouis)
348	**RL3-38/160**	LS-Verdunklungsvorrichtung „Modell 3", Rollo mit selbsttätiger Abwicklung und seitlichem Zugschnur	Hawner u. Schmidt, Saarlautern (Saarlouis)
349	**RL3-38/161**	LS-Verdunklungsvorrichtung „Geworit", Rollo mit seitlichem Schnurzug	Reinhold Wormstädt, Potsdamer Straße 44/45, Berlin-Spandau
350	**RL3-38/162**	Schutzraumtür (einwandig, gassicher, aus Stahlblech)	Fabrik für Eisenkonstruktion und Aufzüge Otto Walther, Eisenach
351	**RL3-38/163**	Schutzraumtür (gassicher, aus Bauplatte)	Erwin Auert, Fabrik für Feineisenkonstruktionen, Franz-Joseph-Straße 9-11, Berlin-Weißensee
352	**RL3-38/165**	LS-Verdunklungsvorrichtung „Fix-Dunkel Nr. 20"	Curt Schröter & Sohn, Herrenstraße 6, Naumburg

Fachgruppe 3: Bauwesen / Tarnung / Verdunklung			
	Kenn-Nr.	**Beschreibung**	**Hersteller**
353	**RL3-38/167**	LS-Verdunklungsvorrichtung „Nr. 30"	Curt Schröter & Sohn, Herrenstraße 6, Naumburg
354	**RL3-38/170**	Schutzraumblende (stahlsparende Bauweise aus kreuzweise verleimten Platten, gasdicht, feuerhemmend)	Max Rother sen., Breslauer Straße 8, Strehlen / Schlesien
355	**RL3-38/176**	Schutzzelle	Peltz Geldschrankwerke GmbH, Düsseldorf-Neuß
356	**RL3-38/177**	Schutzraumblende (splittersicher, aus Stahlblech)	Max Rieger, Bauschlosserei, Berliner Straße 108, Berlin-Wilmersdorf
357	**RL3-38/184**	Schutzraumtür	
358	**RL3-38/187**	Schutzraumtür Typ C 38 (doppelwandig, gassicher, stahlsparende Bauweise mit Holzfaser-Hartplatten)	Eisenkonstruktionen Jos. Bauer, Von der Tann-Straße 20-24, Essen
359	**RL3-38/188**	Schutzraumtür (einwandig, gassicher, aus Stahlblech; absenkbar ohne Schwelle)	Mauser KG, Marienstraße 28-30, Köln-Ehrenfeld
360	**RL3-38/189**	Schutzraum-Abdichtungsmasse „Dursit 120"	Biberwerk Gustav A. Braun, Goebenstraße 12, Köln
361	**RL3-38/190**	LS-Verdunklungsvorrichtung, Verdunklungsrollo auf Selbstroller	Geyer & Klemt, Neurode (Eulengeb.)
362	**RL3-38/191**	LS-Verdunklungsvorrichtung, Verdunklungsrollo auf seitlichem Rollaufzug	Geyer & Klemt, Neurode (Eulengeb.)
363	**RL3-38/192**	LS-Verdunklungsstoff A, schwarz/-schwarz, Leinenbindung, 65% Zellwolle, 301 g/m², Gütegruppe I	Websky, Hartmann und Wiesen AG, Wüstewaltersdorf
364	**RL3-38/193**	Schutzraumtür (gassicher, splittersicher, aus Stahlblech St52)	Paul Steinau, Stahltüren- und Fensterbau, Neheim / Ruhr
365	**RL3-38/194**	LS-Verdunklungsstoff, Qualität 33, Zellwolle, einseitig imprägniert, Leinenbindung, 18/15 aus 30/30, Gütegruppe I	Julius Bottelers Nachf. GmbH, Reutlingen
366	**RL3-38/195**	Betonblende mit Einbaugewände (splittersicher)	Klöckner-Werke AG, Osnabrück-Eversburg

Fachgruppe 3: Bauwesen / Tarnung / Verdunklung			
	Kenn-Nr.	**Beschreibung**	**Hersteller**
367	**RL3-38/196**	Abdichtungsmasse „Acosal Streichmasse A23“, schwarz und zementgrau	Chemische Fabrik Grünau, Landshoff und Meyer AG, Regattastraße 35, Berlin-Grünau
368	**RL3-38/197**	Abdichtungsmasse „Grünauer Abdichtung“ für Tür- und Blendenzargen in Schutzräumen	Chemische Fabrik Grünau, Landshoff und Meyer AG, Regattastraße 35, Berlin-Grünau
369	**RL3-38/198**	Humerohr-Schutzraum-Bauweise aus Hume-Schleuderbetonrohren	Humerohr GmbH, Südstraße, Doberlug-Kirchhain
370	**RL3-38/199**	Schutzraumtür „SSK-Tür“ (gassicher, splittersicher, nutlos, aus 15 mm Stahlblech St52)	Mannesmann Stahlblechbau AG, Schicklerstraße 7, Berlin
371	**RL3-38/200**	LS-Verdunklungsvorrichtung Nr. 1, Springrollo	Fritz Hanke GmbH, Hof Göhlenau
372	**RL3-38/201**	LS-Verdunklungsvorrichtung Nr. 2, Rollo mit seitlichem Gurtzug	Fritz Hanke GmbH, Hof Göhlenau
373	**RL3-38/202**	LS-Verdunklungsvorrichtung Modell I, Springrollo mit seitlichen Klappschienen	Hollender & Wolf, Amsinckstraße 16-17, Hamburg
374	**RL3-38/203**	LS-Verdunklungsvorrichtung Modell II, Springrollo mit seitlichen Holzführungen	Hollender & Wolf, Amsinckstraße 16-17, Hamburg
375	**RL3-38/204**	LS-Verdunklungsvorrichtung, Zugrollo mit seitlichem Gurtzug, Lichtschutzkasten und Führungsschiene aus Stahlblech oder Holz	Karl Niemann, Parchim
376	**RL3-38/205**	LS-Verdunklungsvorrichtung, Springrollo mit seitlichem Gurtzug, Lichtschutzkasten und Führungsschiene aus Stahlblech oder Holz	Karl Niemann, Parchim
377	**RL3-38/206**	Schutzraum-Abdichtungsmasse „Gabrit-Spachtelkitt“	Biberwerk Gustav A. Braun, Goebenstraße 12, Köln
378	**RL3-38/207**	Schutzraum-Abdichtungsmasse „Ultra-Elastic“	Adler-Kittwerke, Memeler Straße 3, Berlin
379	**RL3-38/208**	Schutzraumtür (einwandig, gassicher, aus Stahl)	Stadian Riehl, Schlosserei und Eisenbau, Magdalenenstraße 9, Darmstadt
380	**RL3-38/209**	LS-Verdunklungsvorrichtung, Springrollo	Martin Schneider, Immelmannstraße 17, Plauen

Fachgruppe 3: Bauwesen / Tarnung / Verdunklung			
	Kenn-Nr.	**Beschreibung**	**Hersteller**
381	**RL3-38/210**	LS-Verdunklungsvorrichtung, Fallrollo	Martin Schneider, Immelmannstraße 17, Plauen
382	**RL3-38/211**	LS-Verdunklungsvorrichtung Modell I, Springrollo	Curt Bennewitz, Tauchaer Straße 28, Leipzig
383	**RL3-38/212**	LS-Verdunklungsvorrichtung Modell II, Fallrollo	Curt Bennewitz, Tauchaer Straße 28, Leipzig
384	**RL3-38/213**	LS-Verdunklungsvorrichtung unter gleichzeitiger Betätigung mehrerer Rollos durch Handkurbel, mit Lichtschutzkasten und Führungsschienen	Karl Siebrecht, Heinrichstraße 59, Hannover
385	**RL3-38/214**	LS-Verdunklungsvorrichtung, Zugrollo mit seitlichem Schnurzug, mit Lichtschutzkasten und seitlichen und unteren Führungsschienen	Karl Siebrecht, Heinrichstraße 59, Hannover
386	**RL3-38/215**	LS-Verdunklungsvorrichtung, Springrollo mit Lichtschutzkasten und seitlichen und unteren Führungsschienen	Karl Siebrecht, Heinrichstraße 59, Hannover
387	**RL3-38/216**	Fensterblende (gassicher, aus Holz)	Johann Bartelt, Tischlereiwerkstätten, Holsten-Mündrup
388	**RL3-38/217**	LS-Verdunklungsvorrichtung, Fallharmonika	Meyer-Hagen GmbH, Hagen
389	**RL3-38/218**	LS-Verdunklungsvorrichtung, Schnürharmonika	Meyer-Hagen GmbH, Hagen
390	**RL3-38/219**	LS-Verdunklungsvorrichtung, Harmonika für Oberlichter, Sheddächer und Lichtbänder	Meyer-Hagen GmbH, Hagen
391	**RL3-38/220**	Schutzraumtür (einwandig, gassicher, aus Stahl)	Wilhelm Francois, Olvenstedter Straße 41, Magdeburg
392	**RL3-38/221**	Schutzraumtür (doppelwandig, gassicher, aus Stahl)	Wilhelm Francois, Olvenstedter Straße 41, Magdeburg
393	**RL3-38/222**	Schutzraumtür (doppelwandig, splittersicher, aus Stahl St37)	Wilhelm Francois, Olvenstedter Straße 41, Magdeburg

Fachgruppe 3: Bauwesen / Tarnung / Verdunklung			
	Kenn-Nr.	**Beschreibung**	**Hersteller**
394	**RL3-38/223**	Fensterblende (gassicher, aus Holz)	Rudi Ebeling, Bau- und Möbeltischlerei, Breiter Weg 118, Magdeburg
395	**RL3-38/224**	Abdichtungsmasse „Aquasol" für Tür- und Blendenzargen in Schutzräumen	Biberwerk Gustav A. Braun, Goebenstraße 12, Köln
396	**RL3-38/226**	Schutzraumtür (einwandig, gassicher, aus Stahlblech)	Karl Prelle, Feineisenkonstruktion, Kasernenstraße 1A, Hannover
397	**RL3-38/227**	Schutzraumblende (einwandig, gassicher, aus Stahlblech)	Karl Prelle, Feineisenkonstruktion, Kasernenstraße 1A, Hannover
398	**RL3-38/228**	Hume-Luftschutzbunker (Klein-Luftschutzräume, Bauart Heinicke, aus Hume-Schleuderbetonrohren)	Humerohr GmbH, Südstraße, Doberlug-Kirchhain
399	**RL3-38/229**	Dachsteine und Dachplatten als brandbombensichere Dachdeckung	Dr.-Ing. Werner Scheibe, Böhmersweg 23, Hamburg
400	**RL3-38/230**	LS-Verdunklungsvorrichtung, Fenster-Verdunkler J.S.-Zugrollo mit seitlichem Schnur-, Gurt- oder Kettenzug	Johannes Schöttle, Peterstraße 1, Erfurt
401	**RL3-38/231**	Schutzraumblende „Mono-GE" (einwandig, gassicher, aus Stahlblech, mit zwei Verschlüssen)	Deutsche Metalltürenwerke Aug. Schwarze AG, Brackwede
402	**RL3-38/232**	Schutzraumblende „Mono-GE" (einwandig, gassicher, aus Stahlblech, mit einem Verschluß)	Deutsche Metalltürenwerke Aug. Schwarze AG, Brackwede
403	**RL3-38/233**	Schutzraumtür (einwandig, gassicher, aus 2 mm Stahlblech)	Stahl-Schanz, Frankfurt / M.
404	**RL3-38/234**	Schutzraumtür (einwandig, gassicher, aus 2,5 mm Stahlblech)	Stahl-Schanz, Frankfurt / M.
405	**RL3-38/235**	Schutzraum-Abdichtmasse „Koit 2 dunkelbraun"	Koitwerk Carl Koch, Meiningen-Grimmenthal
406	**RL3-38/236**	LS-Verdunklungsvorrichtung „Fallrollo"	Carl Voß, Mittelstraße 30, Rathenow
407	**RL3-38/237**	LS-Verdunklungsvorrichtung, Fensterblende aus Stoff mit allseitig eingenähtem Gummiband	Otto Schley, Furschweiler

Fachgruppe 3: Bauwesen / Tarnung / Verdunklung			
	Kenn-Nr.	**Beschreibung**	**Hersteller**
408	**RL3-38/238**	LS-Verdunklungsvorrichtung „Springrollo"	Teba-Ges. Friedrich Schünhoff & Co., Helmstedter Straße 37, Braunschweig
409	**RL3-38/239**	LS-Verdunklungspapier, schwarz/grün, Gütegruppe I, geprägt, Nr. 2859/292, 198 g/m²	Papierfabrik Otto Günther, Greiz
410	**RL3-38/240**	LS-Verdunklungsvorrichtung „Fallrollo"	Wilhelm Jung, Gaisbergstraße 31, Heidelberg
411	**RL3-38/241**	LS-Verdunklungspapier, Gütegruppe I, Kreppapier, schwarz, 245 g/m²	Cellulosefabrik Alzenau, Alzenau
412	**RL3-38/242**	LS-Verdunklungspapier, Gütegruppe I, Kreppapier, schwarz, 290 g/m²	Cellulosefabrik Alzenau, Alzenau
413	**RL3-38/243**	LS-Verdunklungsstoff, Gütegruppe II, Dunkelsatin 361, schwarz, 280 g/m²	R. Schürenberg & Co., Mönchen-Gladbach
414	**RL3-38/244**	Schutzraumtür (einwandig, gassicher, aus 3 mm Stahlblech)	Hamburger Metalltüren-Fabrik, Hamburg
415	**RL3-38/245**	Schornsteinabschluß, System Buschkamp (gassicher)	Carl Buschkamp, Bielefelder Fahrradbau, Am Bahnhof, Bielefeld-Brackwede
416	**RL3-38/246**	Schutzraumtür (einwandig, gassicher, aus 3 mm Stahlblech)	Alfred Fahl, Bauschlosserei, Sackheim 8-9, Königsberg
417	**RL3-38/247**	Schutzraumblende (einwandig, gassicher, aus 3 mm Stahlblech)	Alfred Fahl, Bauschlosserei, Sackheim 8-9, Königsberg
418	**RL3-38/248**	Schutzraumblende (einwandig, gassicher, aus 3 mm Stahlblech)	Carl Eßmann, Stahltürenbau, Schulterblatt 58, Hamburg-St. Pauli
419	**RL3-38/249**	LS-Verdunklungspapier P. 260, Gütegruppe II, schwarz/creme, 185 g/m²	Felix Heinr. Schoeller, Reflex-Papier-Fabrik, Düren
420	**RL3-38/250**	LS-Verdunklungsvorrichtung, gekuppelte Zugrollos für Großanlagen mit schrägliegenden oder senkrechten Fenstern (Sheddächer u. dgl.)	Meyer-Hagen GmbH, Hagen
421	**RL3-38/251**	LS-Verdunklungsvorrichtung, Zugrollo für senkrechte Fenster	Hellmuth Günther, Königsbrücker Straße 99, Dresden

Fachgruppe 3: Bauwesen / Tarnung / Verdunklung			
	Kenn-Nr.	**Beschreibung**	**Hersteller**
422	**RL3-38/252**	LS-Verdunklungspapier, Gütegruppe I, einseitig schwarz, Verdunklungskreppack, 276 g/m²	Papierfabrik A. Otto Schmidt oHG, Leutenberg
423	**RL3-38/253**	Verdunklungsvorrichtung „Ehage-Zug-Harmonika" mit seitlichem Schnurzug für senkrechte Fenster	Hinnenberg-Graf, Wuppertal-Elberfeld
424	**RL3-38/254**	LS-Verdunklungsvorrichtung, Selbstroller-Rollo	Johannes Heines, Hofaue 41, Wuppertal-Elberfeld
425	**RL3-38/255**	LS-Verdunklungspapier, Gütegruppe I, schwarz, glatt, 146 g/m²	Hannoversche Papierfabriken Alfeld-Gronau, Alfeld
426	**RL3-38/256**	Schutzraumtür (einwandig, gassicher, aus 3 mm Stahlblech, absenkbar, ohne Schwelle)	Marcus-Metallbau GmbH, Monumentenstraße 35, Berlin-Schöneberg
427	**RL3-38/257**	Schutzraumtür (einwandig, gassicher, aus 30 mm Baustoffplatte, umlaufender Stahlblechrahmen)	Adalbert Klement & Sohn, Stahltürenwerk, Völckerstraße 14-16, Hamburg-Altona
428	**RL3-38/258**	Schutzraumblende Type Bl.3 (splittersicher, für Außenanschlag mit Zarge)	C.H. Jucho, Juchostraße 100, Dortmund
429	**RL3-38/259**	Schutzraumblende Type Bl.4 (splittersicher, für Außenanschlag ohne Zarge)	C.H. Jucho, Juchostraße 100, Dortmund
430	**RL3-38/260**	Schutzraumtür Type E.B.10 (einwandig, gassicher, aus 3 mm Stahlblech)	Ewald Berninghaus, Duisburg
431	**RL3-38/261**	Schutzraumtür (einwandig, splittersicher, aus 20 mm Stahlblech St37, mit Zarge)	Adalbert Klement & Sohn, Stahltürenwerk, Völckerstraße 14-16, Hamburg-Altona
432	**RL3-38/262**	LS-Verdunklungspapier „Hygrosit WA 100", Gütegruppe I, schwarz, wasserfest und abwaschbar, 142 g/m²	Papierfabrik C.F. Wachendorff, Bergisch-Gladbach
433	**RL3-38/263**	LS-Verdunklungspapier „Hygrosit WFA 200", Gütegruppe I, schwarz, 160 g/m²	Papierfabrik C.F. Wachendorff, Bergisch-Gladbach

Fachgruppe 3: Bauwesen / Tarnung / Verdunklung			
	Kenn-Nr.	**Beschreibung**	**Hersteller**
434	**RL3-38/264**	LS-Verdunklungspapier „Hygrosit WFGA 300", Gütegruppe I, schwarz, wasserfest, 178 g/m²	Papierfabrik C.F. Wachendorff, Bergisch-Gladbach
435	**RL3-38/265**	LS-Verdunklungspapier, Leinenpapier, schwarz, Gütegruppe I, 152 g/m²	Ernst Fischer junr. AG, Altendorfer Straße 34, Chemnitz
436	**RL3-38/266**	Luftschutzzelle aus Stahlblech	Fabrik für Eisenbau Carl Trippel, Seitengasse 11, Breslau
437	**RL3-38/267**	Luftschutz-Verdunklungsvorrichtung, Zugvorhang an Laufschienen mit Schutzkasten	Gisbert N. Witt, Gladbacher Straße 57, Neuß
438	**RL3-38/268**	Schutzraumblende (splittersicher, aus 15 mm Stahlblech St52 bzw. 20 mm Stahlblech St37, Außenanschlag)	Fabrik für Eisenbau Carl Trippel, Seitengasse 11, Breslau
439	**RL3-38/269**	Schutzraumtür (einwandig, gassicher, aus 28 mm Baustoffplatte in U-förmigem Spezialrahmen	Donges Stahlbau GmbH. Weiterstädter Straße 5, Darmstadt
440	**RL3-38/270**	LS-Verdunklungspapier, Gütegruppe I, schwarz/gelb Nr. 2855, 205 g/m²	Papierfabrik Otto Günther, Greiz
441	**RL3-38/271**	Fensterblende (gassicher, aus 30 mm Sperrholzplatte)	Georg Grzemba, Bautischlerei, Weiße Kreuzstraße 8, Hannover
442	**RL3-38/272**	Schutzraumblende (gassicher, splittersicher, aus 15 mm Stahlblech St52 bzw. 20 mm Stahlblech St37)	Albert Hansen, Eisenbau, Peine
443	**RL3-38/273**	Schutzraumblende (gassicher, splittersicher, aus 15 mm Stahlblech St52 bzw. 20 mm Stahlblech St37)	Ferma-Fenster GmbH, Glockenstraße 41, Düsseldorf
444	**RL3-38/274**	Schutzraumblende (einwandig, gassicher, aus 3 mm Stahlblech)	Ferma-Fenster GmbH, Glockenstraße 41, Düsseldorf
445	**RL3-38/275**	Schutzraumblende (einwandig, gassicher, aus 3 mm Stahlblech mit Gitter-Glasflügel in Z-Zarge)	Ferma-Fenster GmbH, Glockenstraße 41, Düsseldorf
446	**RL3-38/276**	Schutzraumtür (einwandig, gassicher, aus 2,5 mm Stahlblech)	Ludwig Fey, Stahlkonstruktionen, Kaiser-Wilhelm-Ring 59, Mainz

Fachgruppe 3: Bauwesen / Tarnung / Verdunklung			
	Kenn-Nr.	**Beschreibung**	**Hersteller**
447	**RL3-38/277**	Schutzraumtür (gassicher, aus 25 mm Holzplatte mit umlaufendem U-Profil-Stahlrahmen)	Alfred Fahl, Bauschlosserei, Sackheim 8-9, Königsberg
448	**RL3-38/278**	Schutzraumtür (splittersicher, aus 20 mm Stahlblech St37 bzw. 15 mm Stahlblech St52, mit Zarge)	Fenestra GmbH, Rather Straße 243, Düsseldorf
449	**RL3-38/279**	Schutzraumblende (gassicher, splittersicher, aus 15 mm Stahlblech St52 bzw. 20 mm Stahlblech St37, für Außenanschlag)	Fabrik für Eisenbau Carl Trippel, Seitengasse 11, Breslau
450	**RL3-38/280**	Schutzraumtür (einwandig, gassicher, aus 3 mm Stahlblech)	Fritz Gielow & Co., Aachener Straße 296, Köln-Braunsfeld
451	**RL3-38/281**	Schutzraumblende (splittersicher, nutlos aus 15 mm Stahlblech St52 bzw. 20 mm Stahlblech St37, für Außenanschlag)	Mannesmann Stahlblechbau AG, Schicklerstraße 7, Berlin
452	**RL3-38/282**	Schutzraumtür (splittersicher, aus 15 mm Stahlblech St52 bzw. 20 mm Stahlblech St37)	Fabrik für Eisenbau Carl Trippel, Seitengasse 11, Breslau
453	**RL3-38/283**	LS-Verdunklungsstoff Art. 60, Mischgewebe, Gütegruppe I, Kette aus Kunstseide, schwarz gefärbt, Köperbindung, einseitig aufgerauht	Gebrüder Braun, Remscheid-Lüttringhausen
454	**RL3-38/284**	LS-Verdunklungsstoff Art. 61 Mischgewebe, Gütegruppe II, schwarz gefärbt, Köperbindung, einseitig aufgerauht	Gebrüder Braun, Remscheid-Lüttringhausen
455	**RL3-38/285**	LS-Verdunklungsvorrichtung W43, einschaliger Zugvorhang mit seitlichem Schnurzug und Abdeckschals	Hermann Tietjens KG, Köpenicker Straße 152, Berlin
456	**RL3-38/286**	LS-Verdunklungsstoff Art. 1210 Viskose- Kunstseidegewebe, Gütegruppe II, einseitig gummiert, 226 g/m²	Hermann Engler, Mechanische Weberei, Reichenau / Sachsen
457	**RL3-38/287**	LS-Verdunklungspapier, Gütegruppe I, schwarz, glatt, 128 g/m²	Jac. Schnabel & Co., Kreilplatz 1, Wien
458	**RL3-38/334**	Baustoffplatte (Xylotekt-Platte)	Deutsche Metalltürenwerke Aug. Schwarze AG, Brackwede

Fachgruppe 3: Bauwesen / Tarnung / Verdunklung			
	Kenn-Nr.	**Beschreibung**	**Hersteller**
459	**RL3-39/1**	LS-Verdunklungsvorrichtung, Fallrollo für senkrechte Fenster	Carl Hanf, Papierwarenfabrik, Ohrdruf
460	**RL3-39/1a**	Hinweisschilder für Luftschutz (Sammel-Kennummer, verschiedene Beschriftungen)	Heinrich Hübner, Preßstoffschilderwerk, Hirschberg / Riesengeb.
461	**RL3-39/2**	Schutzraumtür (gassicher, aus 19 mm Baustoffplatte in umlaufendem U-Profil-Stahlblechrahmen)	C.H. Jucho, Juchostraße 100, Dortmund
462	**RL3-39/4**	Schutzraumtür (einwandig, gassicher, aus 3 mm Stahlblech)	Johann Kromus, Stahlkonstruktionswerkstätten, Dresdener Straße 107, Wien
463	**RL3-39/5**	Schutzraumtür (splittersicher, aus 20 mm Stahlblech St37 bzw. 15 mm Stahlblech St52)	Erwin Auert, Fabrik für Feineisenkonstruktionen, Franz-Joseph-Straße 9-11, Berlin-Weißensee
464	**RL3-39/6**	Abdichtungsmasse „Ruberoid-Glasfaserkitt L2216“	Ruberoidwerke AG, Motzstraße 52, Berlin
465	**RL3-39/7**	LS-Verdunklungsstoff V 726, Gütegruppe I, Kunstseide-Zellwolle-Baumwollgewebe, einseitig gummiert, 247 g/m²	F. A. Bernhardt AG, Zittau
466	**RL3-39/8**	Schutzraumblende (gassicher, splittersicher, aus 20 mm Stahlblech St37 bzw. 15 mm Stahlblech St52)	C. Puls & Co. GmbH, Fabrik für Metallkonstruktionen, Germaniastraße 157-158, Berlin-Tempelhof
467	**RL3-39/9**	Schutzraumtür (gassicher, splittersicher, aus 20 mm Stahlblech St37 bzw. 15 mm Stahlblech St52)	C. Puls & Co. GmbH, Fabrik für Metallkonstruktionen, Germaniastraße 157-158, Berlin-Tempelhof
468	**RL3-39/10**	LS-Verdunklungspapier Nr. 580157/II, Gütegruppe I, schwarz, 184 g/m²	Leykam-Josefsthal AG, Parkring 2, Wien
469	**RL3-39/11** (?)	Luftschutzturm	LUZ-Bau GmbH, Berlin-Charlottenburg
470	**RL3-39/11**	Schutzraumtür (gassicher, aus 26 mm „Diago“-Holzplatte in umlaufendem Winkelstahlrahmen)	Adolf Groh, vorm. H. Groh Söhne, Mittelstraße 57, Hamburg

Fachgruppe 3: Bauwesen / Tarnung / Verdunklung			
	Kenn-Nr.	**Beschreibung**	**Hersteller**
471	**RL3-39/12**	Schutzraumtür (gassicher, aus Spezialmasse „Feuerlit“ mit Holzstahlgewebeeinlage in umlaufendem Winkelstahlrahmen)	Gesellschaft für neue Holz- und Bauwerkstoffe mbH, „Feuerlit“, Sybelstraße 69, Berlin-Charlottenburg
472	**RL3-39/13**	Züblin-Luftschutzraum-Bauweise aus Züblin-Schleuderbetonrohren	Ed. Züblin & Cie. AG, Stuttgart
473	**RL3-39/14**	Verdunklungsstoff „Seeadler“, Gütegruppe II, Zellwollgewebe, gestreift, einseitig imprägniert	A. Virgelen & Co., Lobberich
474	**RL3-39/15**	LS-Verdunklungsstoff Viktoria-Rollostoff schwarzglatt (Satz 2923/186), Gütegruppe I, Zellwollgewebe, beiderseits imprägniert, 414 g/m²	J. H. Benecke, Hannoversche Wachstuch- und Ledertuch-Fabrik, Vinnhorst
475	**RL3-39/16**	LS-Verdunklungsstoff Viktoria-Rollostoff grünglatt (Satz 2657/38-10), Gütegruppe I, Zellwollgewebe, beiderseits imprägniert, 360 g/m²	J. H. Benecke, Hannoversche Wachstuch- und Ledertuch-Fabrik, Vinnhorst
476	**RL3-39/17**	Schutzraumblende mit Zarge „Record“ (gassicher, splittersicher, aus 15 mm Stahlblech St52 bzw. 20 mm Stahlblech St37)	Hermann Hartrampf, Eisenkonstruktionen, Borngasse 3, Dresden
477	**RL3-39/18**	Luftschutzzelle aus Stahlblech	Kelle und Hildebrandt GmbH, Niedersedlitz
478	**RL3-39/19**	LS-Verdunklungsstoff K 8641, Gütegruppe I, Zellstoffgewebe, einseitig imprägniert, 342 g/m²	C. F. Plouquet, Heidenheim / Brenz
479	**RL3-39/20**	LS-Verdunklungsstoff, Gütegruppe II, Kunstseide- Zellwollgewebe, grün, einseitig plektroliert	Eduard Funck, Mechanische Weberei, Mönchen-Gladbach
480	**RL3-39/21**	Schutzraumblende (splittersicher, doppelwandig, aus je 10 mm Stahlblech St52, mit Entlüftung)	Fabrik für Eisenbau Carl Trippel, Seitengasse 11, Breslau
481	**RL3-39/22**	Schutzraumtür (einwandig, gassicher, aus 3 mm Stahlblech)	Erwin Auert, Fabrik für Feineisenkonstruktion, Franz-Joseph-Straße 9-11, Berlin-Weißensee

Fachgruppe 3: Bauwesen / Tarnung / Verdunklung			
	Kenn-Nr.	**Beschreibung**	**Hersteller**
482	**RL3-39/23**	Schutzraumtür (gassicher, splittersicher, aus 20 mm Stahlblech St37 bzw. 15 mm Stahlblech St52)	Erwin Auert, Fabrik für Feineisenkonstruktion, Franz-Joseph-Straße 9-11, Berlin-Weißensee
483	**RL3-39/24**	Schutzraumblende (gassicher, splittersicher, aus 20 mm Stahlblech St37 bzw. 15 mm Stahlblech St52)	Erwin Auert, Fabrik für Feineisenkonstruktion, Franz-Joseph-Straße 9-11, Berlin-Weißensee
484	**RL3-39/25**	Schutzraumblende (einwandig, gassicher, aus 3 mm Stahlblech)	Erwin Auert, Fabrik für Feineisenkonstruktion, Franz-Joseph-Straße 9-11, Berlin-Weißensee
485	**RL3-39/26**	Schutzraumblende (splittersicher, aus 20 mm Stahlblech St37 bzw. 15 mm Stahlblech St52, mit Zarge)	Erwin Auert, Fabrik für Feineisenkonstruktion, Franz-Joseph-Straße 9-11, Berlin-Weißensee
486	**RL3-39/27**	Verdunklungsvorrichtung, Selbstroller-Rollo für senkrechte Fenster	Fritz Müller, Adalbert-Stifter-Straße 7, Stuttgart
487	**RL3-39/28**	Verdunklungsvorrichtung, Zugrollo mit seitlichem Schnur- oder Gurtzug für senkrechte Fenster	Fritz Müller, Adalbert-Stifter-Straße 7, Stuttgart
488	**RL3-39/29**	Luftschutzraum-Notausstieg (waagerecht, trümmersicher, mit gassicherer Blende)	Mauser KG, Marienstraße 28-30, Köln-Ehrenfeld
489	**RL3-39/30**	Schutzraumtür (einwandig, gassicher, aus 2,5 mm Stahlblech)	Oskar Fritz und Ko. GmbH, Eisen- und Bronzebau, Koloniestraße 89/90, Berlin
490	**RL3-39/31**	Luftschutzschacht „Bauart Weber"	Karl Weber, Tief-, Beton- u. Eisenbetonbauunternehmung, Porta
491	**RL3-39/32**	Dywidag-Luftschutzschacht aus Dywidag- Schleuderbetonrohren	Dyckerhoff & Widmann KG (Dywidag), Dresdener Straße 40, Cossebaude
492	**RL3-39/33**	Dywidag-Luftschutzraumbauweise aus Dywidag-Schleuderbetonrohren	Dyckerhoff & Widmann KG (Dywidag), Dresdener Straße 40, Cossebaude
493	**RL3-39/34**	Schutzraumtür (einwandig, gassicher, aus 3 mm Stahlblech)	Victor Otte & Co., Eisenbau, Sechtergasse 18, Wien

Fachgruppe 3: Bauwesen / Tarnung / Verdunklung			
	Kenn-Nr.	**Beschreibung**	**Hersteller**
494	**RL3-39/35**	Schutzraumtür (gassicher, aus 20 mm Tischlerplatte mit umlaufendem Stahlrahmen)	Hermann Fischer, Gasschutztüren und Eisenbau, Blumenstraße 12, Halle / S.
495	**RL3-39/36**	Schutzraumtür (einwandig, gassicher)	Paul Steinau, Stahltüren- und Fensterbau, Neheim / Ruhr
496	**RL3-39/37**	Schutzraumtür (einwandig, gassicher, aus 2,5 mm Stahlblech)	Karl Groneberg, Feineisen- und Metallbau, Eitelstraße 9-15, Berlin-Lichtenberg
497	**RL3-39/38**	Schutzraumtür (einwandig, gassicher, aus 19 mm Sperrholzplatte, in U-Profilrahmen aus Stahlblech)	Karl Groneberg, Feineisen- und Metallbau, Eitelstraße 9-15, Berlin-Lichtenberg
498	**RL3-39/39**	Fensterblende (einwandig, gassicher, aus 19 mm Sperrholzplatte, in U-Profilrahmen aus Stahlblech)	Karl Groneberg, Feineisen- und Metallbau, Eitelstraße 9-15, Berlin-Lichtenberg
499	**RL3-39/40**	Schutzraumtür (einwandig, gassicher, aus 3 mm Stahlblech)	Carl Schürk, Eisenbau, Bochumer Straße 168, Recklinghausen
500	**RL3-39/41**	Schutzraumtür (verdoppelt, gassicher, aus 26 mm Holzplatte einschl. Verdopplung, auf 30 mm Blendrahmen)	Alfred Binder, Möbelwerkstätte, Bergstraße 11, Stuttgart
501	**RL3-39/42**	LS-Verdunklungsstoff Satin-Köper BG, Qual. Z G Z, Gütegruppe II, Zellwolle, schwarz, lichtecht gefärbt, 324 g/m^2	Ferdinand Haase, Peterswaldau
502	**RL3-39/43**	LS-Verdunklungsvorrichtung „Primax“, Springrollo für senkrechte Fenster	J. W. Rodenbach, Hohenzollerndamm 36, Berlin-Wilmersdorf
503	**RL3-39/44**	LS-Verdunklungsvorrichtung, bestehend aus Federwelle „Primax“ mit einseitiger Sperrvorrichtung, mit Zubehör zur Befestigung	J. W. Rodenbach, Hohenzollerndamm 36, Berlin-Wilmersdorf
504	**RL3-39/45**	LS-Verdunklungsvlies aus Alfazellulose mit Buna- und Kunstharz-Latex (etwa 50 %), Gütegruppe I, schwarz, 366 g/m^2	Carl Freudenberg GmbH, Weinheim
505	**RL3-39/46**	Schutzraumtür (einwandig, gassicher, aus 2,5 mm Stahlblech)	Paul Steinau, Stahltüren- und Fensterbau, Neheim / Ruhr

Fachgruppe 3: Bauwesen / Tarnung / Verdunklung			
	Kenn-Nr.	**Beschreibung**	**Hersteller**
506	**RL3-39/47**	Schutzraumtür (zweiflüglig, doppelwandig, gassicher, aus 2 mm Stahlblech)	Hermann Hartrampf, Eisenkonstruktionen, Borngasse 3, Dresden
507	**RL3-39/48**	Schornsteinabschluß (einwandig, gassicher, aus 2,5 mm Stahlblech)	Victor Otte & Co., Eisenbau, Sechtergasse 18, Wien
508	**RL3-39/49**	LS-Verdunklungsstoff „Bagdad 120 cm", Gütegruppe I, Kunstseide-Baumwoll-Zellwollgewebe, gemustert, einseitig braunrot gummiert, 525 g/m²	L. Menckhoff & Co., Mönchen-Gladbach
509	**RL3-39/50**	Schutzraumblende (gassicher, splittersicher, aus 20 mm Stahlblech St37 bzw. 15 mm Stahlblech St52)	Alfred Fahl, Bauschlosserei, Sackheim 8-9, Königsberg
510	**RL3-39/51**	LS-Verdunklungspapier Leinenpapier 2000 „Tarno 2", zweischichtig mit Gewebeeinlage, Gütegruppe I, beiderseits schwarz, 240 g/m²	Im. Unger AG, Kirchberg / Sachsen
511	**RL3-39/52**	Schutzraumtür, Bauart I (einwandig, gassicher, aus 3 mm Stahlblech)	Reichsinnungsverband des Schlosserhandwerks, Behrenstraße 17, Berlin
512	**RL3-39/53**	Schutzraumtür, Bauart II (doppelwandig, gassicher, aus 2 mm bzw. 3 mm Stahlblech)	Reichsinnungsverband des Schlosserhandwerks, Behrenstraße 17, Berlin
513	**RL3-39/54**	Schutzraumtür, Bauart III (doppelwandig, gassicher, splittersicher, aus zwei zusammengeschweißten Stahlblechen 10 mm St37)	Reichsinnungsverband des Schlosserhandwerks, Behrenstraße 17, Berlin
514	**RL3-39/55**	Schutzraumblende, Bauart IVa (einwandig, gassicher, aus 2,5 mm Stahlblech)	Reichsinnungsverband des Schlosserhandwerks, Behrenstraße 17, Berlin
515	**RL3-39/56**	Schutzraumblende, Bauart IVb (splittersicher, aus 15 mm Stahlblechen St52 bzw. 20 mm Stahlblech St37)	Reichsinnungsverband des Schlosserhandwerks, Behrenstraße 17, Berlin
516	**RL3-39/57**	Schutzraumtür, Bauart V (einwandig, gassicher, aus 2,5 mm Stahlblech)	Reichsinnungsverband des Schlosserhandwerks, Behrenstraße 17, Berlin

Fachgruppe 3: Bauwesen / Tarnung / Verdunklung			
	Kenn-Nr.	**Beschreibung**	**Hersteller**
517	**RL3-39/58**	Schutzraumtür, Bauart VIIIa (einwandig, gassicher, aus 2,5 mm Stahlblech)	Reichsinnungsverband des Schlosserhandwerks, Behrenstraße 17, Berlin
518	**RL3-39/59**	Schutzraumblende, Bauart VIIIb (einwandig, gassicher, aus 2,5 mm Stahlblech)	Reichsinnungsverband des Schlosserhandwerks, Behrenstraße 17, Berlin
519	**RL3-39/60**	Schutzraumtür, Bauart IXa (gassicher, stahlsparend, aus 20 mm Sperrholz in umlaufendem U-förmigem Stahlrahmen)	Reichsinnungsverband des Schlosserhandwerks, Behrenstraße 17, Berlin
520	**RL3-39/61**	Schutzraumblende, Bauart IXb (gassicher, stahlsparend, aus 20 mm Sperrholz in umlaufendem U-förmigem Stahlrahmen)	Reichsinnungsverband des Schlosserhandwerks, Behrenstraße 17, Berlin
521	**RL3-39/62**	Schutzraumtür, Bauart Xa (gassicher, stahlsparend, aus 20 mm „Diago"-Bauplatte in umlaufendem U-förmigem Stahlrahmen)	Reichsinnungsverband des Schlosserhandwerks, Behrenstraße 17, Berlin
522	**RL3-39/63**	Schutzraumblende, Bauart Xb (gassicher, stahlsparend, aus 20 mm „Diago"-Bauplatte in umlaufendem U-förmigem Stahlrahmen)	Reichsinnungsverband des Schlosserhandwerks, Behrenstraße 17, Berlin
523	**RL3-39/64**	Schutzraumblende, Bauart XIb (gassicher, splittersicher, stahlsparend, aus 15 mm Stahlblech St52 bzw. 20 mm Stahlblech St37)	Reichsinnungsverband des Schlosserhandwerks, Behrenstraße 17, Berlin
524	**RL3-39/65**	Schutzraumtür (einwandig, gassicher, aus 3,5 mm Stahlblech)	Fränkischer Maschinen- und Stahlbau Schuster und Schmidt, Schweinfurt
525	**RL3-39/66**	LS-Verdunklungspapyrolin, Gütegruppe I, 132 g/m^2	Papyrolin-Fabrik Wassermann & Co., Johannisstraße 136, Nürnberg
526	**RL3-39/67**	LS-Verdunklungsstoff Nr. 7105/B, Gütegruppe II, Zellwoll- Reißbaumwollgewebe, schwarz gefärbt, 400 g/m^2	J. G. Klippel AG, Neugersdorf / Sachsen
527	**RL3-39/68**	Schutzraumblende „Mono G-Spl" (gassicher, splittersicher, aus 15 mm Stahlblech St52 bzw. 20 mm Stahlblech St37)	Deutsche Metalltürenwerke Aug. Schwarze AG, Brackwede

Fachgruppe 3: Bauwesen / Tarnung / Verdunklung			
	Kenn-Nr.	**Beschreibung**	**Hersteller**
528	**RL3-39/69**	Schutzraumtür „Vaukastahlarm" (gassicher, aus 30 mm „Diago-Spezialplatte Form L-2", Winkelstahlrahmen)	Georg Kammenhuber, Alexanderstraße 12, Hamburg-St. Georg
529	**RL3-39/70**	Schutzraumtür (einwandig, gassicher, aus 3 mm Stahlblech)	H. H. Schmitz Stahltürenbau, Bleckstraße 23, Bochum-Riemke
530	**RL3-39/71**	Schutzraumblende (splittersicher, mit Zarge aus Stahlblech von 20 mm bei Verwendung von St37 bzw. 15 mm Dicke bei Verwendung von St52)	Adalbert Klement & Sohn, Stahltürenwerk, Völckerstraße 14-16, Hamburg-Altona
531	**RL3-39/72**	Schutzraumblende (einwandig, gassicher, aus 3 mm Stahlblech)	Adalbert Klement & Sohn, Stahltürenwerk, Völckerstraße 14-16, Hamburg-Altona
532	**RL3-39/73**	LS-Verdunklungsvorrichtung, Fallrollo „Elma"	E. L. Meyer Auswahl GmbH, Hildesheim
533	**RL3-39/74**	LS-Verdunklungsvorrichtung, Zugrollo „Elma" mit seitlichem endlosem Schnurzug	E. L. Meyer Auswahl GmbH, Hildesheim
534	**RL3-39/75**	LS-Verdunklungsvorrichtung, Springrollo „Elma"	E. L. Meyer Auswahl GmbH, Hildesheim
535	**RL3-39/76**	LS-Verdunklungsvorrichtung, zweischaliger Vorhang "Elma" mit Zug- oder Schleudervorrichtung	E. L. Meyer Auswahl GmbH, Hildesheim
536	**RL3-39/77**	Schutzraumblende (gassicher, aus 30 mm Baustoffplatte in umlaufendem U-förmigem Stahlblechrahmen von 3 mm Dicke)	Adalbert Klement & Sohn, Stahltürenwerk, Völckerstraße 14-16, Hamburg-Altona
537	**RL3-39/78**	Schutzraumtür (einwandig, gassicher, aus 2,5 mm Stahlblech)	Heinrich Bodenhorn, Robertstraße 13, Bochum
538	**RL3-39/79**	LS-Verdunklungsvorrichtung "Fensterblende" mit seitlichen Holzstäben und Gummipuffern	Martin Nagel, Kirchheimer Straße, Neussen
539	**RL3-39/80**	LS-Verdunklungsvorrichtung, Springrollo für senkrechte Einzelfenster	Schneider & Lehrbach, Waltershausen

Fachgruppe 3: Bauwesen / Tarnung / Verdunklung			
	Kenn-Nr.	**Beschreibung**	**Hersteller**
540	**RL3-39/81**	LS-Verdunklungsstoff schwarz, Gütegruppe II, einseitig aufgerauht, Zellwoll- Baumwoll-Mischgarn	Eduard Funck, Mechanische Weberei, Mönchen-Gladbach
541	**RL3-39/82**	Schutzraumtür „Mono G-H" (gassicher, aus 19 mm Holzplatte mit beiderseits aufgeleimten je 5 mm dicken Hartholzfaserplatten, U-förmiger Blechrahmen)	Deutsche Metalltürenwerke Aug. Schwarze AG, Brackwede
542	**RL3-39/91**	Schutzraumtür Bauart „Certit"	Mauser KG, Marienstraße 28-30, Köln-Ehrenfeld
543	**RL3-39/100**	Profildichtung für Schutzraumabschlüsse „Optima 3 D.R.P."	E. Purgold & Co., Düsseldorf
544	**RL3-39/113**	Luftschutzturm	LUZ-Bau GmbH, Berlin-Charlottenburg
545	**RL3-39/114**	Luftschutzturm, Bauart Zombeck	Industriebau Paul Zombeck, Dortmund
546	**RL3-39/118**	Schutzraumtür (gassicher, splittersicher, aus 20 mm Stahlblech St37 bzw. 15 mm St52)	Josef König, Eisenwerk, Köln-Braunsfeld
547	**RL3-39/119**	Schutzraumtür (einwandig, gassicher, aus 24 mm Sperrholzplatte in U-förmigem Stahlblechrahmen mit Winkelstahlzarge)	Hermann Thiemann, Schlosserei, Cottbus
548	**RL3-39/120**	Schutzraumtür (gassicher, splittersicher, aus 20 mm Stahlblech St37 bzw. 15 mm St52)	Hermann Thiemann, Schlosserei, Cottbus
549	**RL3-39/121**	Schutzraumblende (gassicher, splittersicher, aus 20 mm Stahlblech St37 bzw. 15 mm St52)	Josef König, Eisenwerk, Köln-Braunsfeld
550	**RL3-39/122**	Schutzraumblende (einwandig, gassicher, aus 2,5 mm Stahlblech)	Josef König, Eisenwerk, Köln-Braunsfeld
551	**RL3-39/123**	Schutzraumtür (einwandig, gassicher, aus 48 mm Holzlagen, mit beiderseitigem 4 mm Auftrag von „ARU"-Masse, mit Holzzarge)	Max Gebhardt, Kamenzer Straße 45, Dresden
552	**RL3-39/124**	Schutzraumtür (einwandig, gassicher, aus 2,5 mm Stahlblech)	Ewald Berninghaus, Duisburg

Fachgruppe 3: Bauwesen / Tarnung / Verdunklung

	Kenn-Nr.	Beschreibung	Hersteller
553	**RL3-39/125**	Schutzraumblende (einwandig, gassicher, aus 2,5 mm Stahlblech)	Ewald Berninghaus, Duisburg
554	**RL3-39/126**	Schutzraumblende (doppelwandig, gassicher, aus 25 mm Holzeinlage mit zwei 5 mm Spezialhartplatten in umlaufender, winkelförmiger Stahlblecheinfassung, mit Winkelstahlzarge)	Ewald Berninghaus, Duisburg
555	**RL3-39/127**	Herzbruch-Luftschutzraum-Bauweise aus Stampfbetonmauerwerk nach dem Keilkranzausbauverfahren	Hugo Herzbruch, Alfredstraße 307, Essen-Bredeney
556	**RL3-39/128**	Walter-Luftschutzraum-Bauweise aus Dreigelenkboden in Spezialeisenbetonkonstruktion System Walter	Dipl.-Ing. Karl Walter, Spezialbaugeschäft, Schorlemerallee 8, Berlin-Dahlem
557	**RL3-39/129**	Schutzraumtür (gassicher, splittersicher, aus 15 mm Stahlblech St52 bzw. 20 mm Stahlblech St37)	Reichsinnungsverband des Schlosserhandwerks, Behrenstraße 17, Berlin
558	**RL3-39/130**	Schutzraumtür (einwandig, gassicher, aus 25 mm Sperrholz in umlaufendem Winkelstahlrahmen mit Winkelstahlzarge)	Reichsinnungsverband des Schlosserhandwerks, Behrenstraße 17, Berlin
559	**RL3-39/131**	Schutzraumtür (einwandig, gassicher, aus 25 mm „Akron"-Bauplatte mit beiderseitigem Auftrag einer Spezialmasse, in umlaufendem Winkelstahlrahmen mit Winkelstahlzarge)	Reichsinnungsverband des Schlosserhandwerks, Behrenstraße 17, Berlin
560	**RL3-39/132**	Schutzraumblende (einwandig, gassicher, aus 25 mm „Akron"-Bauplatte mit beiderseitigem Auftrag einer Spezialmasse, in umlaufendem Winkelstahlrahmen mit Winkelstahlzarge)	Reichsinnungsverband des Schlosserhandwerks, Behrenstraße 17, Berlin
561	**RL3-39/133**	Schutzraumblende (einwandig, gassicher, aus 25 mm Sperrholz in umlaufendem Winkelstahlrahmen mit Winkelstahlzarge)	Reichsinnungsverband des Schlosserhandwerks, Behrenstraße 17, Berlin

Fachgruppe 3: Bauwesen / Tarnung / Verdunklung			
	Kenn-Nr.	**Beschreibung**	**Hersteller**
562	**RL3-39/134**	Schutzraumtür (zweiflüglig, doppelwandig, gassicher, aus 25 mm Holzeinlage mit beiderseitigen 5 mm Spezialhartplatten in umlaufendem Winkelstahlrahmen mit Winkelstahlzarge)	Ewald Berninghaus, Duisburg
563	**RL3-39/135**	Luftschutz-Glühlampe (1,5 – 2,5 Hlm), allseitig strahlend, 5,9W, Hauptklasse I, Unterklasse 3	Plechati-Glühlampenfabrik mbH, Kiel
564	**RL3-39/136**	Luftschutz-Glühlampe (0,5 – 2,5 Hlm), allseitig strahlend, 5,3W, Hauptklasse I, Unterklasse 2	Plechati-Glühlampenfabrik mbH, Kiel
565	**RL3-39/137**	Luftschutz-Glühlampe (bis 0,5 Hlm), allseitig strahlend, 4,5W, Hauptklasse I, Unterklasse 1	Plechati-Glühlampenfabrik mbH, Kiel
566	**RL3-39/138**	Luftschutz-Glühlampe (0,5 – 1,5 Hlm), allseitig strahlend, 7,6W, Hauptklasse I, Unterklasse 2	Johann Kremenezky AG, Elektrische Glühlampenfabriken, Dresdner Straße 57, Wien
567	**RL3-39/139**	Luftschutz-Glühlampe (bis 0,5 Hlm), allseitig strahlend, 6,3W, Hauptklasse I, Unterklasse 1	Johann Kremenezky AG, Elektrische Glühlampenfabriken, Dresdner Straße 57, Wien
568	**RL3-39/140**	Luftschutz-Glühlampe (1,5 – 2,5 Hlm), allseitig strahlend, 16W, Hauptklasse I, Unterklasse 3	Tungsram GmbH, Rungestraße 25-27, Berlin
569	**RL3-39/141**	Luftschutz-Glühlampe (0,5 – 1,5 Hlm), allseitig strahlend, 16W, Hauptklasse I, Unterklasse 2	Tungsram GmbH, Rungestraße 25-27, Berlin
570	**RL3-39/142**	Luftschutz-Glühlampe, tiefstrahlend, 11W, senkrechte Brennlage	A. Dickmann & Co., Friedrichstraße 9, Fürth
571	**RL3-39/143**	Luftschutz-Glühlampe (8 Hlm), all-seitig strahlend, 7W, gemäß Hauptklasse II	Fritz Müller, Beleuchtungskörperfabrik, Bamberger Straße 20, Dresden
572	**RL3-39/144**	Luftschutz-Glühlampe, tiefstrahlend, 7,4W, senkrechte Brennlage	Fritz Müller, Beleuchtungskörperfabrik, Bamberger Straße 20, Dresden
573	**RL3-39/145**	Luftschutz-Glühlampe, tiefstrahlend, 15W, waagerechte Brennlage	Fritz Müller, Beleuchtungskörperfabrik, Bamberger Straße 20, Dresden

Fachgruppe 3: Bauwesen / Tarnung / Verdunklung			
	Kenn-Nr.	**Beschreibung**	**Hersteller**
574	**RL3-39/146**	Luftschutz-Glühlampe, tiefstrahlend, 15W, für schräge Brennlage	Fritz Müller, Beleuchtungskörperfabrik, Bamberger Straße 20, Dresden
575	**RL3-39/147**	Luftschutz-Glühlampe (0,5 – 1,5 Hlm), allseitig strahlend, 5W, Hauptklasse I, Unterklasse 2	Ratron Elektrizitäts-Gesellschaft Gebrüder Richnow KG, Werner-Siemens-Straße 20/21, Berlin-Charlottenburg
576	**RL3-39/148**	Luftschutz-Glühlampe (1,5 – 2,5 Hlm), allseitig strahlend, 4,6W, Hauptklasse I, Unterklasse 3	Allgemeine Glühlampenfabriks-AG, Museumstraße 4, Wien
577	**RL3-39/149**	Luftschutz-Glühlampe (bis 0,5 Hlm), allseitig strahlend, 4,2W, Hauptklasse I, Unterklasse 1	Allgemeine Glühlampenfabriks-AG, Museumstraße 4, Wien
578	**RL3-39/150**	Schutzraumtür (einwandig, gassicher, aus 3 mm Stahlblech)	Willi Lermer, Stahlbau, Dotzheimer Straße 63, Wiesbaden
579	**RL3-39/151**	Schutzraumblende mit Zarge (gassicher, splittersicher, aus 20 mm Stahlblech St27 bzw. 15 mm Stahlblech St52)	Fenestra GmbH, Rather Straße 243, Düsseldorf
580	**RL3-39/152**	Luftschutzturm, Bauart Winkel, 500 Personen, 6 Etagen	Fa. L. Winkel & Co., Duisburg
581	**RL3-39/153**	Luftschutzzellen der Typen B 10, B 12, B 15, B 18 und B 20 aus Hume-Schleuderbetonrohren	Humerohr GmbH, Südstraße, Doberlug-Kirchhain
582	**RL3-39/154**	Schutzraumtür (einwandig, gassicher, 32 mm dickem dreilagigem Holzkern mit beiderseits aufgeleimten 4 mm Sperrholzplatten, mit Holzzarge)	Bernhard Althoff, Möbel- und Bautischlerei, Windhorststraße 35a, Münster
583	**RL3-39/155**	Schutzraumblende (einwandig, gassicher, 32 mm dickem dreilagigem Holzkern mit beiderseits aufgeleimten 4 mm Sperrholzplatten, mit Holzzarge)	Bernhard Althoff, Möbel- und Bautischlerei, Windhorststraße 35a, Münster
584	**RL3-39/156**	Luftschutzraum-Notausstieg (waagerecht, trümmersicher, aus 5 mm Riffelblech, mit unterseitig und getrennt angebrachter gassicherer Blende aus Baustoffplatte)	Hazet-Werkstätten Erich Haack, Reinickendorfer Straße 41, Berlin-Wedding

Fachgruppe 3: Bauwesen / Tarnung / Verdunklung			
	Kenn-Nr.	**Beschreibung**	**Hersteller**
585	**RL3-39/157**	Schutzraumtür (einwandig, gassicher, aus 25 mm Baustoffplatte mit Winkelstahlzarge)	Hazet-Werkstätten, Erich Haack-Werke, Rittergutstraße 121-124, Berlin-Lichtenberg
586	**RL3-39/158**	Schutzraumblende (gassicher, splittersicher, aus 15 mm Stahlblech St52 bzw. 20 mm Stahlblech St37, mit Winkelstahlzarge)	Karl Sprang, Eisen- und Bronzebau, Heinrich-von-Korn-Straße 8-10, Breslau
587	**RL3-39/159**	Schutzraumblende (splittersicher, aus 15 mm Stahlblech St52 bzw. 20 mm Stahlblech St37 mit Winkelstahlzarge)	Essener Metallwerkstätten L. Leiner GmbH, Essen
588	**RL3-39/160**	Schutzraumblende (einwandig, gassicher, aus 27 mm Holzkern mit beiderseits angepreßten 4 mm Spezial-Holzfaserstoffplatten in umlaufendem, U-förmigem Stahlrahmen mit Winkelstahlzarge)	Essener Metallwerkstätten L. Leiner GmbH, Essen
589	**RL3-39/161**	Aussteigluke (waagerecht, trümmersicher, aus 5 mm dickem Riffelblech mit angeschweißter Mittenverstärkung aus U-Eisen)	Hazet-Werkstätten, Reinickendorfer Straße 41, Berlin-Wedding
590	**RL3-39/162**	Schutzraumblende (gassicher, splittersicher, aus 15 mm Stahlblech St52 bzw. 20 mm Stahlblech St37, mit Zarge aus Profilstahl)	Karl Groneberg, Feineisen- und Metallbau, Eitelstraße 9-15, Berlin-Lichtenberg
591	**RL3-39/163**	Schutzraumtür (gassicher, splittersicher, aus 15 mm Stahlblech St52 bzw. 20 mm Stahlblech St37, mit Zarge aus Profilstahl)	Karl Groneberg, Feineisen- und Metallbau, Eitelstraße 9-15, Berlin-Lichtenberg
592	**RL3-39/164**	Abdichtungsmasse „Lisil-Lu-Spachtelmasse"	Hans Vollmer KG, Bramfelder Str. 70-72, Hamburg-Wandsbek
593	**RL3-39/165**	Abdichtungsmasse „Lubroplast"	Aktiengesellschaft Josef Jeserich, Ottenser Straße 2-4, Hamburg-Eidelstedt
594	**RL3-39/166**	Schutzraumtür (einwandig, gassicher, aus 3 mm Stahlblech, mit Winkelstahlzarge)	Josef Bader, Kunst- und Bauschlosserei, Leopoldstraße 118, München

Fachgruppe 3: Bauwesen / Tarnung / Verdunklung			
	Kenn-Nr.	**Beschreibung**	**Hersteller**
595	**RL3-39/167**	Abdichtungsmasse „Plombit III“	Chemische Werke Zimmer & Co., Königsdamm, Berlin-Plötzensee
596	**RL3-39/168**	Luftschutzzelle aus runden Eisenbetonformsteinen, Bauweise Dipl.-Ing. Karl Walter	Dipl.-Ing. Karl Walter, Spezialbaugeschäft, Schorlemerallee 8, Berlin-Dahlem
597	**RL3-39/169**	Luftschutzzelle aus Eisenbeton in Dreigelenkbogenkonstruktion, Bauweise Dipl.-Ing. Karl Walter	Dipl.-Ing. Karl Walter, Spezialbaugeschäft, Schorlemerallee 8, Berlin-Dahlem
598	**RL3-39/170**	Luftschutz-Richtleuchte Nr. 2510 mit einer Kennung gemäß Klasse 1	C. A. Schaefer KG, Abtlg. Hellux, Lichttechnische Spezialfabrik, Hildesheimer Straße 220, Hannover
599	**RL3-39/171**	Luftschutz-Richtleuchte Nr. 2511 mit zwei Kennungen gem. Klasse 2	C. A. Schaefer KG, Abtlg. Hellux, Lichttechnische Spezialfabrik, Hildesheimer Straße 220, Hannover
600	**RL3-39/172**	Luftschutz-Richtleuchte AFL 23/I für kreisförmige, einseitige und bandförmige Strahlung mit einer Kennung gemäß Klasse 1	Siemens-Schuckertwerke AG, Berlin-Siemensstadt
601	**RL3-39/173**	Luftschutz-Richtleuchte AFL 23/II für kreisförmige, einseitige und bandförmige Strahlung mit zwei Kennungen gemäß Klasse 2	Siemens-Schuckertwerke AG, Berlin-Siemensstadt
602	**RL3-39/174**	LS-Verdunklungspapier Hydroloid Qualität H 674, Gütegruppe I, dunkelgrün oder tiefschwarz, 205 g/m²	Schleipen & Erkens AG & Co., Jülich
603	**RL3-39/175**	LS-Verdunklungspapier Aero-Bitumen Nr. 67748, Gütegruppe I, schwarz, 158 g/m²	Otto Günther, Papierfabrik, Greiz
604	**RL3-39/176**	LS-Verdunklungsstoff 2, Gütegruppe II, Kunstseide- Zellwollgewebe, schwarz, einseitig gestrichen, 287 g/m²	E. Kühnel, Mechanische Weberei, Niederoderwitz
605	**RL3-39/177**	LS-Verdunklungsstoff Nr. 2449, Gütegruppe I, Zellwollgewebe, schwarz/ schwarz gestrichen, 293 g/m²	Christian Dierig AG, Langenbielau

Fachgruppe 3: Bauwesen / Tarnung / Verdunklung			
	Kenn-Nr.	**Beschreibung**	**Hersteller**
606	**RL3-39/178**	LS-Verdunklungsstoff V 29, Gütegruppe I, Zellwollgewebe, einseitig schwarz gestrichen, 260 g/m²	Hch. Kalbskopf, Textilwerk, Münchberg
607	**RL3-39/179**	LS-Verdunklungsvorrichtung, Springrollo für senkrechte Einzelfenster	August Härder & Co., Lübeck
608	**RL3-39/180**	LS-Verdunklungsvorrichtung, zweischaliger Zugvorhang für senkrechte Einzelfenster	August Härder & Co., Lübeck
609	**RL3-39/181**	LS-Verdunklungspapier Hydroloid Qualität H 675, Gütegruppe I, dunkelgrün oder tiefschwarz, 251 g/m²	Schleipen & Erkens AG & Co., Jülich
610	**RL3-39/182**	LS-Verdunklungsstoff 7, Gütegruppe II, Kunstseide- Zellwollgewebe, schwarz, einseitig gestrichen, 312 g/m²	E. Kühnel, Mechanische Weberei, Niederoderwitz
611	**RL3-39/183**	Kandem-LS-Richtleuchte Nr. 1149 mit einer Kennung gemäß Klasse I	Körting & Mathiesen AG, Leipzig
612	**RL3-39/184**	Kandem-LS-Richtleuchte Nr. 1150 mit zwei Kennungen gem. Klasse II	Körting & Mathiesen AG, Leipzig
613	**RL3-39/185**	Schutzraumtür (einwandig, gassicher, aus 3 mm Stahlblech)	Heinrich Kleinbohm, Vierwaldstätter Weg, Berlin-Reinickendorf
614	**RL3-39/186**	Luftschutzraum-Notausstieg (waagerecht, trümmersicher, mit unterseitig und getrennt angebrachter gassicherer Blende)	Mauser KG Marienstraße 28-30, Köln-Ehrenfeld
615	**RL3-39/187**	Schutzraumblende Bauart „Certit" (einwandig, gassicher aus 2,5 mm Stahlblech)	Mauser KG - Werk Waldeck, Köln
616	**RL3-39/188**	Luftschutz-Richtleuchte Type BVL 0200 mit einer Kennung gemäß Klasse I	Dr.-Ing. Schneider & Co., Rebstöckerstraße 55, Frankfurt / M.
617	**RL3-39/189**	Luftschutz-Richtleuchte Type BVL 0300 mit zwei Kennungen gemäß Klasse II	Dr.-Ing. Schneider & Co., Rebstöckerstraße 55, Frankfurt / M.
618	**RL3-39/190**	Schutzraumtür (einwandig, gassicher, aus 2,5 mm Stahlblech)	Friedrich Richardt, Eisenbau, Hameln

Fachgruppe 3: Bauwesen / Tarnung / Verdunklung			
	Kenn-Nr.	**Beschreibung**	**Hersteller**
619	**RL3-39/191**	Bamag-Luftschutz-Richtleuchte Type A 24 für Gasanschluß mit einer Kennung gemäß Klasse I	Bamag-Meguin AG, Reuchlinstraße 10-17, Berlin
620	**RL3-39/192**	Schutzraumtür (einwandig, gassicher, aus 15 mm Holzkern mit beiderseits aufgelegten 5 mm Eternitplatten in umlaufendem Z-förmigem Stahlblechrahmen mit Winkelstahlzarge)	Friedrich Drewski, Schlossermeister, Poststraße, Elbing
621	**RL3-39/193**	Schutzraumblende mit Zarge (gassicher, splittersicher, aus 25 mm Stahlblech St37 bzw. 20 mm Stahlblech St52)	Essener Metallwerkstätten L. Leiner GmbH, Essen
622	**RL3-39/194**	Schutzraumtür mit Zarge (gassicher, splittersicher, aus 25 mm Stahlblech St37 bzw. 20 mm Stahlblech St52)	Essener Metallwerkstätten L. Leiner GmbH, Essen
623	**RL3-39/195**	Schutzraumtür (gassicher, splittersicher, aus 25 mm Stahlblech St37 bzw. 20 mm Stahlblech St52)	GHH (Gutehoffnungshütte), Oberhausen-Sterkrade
624	**RL3-39/198**	Schutzraumtür mit Zarge (gassicher, splittersicher, aus 25 mm Stahlblech St37 bzw. 20 mm Stahlblech St52)	Friedrich Richardt, Eisenbau, Hameln
625	**RL3-39/199**	Schutzraumblende mit Zarge (gassicher, splittersicher, aus 25 mm Stahlblech St37 bzw. 20 mm Stahlblech St52)	Ewald Berninghaus, Duisburg
626	**RL3-39/200**	Schutzraumtür (doppelwandig, gassicher, aus 30 mm Holzeinlagen und beiderseitigen 5 mm „Spezialhartplatten" nebst umlaufender Hartholzleiste, mit Winkelstahlzarge)	Ewald Berninghaus, Duisburg
627	**RL3-39/201**	Schutzraumblende (doppelwandig, gassicher, aus 30 mm Holzeinlagen und beiderseitigen 5 mm „Spezialhartplatten" nebst umlaufender Hartholzleiste, mit Winkelstahlzarge)	Ewald Berninghaus, Duisburg

Fachgruppe 3: Bauwesen / Tarnung / Verdunklung			
	Kenn-Nr.	**Beschreibung**	**Hersteller**
628	**RL3-39/202**	Schutzraumtür (einwandig, gassicher, aus 3 mm Stahlblech)	Jos. Bauer und Söhne, Fabrik für Eisenkonstruktionen, Grabenstraße 96a, Essen-Stoppenberg
629	**RL3-39/203**	Aussteigeluke (waagerecht, trümmersicher, aus 3 cm voneinander entfernten Roststäben aus Flacheisen 40x8 mm)	Hazet-Werkstätten, Erich Haack-Werke, Rittergutstraße 121-124, Berlin-Lichtenberg
630	**RL3-39/204**	Schutzraumtür mit Zarge (gassicher, splittersicher, aus 25 mm Stahlblech St37 bzw. 20 mm Stahlblech St52)	Karl Ebinger, Blechkonstruktionen und Preßteile, Schwieberdinger Straße 99, Stuttgart-Zuffenhausen
631	**RL3-39/205**	Schutzraumtür (einwandig, gassicher, aus 2,5 mm Stahlblech)	Josef König, Eisenwerk, Köln-Braunsfeld
632	**RL3-39/206**	Schutzraumtür (einwandig, gassicher, schwellenlos, aus 2,75 mm Stahlblech, mit versenkbarem Türblatt)	Bruno Albus, Albus Stahltürenwerk, Glückaufstraße 52, Dortmund
633	**RL3-39/207**	Schutzraumtür (einwandig, gassicher, aus 3 mm Stahlblech, nutlos)	GHH (Gutehoffnungshütte), Oberhausen-Sterkrade
634	**RL3-39/209**	Luftschutz-Glühlampe (bis 1 Hlm), nach oben strahlend, 9 Watt, Hauptklasse I, Unterklasse 1	Osram GmbH, Ehrenbergstraße 11/14, Berlin
635	**RL3-39/210**	Luftschutz-Glühlampe (1 - 3 Hlm), nach oben strahlend, 10 Watt, Hauptklasse I, Unterklasse 2	Osram GmbH, Ehrenbergstraße 11/14, Berlin
636	**RL3-39/211**	Luftschutz-Glühlampe (3 - 5 Hlm), nach oben strahlend, 10 Watt, Hauptklasse I, Unterklasse 3	Osram GmbH, Ehrenbergstraße 11/14, Berlin
637	**RL3-39/212**	Luftschutz-Glühlampe (20 Hlm), allseitig strahlend, 8 - 10 W, Klarglaskolben, gemäß Hauptklasse II	Osram GmbH, Ehrenbergstraße 11/14, Berlin
638	**RL3-39/213**	Luftschutz-Glühlampe (20 Hlm), allseitig strahlend, 8 - 10 W, Mattglaskolben, gemäß Hauptklasse II	Osram GmbH, Ehrenbergstraße 11/14, Berlin
639	**RL3-39/214**	Luftschutz-Glühlampe (20 Hlm), nach oben strahlend, etwa 15 Watt, gemäß Hauptklasse II	Osram GmbH, Ehrenbergstraße 11/14, Berlin

Fachgruppe 3: Bauwesen / Tarnung / Verdunklung			
	Kenn-Nr.	**Beschreibung**	**Hersteller**
640	**RL3-39/215**	Luftschutz-Glühlampe (40 Hlm), nach oben strahlend, Klarglaskolben, etwa 25 Watt, gemäß Hauptklasse II	Osram GmbH, Ehrenbergstraße 11/14, Berlin
641	**RL3-39/216**	Luftschutz-Glühlampe (40 Hlm), nach oben strahlend, Mattglaskolben, etwa 25 Watt, gemäß Hauptklasse II	Osram GmbH, Ehrenbergstraße 11/14, Berlin
642	**RL3-39/217**	Luftschutz-Glühlampe, tiefstrahlend, 10 Watt, für senkrechte Brennlage	Osram GmbH, Ehrenbergstraße 11/14, Berlin
643	**RL3-39/218**	Luftschutz-Glühlampe, tiefstrahlend, 10,7 Watt, mit abgeflachter Kolbenkuppe, für senkrechte Brennlage	Osram GmbH, Ehrenbergstraße 11/14, Berlin
644	**RL3-39/219**	Luftschutz-Glühlampe, tiefstrahlend, 15 Watt, mit abgeflachter Kolbenkuppe, für senkrechte Brennlage	Osram GmbH, Ehrenbergstraße 11/14, Berlin
645	**RL3-39/220**	Luftschutz-Glühlampe (bis 0,5 Hlm), allseitig strahlend, 4,5 Watt, Hauptklasse I, Unterklasse 1	Ratron Elektrizitäts-Gesellschaft Gebrüder Richnow KG, Werner-Siemens-Straße 20/21, Berlin-Charlottenburg
646	**RL3-39/221**	Luftschutz-Glühlampe (1,5 - 2,5 Hlm), allseitig strahlend, 5,7 Watt, Hauptklasse I, Unterklasse 3	Ratron Elektrizitäts-Gesellschaft Gebrüder Richnow KG, Werner-Siemens-Straße 20/21, Berlin-Charlottenburg
647	**RL3-39/222**	Luftschutz-Glühlampe (1 - 3 Hlm), nach oben strahlend, 7,7 Watt, Hauptklasse I, Unterklasse 3	Julius Pintsch KG, Glühlampenfabrik, Andreasstraße 70/73, Berlin
648	**RL3-39/223**	Luftschutz-Glühlampe (etwa 13 Hlm), nach oben strahlend, 14 Watt, gem. Hauptklasse II	Julius Pintsch KG, Glühlampenfabrik, Andreasstraße 70/73, Berlin
649	**RL3-39/224**	Luftschutz-Glühlampe, tiefstrahlend, 11,5 Watt, für senkrechte Brennlage	Julius Pintsch KG, Glühlampenfabrik, Andreasstraße 70/73, Berlin
650	**RL3-39/225**	Luftschutz-Glühlampe (etwa 22 Hlm), nach oben strahlend, 17,5W, gemäß Hauptklasse II	Johann Kremenezky AG, Elektrische Glühlampenfabriken, Dresdner Straße 57, Wien

Fachgruppe 3: Bauwesen / Tarnung / Verdunklung			
	Kenn-Nr.	**Beschreibung**	**Hersteller**
651	**RL3-39/226**	Luftschutz-Glühlampe (17,5 Watt), tiefstrahlend, für senkrechte Brennlage	Johann Kremenezky AG, Elektrische Glühlampenfabriken, Dresdner Straße 57, Wien
652	**RL3-39/227**	Luftschutz-Glühlampe (bis 1 Hlm), nach oben strahlend, 9,1 Watt, Hauptklasse I, Unterklasse 1	Radium Elektrizitäts-GmbH, Wipperfürth
653	**RL3-39/228**	Luftschutz-Glühlampe (1 - 3 Hlm), nach oben strahlend, 10,1 Watt, gemäß Hauptklasse I, Unterklasse 2	Radium Elektrizitäts-GmbH, Wipperfürth
654	**RL3-39/229**	Luftschutz-Glühlampe (17 Hlm), allseitig strahlend, 10,2 Watt, gem. Hauptklasse II	Radium Elektrizitäts-GmbH, Wipperfürth
655	**RL3-39/230**	Luftschutz-Glühlampe (15,5 Hlm), nach oben strahlend, 15,6 Watt, gemäß Hauptklasse II	Radium Elektrizitäts-GmbH, Wipperfürth
656	**RL3-39/231**	Luftschutz-Glühlampe (31 Hlm), nach oben strahlend, 27 Watt, gem. Hauptklasse II	Radium Elektrizitäts-GmbH, Wipperfürth
657	**RL3-39/232**	Luftschutz-Glühlampe, tiefstrahlend, 10,3 Watt, für senkrechte Brennlage	Radium Elektrizitäts-GmbH, Wipperfürth
658	**RL3-39/233**	Schutzraumblende "Vijapla" (einwandig, gassicher, aus 25 mm feuerbeständigem Wehrbaustoff "Vijaplatit" aus stahlarmierter, steinholzähnlicher, feuerbeständiger Kunstmasse, mit 45 mm dickem Rahmen)	Hazet-Werkstätten, Erich Haack-Werke, Rittergutstraße 121-124, Berlin-Lichtenberg
659	**RL3-39/234**	Schutzraumtür "Vijapla" (einwandig, gassicher, aus 30 mm feuerbeständigem Wehrbaustoff "Vijaplatit" aus stahlarmierter, steinholzähnlicher, feuerbeständiger Kunstmasse, mit 47 mm dickem Rahmen)	Hazet-Werkstätten, Erich Haack-Werke, Rittergutstraße 121-124, Berlin-Lichtenberg
660	**RL3-39/235**	Abdichtungsmasse „Dechomai schwarz“	Peter E. Kühl, Moltkestraße 33, Kiel
661	**RL3-39/236**	Schutzraumblende mit Zarge (gassicher, splittersicher, aus 25 mm Stahlblech St37 bzw. 20 mm Stahlblech St52)	Karl Ebinger, Blechkonstruktionen und Preßteile, Schwieberdinger Straße 99, Stuttgart-Zuffenhausen

Fachgruppe 3: Bauwesen / Tarnung / Verdunklung			
	Kenn-Nr.	**Beschreibung**	**Hersteller**
662	**RL3-39/237**	Luftschutz-Glühlampe, etwa 15 Watt, tiefstrahlend, für senkrechte Brennlage	Osram GmbH, Ehrenbergstraße 11/14, Berlin
663	**RL3-39/238**	Engel & Leonhardt-Luftschutzraum-Bauweise aus Eisenbetonringen	Engel & Leonhardt, Betonwerk, Am Südhafen, Berlin-Spandau
664	**RL3-39/239**	Schutzraumtür (einwandig, gassicher aus 3 mm Stahlblech)	Erwin Auert, Fabrik für Feineisenkonstruktion, Franz-Joseph-Straße 9-11, Berlin-Weißensee
665	**RL3-39/240**	Schutzraumblende (einwandig, gassicher aus 3 mm Stahlblech)	Erwin Auert, Fabrik für Feineisenkonstruktion, Franz-Joseph-Straße 9-11, Berlin-Weißensee
666	**RL3-39/241**	Schutzraumtür (einwandig, gassicher aus 2,5 mm Stahlblech)	Fr. Nagel, Bauschlosserei und Kunstschmiede, Höfestraße 18, Hannover
667	**RL3-39/242**	Schutzraumtür mit Zarge (gassicher, splittersicher, aus 25 mm Stahlblech St37 bzw. 20 mm Stahlblech St52)	Fritz Gielow & Co., Aachener Straße 296, Köln-Braunsfeld
668	**RL3-39/243**	Schutzraumtür (einwandig, gassicher, aus 36 mm steinholzartiger Baustoffplatte in umlaufendem U-förmigen Stahlblechrahmen mit Winkelstahlzarge)	Adalbert Klement & Sohn, Stahltürenwerk, Völckerstraße 14-16, Hamburg-Altona
669	**RL3-39/244**	Schutzraumblende (einwandig, gassicher, aus 36 mm steinholzartiger Baustoffplatte in umlaufendem U-förmigen Stahlblechrahmen mit Winkelstahlzarge)	Adalbert Klement & Sohn, Stahltürenwerk, Völckerstraße 14-16, Hamburg-Altona
670	**RL3-39/245**	Schutzraumblende (einwandig, gassicher aus 3 mm Stahlblech, nutlos)	Heinrich Habig, Wattenscheid
671	**RL3-39/246**	Luftschutz-Glühlampe (1 Hlm), nach oben strahlend, gemäß Hauptklasse I, Unterklasse 1	Allgemeine Glühlampenfabriks-AG, Museumstraße 4, Wien
672	**RL3-39/247**	Luftschutz-Glühlampe (30 Hlm), allseitig strahlend, etwa 8 Watt, gemäß Hauptklasse II	Allgemeine Glühlampenfabriks-AG, Museumstraße 4, Wien

Fachgruppe 3: Bauwesen / Tarnung / Verdunklung			
	Kenn-Nr.	**Beschreibung**	**Hersteller**
673	**RL3-39/248**	Luftschutz-Glühlampe (25 Hlm), nach oben strahlend, etwa 15 Watt, gemäß Hauptklasse II	Allgemeine Glühlampenfabriks-AG, Museumstraße 4, Wien
674	**RL3-39/249**	Luftschutz-Glühlampe (50 Hlm), nach oben strahlend, etwa 25 Watt, gemäß Hauptklasse II	Allgemeine Glühlampenfabriks-AG, Museumstraße 4, Wien
675	**RL3-39/250**	Luftschutz-Glühlampe, tiefstrahlend, etwa 25 Watt für senkrechte Brennlage	Allgemeine Glühlampenfabriks-AG, Museumstraße 4, Wien
676	**RL3-39/251**	Luftschutz-Glühlampe, tiefstrahlend, etwa 10 Watt für senkrechte Brennlage	Allgemeine Glühlampenfabriks-AG, Museumstraße 4, Wien
677	**RL3-39/252**	LS-Verdunklungsstoff I, Gütegruppe I, Zellwollgewebe, schwarz, einseitig schwarz gestrichen	Th. Gerards, Mechanische Weberei, Vitustraße 54-56, Mönchen-Gladbach
678	**RL3-39/253**	LS-Verdunklungsstoff Nr. 7905, Gütegruppe I, Zellwollgewebe, beiderseits schwarz gestrichen, 342 g/m^2	Süddeutsche Baumwolle-Industrie AG, Kuchen
679	**RL3-39/254**	LS-Verdunklungs-Papiergewebe VLP, Gütegruppe I, beiderseits schwarz gestrichen, 552 g/m^2	Willibald Lichtner, Mechanische Weberei, Reichenau / Sachsen
680	**RL3-39/255**	LS-Verdunklungsstoff "Qualität Danzig", Gütegruppe I, Zellwollgewebe braun, einseitig schwarz gestrichen, 319 g/m^2	Rudolf Breuer, Reichenau / Sachsen
681	**RL3-39/256**	Schutzraumblende Typ E 1 (einwandig, gassicher, aus 2,5 mm Stahlblech)	Hazet-Werkstätten, Erich Haack-Werke, Rittergutstraße 121-124, Berlin-Lichtenberg
682	**RL3-39/257**	Schutzraumblende Typ H 1 (einwandig, gassicher, aus 25 mm Baustoffplatte mit Winkelstahlzarge)	Hazet-Werkstätten, Erich Haack-Werke, Rittergutstraße 121-124, Berlin-Lichtenberg
683	**RL3-39/258**	Luftschutzturm, Bauart Grün & Bilfinger	Grün & Bilfinger
684	**RL3-39/259**	Schutzraumtür (doppelwandig, gassicher, aus 25 mm Holzeinlage mit beiderseitigen 5 mm Zefasitplatten, mit Winkelstahlzarge)	Franz Dietzinger, Engstlatt

Fachgruppe 3: Bauwesen / Tarnung / Verdunklung			
	Kenn-Nr.	**Beschreibung**	**Hersteller**
685	**RL3-39/260**	Schutzraumtür „Record" (einwandig, gassicher, aus 40 mm eisenarmierter Baustoffplatte in Winkelstahlrahmen mit Winkelstahlzarge	Hermann Hartrampf, Eisenkonstruktionen, Borngasse 3, Dresden
686	**RL3-39/261**	Schutzraumtür Typ HS (einwandig, gassicher, aus 20 mm spezialverleimter Holzplatte, absenkbar ohne Schwelle)	Hazet-Werkstätten, Erich Haack-Werke, Rittergutstraße 121-124, Berlin-Lichtenberg
687	**RL3-39/262**	Abdichtungsmasse „Igaskitt 3 a Qualität LH" zum Abdichten von Heißrohrleitungen	Sika GmbH, Chemische Fabrik, Durmersheim
688	**RL3-39/263**	Schutzraumtür (einwandig, gassicher, aus 25 mm Werkstoffplatte „Fabrikat Egas" in umlaufendem U-förmigem Stahlblechrahmen, mit Winkelstahl-Sonderprofilzarge)	Th. Möhle, Inh. J. Flüchter, Uellendahler Str. 468, Wuppertal-Elberfeld
689	**RL3-39/264**	Schutzraumtür (einwandig, gassicher, aus 25 mm Werkstoffplatte „Fabrikat Egas" in umlaufendem U-förmigem Stahlblechrahmen, mit Winkelstahlzarge)	Th. Möhle, Inh. J. Flüchter, Uellendahler Str. 468, Wuppertal-Elberfeld
690	**RL3-39/265**	Schutzraumtür (einwandig, gassicher, aus 2,5 mm Stahlblech)	August Blödner GmbH, Gotha
691	**RL3-39/266**	Luftschutz-Glühlampe (1 Hlm), etwa 10 Watt, nach oben strahlend, gemäß Hauptklasse I, Unterklasse 1	Plechati-Glühlampenfabrik mbH, Kiel
692	**RL3-39/267**	Luftschutz-Glühlampe (1-3 Hlm), etwa 10 Watt, nach oben strahlend mit Drehsockel, gem. Hauptklasse I, Unterklasse 2	Plechati-Glühlampenfabrik mbH, Kiel
693	**RL3-39/268**	LS-Verdunklungsstoff, Gütegruppe II, aus Zellwolle und Reißspinnstoffen, schwarz gefärbt, Köperbindung, 355 g/m²	Anton Kramer & Co., Greven
694	**RL3-39/271**	LS-Verdunklungsstoff "Steinco", Gütegruppe I, Zellwollgewebe, schwarz/ schwarz gestrichen, 469 g/m²	Hermann Steiner, Neustadt bei Coburg

Fachgruppe 3: Bauwesen / Tarnung / Verdunklung			
	Kenn-Nr.	**Beschreibung**	**Hersteller**
695	**RL3-39/272**	LS-Verdunklungsstoff Nr. 6181, Gütegruppe I, Zellwollgewebe, schwarz/ schwarz gestrichen, 225 g/m²	Bleicherei, Färberei und Appretur-Anstalt Uhingen AG, Uhingen
696	**RL3-39/273**	LS-Verdunklungsvorrichtung „Ausführung 1", mit seitlichem Gurtzug, mit Schutzkasten und Stahlführungsschienen	Thürofa Heinrich Landgrebe KG, Großbreitenbach
697	**RL3-39/274**	LS-Verdunklungsvorrichtung „Ausführung 2", Springrollo mit Schutzkasten und Holzführungsschienen	Thürofa Heinrich Landgrebe KG, Großbreitenbach
698	**RL3-39/275**	LS-Verdunklungsvorrichtung „Ausführung 3", Schalvorhang mit Gardinenkasten	Thürofa Heinrich Landgrebe KG, Großbreitenbach
699	**RL3-39/276**	LS-Verdunklungsvorrichtung „Ausführung 4", Fallrollo	Thürofa Heinrich Landgrebe KG, Großbreitenbach
700	**RL3-39/277**	LS-Verdunklungsvorrichtung, gekuppelte Schalvorhänge mit Windenbetätigung	E. L. Meyer Auswahl GmbH, Hildesheim
701	**RL3-39/278**	LS-Verdunklungsvorrichtung, Fallrollo mit Doppelschnurzug	Friedrich Frommhagen, Friedrichstraße 10, Berlin
702	**RL3-39/279**	LS-Verdunklungsstoff Nr. 51 192 II, Gütegruppe II, Zellwolle und Reißspinnstoff mit Füllschicht, schwarz/-schwarz, 305 g/m²	J. G. Wolf sen., Tuchfabrik, Kirchberg / Sachsen
703	**RL3-39/280**	LS-Verdunklungsvorrichtung, Fallrollo mit Doppelschnurzug	Elsa Raschke, Greifenberg / Ammersee
704	**RL3-39/281**	Schutzraumtür (gassicher, trümmersicher, aus 20 mm Stahlblech St37 bzw. 15 mm Stahlblech St52)	Deutsche Metalltürenwerke Aug. Schwarze AG, Brackwede
705	**RL3-39/282**	Schutzraumblende (gassicher, trümmersicher, aus 20 mm Stahlblech St37 bzw. 15 mm Stahlblech St52)	Deutsche Metalltürenwerke Aug. Schwarze AG, Brackwede
706	**RL3-39/283**	Verdunklungsblende „Immo I" gemäß Hauptklasse I, Unterklasse 1 und 2 (innen grau mit feststehender Blendenöffnung)	Carl Immenkamp GmbH, Kiel

Fachgruppe 3: Bauwesen / Tarnung / Verdunklung			
	Kenn-Nr.	**Beschreibung**	**Hersteller**
707	**RL3-39/284**	Verdunklungsblende „Immo II" gemäß Hauptklasse II (innen blank mit feststehender Blendenöffnung)	Carl Immenkamp GmbH, Kiel
708	**RL3-39/285**	Verdunklungsblende „Immo III" (innen blank, mit verstellbarer Blendenöffnung)	Carl Immenkamp GmbH, Kiel
709	**RL3-39/286**	Verdunklungs-Sicherungssystem "Buhmann-Bomke", selbsttätig, zum Einbau als Verdunklungs-Sicherungsanlage in Gebäuden	Elektro-Buhmann, Inh. Paul Buhmann, Gutenbergstraße 40, Kiel
710	**RL3-39/287**	LS-Verdunklungsvorrichtung, Zugrollo mit seitlichen Profilführungsschienen und Halteknöpfen	Lorenz Sporer, Rothmundstraße 6, München
711	**RL3-39/288**	LS-Verdunklungsvorrichtung, Schalvorhang, zweischalig, mit Zug- oder Schleudervorrichtung	Lorenz Sporer, Rothmundstraße 6, München
712	**RL3-39/289**	LS-Verdunklungsvorrichtung „Reico II", Fallrollo mit Doppelschnürzug	Rollpappenindustrie Hoya, Inh. F. Reiffenstein & Co., Hoya
713	**RL3-39/290**	LS-Verdunklungsvorrichtung „Reico I", Zugrollo mit Rollpappe	Rollpappenindustrie Hoya, Inh. F. Reiffenstein & Co., Hoya
714	**RL3-39/291**	Abdichtungsmasse „Aboxit" für Schutzräume	Aboxit, Schmid & Co., Leberstraße 26, Wien
715	**RL3-39/292**	LS-Verdunklungsstoff „Qualität 444 A", Gütegruppe II, Kunstseide und Reißspinnstoff, schwarz gefärbt, gerauht, 432 g/m^2	Emil Heidel, Mechanische Weberei, Hohenstein-Ernstthal
716	**RL3-39/293**	Schutzraumtür „System Jetter" (einwandig gassicher, aus 24 mm dicken längslaufenden und 15 mm dicken querlaufenden Brettern, mit zweilagiger Dichtung aus glatter Bitumenpappe, Winkelstahlzarge)	Schmid & Co., Möbelfabrik, Engstlatt
717	**RL3-39/294**	Luftschutz-Leuchte Type 2020 r mit Reflektor gemäß Hauptklasse I, Unterklasse 2 für Wechselstrom	H. Brunnquell & Co., Sondershausen

Fachgruppe 3: Bauwesen / Tarnung / Verdunklung			
	Kenn-Nr.	**Beschreibung**	**Hersteller**
718	**RL3-39/297**	Schutzraumtür (splittersicher, aus 20 mm Stahlblech St37 bzw. 15 mm Stahlblech St52, mit Winkelstahlzarge)	Fenestra GmbH, Rather Straße 243, Düsseldorf
719	**RL3-39/298**	Schutzraumblende (splittersicher, aus 20 mm Stahlblech St37 bzw. 15 mm Stahlblech St52, mit Winkelstahlzarge)	Fenestra GmbH, Rather Straße 243, Düsseldorf
720	**RL3-39/299**	Schutzraumtür (einwandig, gassicher, aus 3 mm Stahlblech)	Georg Fendt, Bauschlosserei, Grebenstraße 17, Mainz
721	**RL3-39/300**	Schutzraumtür (gassicher, splittersicher, aus 25 mm Stahlblech St37 bzw. 20 mm Stahlblech St52, nutlos, mit plastischer Dichtung „Daudi")	GHH (Gutehoffnungshütte), Oberhausen-Sterkrade
722	**RL3-39/302**	Abdichtungsmasse „Densoplast"	Chemieprodukte KG, Walkenrieder Straße 28, Berlin-Britz
723	**RL3-39/303**	Schornsteinreinigungsklappe „Type EF" (einwandig, gassicher, aus 20 mm Baustoffplatte mit Z-förmiger Stahlzarge)	Hazet-Werkstätten, Erich Haack-Werke, Rittergutstraße 121-124, Berlin-Lichtenberg
724	**RL3-39/304**	Schornsteinreinigungsklappe „Type EF" (einwandig, gassicher, aus 2,5 mm Stahlblech mit Z-förmiger Stahlzarge)	Hazet-Werkstätten, Erich Haack-Werke, Rittergutstraße 121-124, Berlin-Lichtenberg
725	**RL3-39/305**	Verdunklungsblende „Total III" mit verstellbarer Blendenöffnung, für Glühlampen von 15 Watt	Crone & Heinz, Metallwarenfabrik, Lüdenscheid
726	**RL3-39/306**	Schutzraumblende (splittersicher, aus 15 mm Stahlblech St52 bzw. 20 mm Stahlblech St37, ohne Zarge)	Mannesmann Stahlblechbau AG, Schicklerstraße 7, Berlin
727	**RL3-39/307**	Schutzraumblende (splittersicher, aus 15 mm Stahlblech St52 bzw. 20 mm Stahlblech St37, mit Winkelstahlzarge)	Mannesmann Stahlblechbau AG, Schicklerstraße 7, Berlin
728	**RL3-39/308**	Schutzraumabdichtungsmasse	Walther Müller & Co. GmbH, Sülldorfer Kirchenweg 31, Hamburg-Blankenese

Fachgruppe 3: Bauwesen / Tarnung / Verdunklung

	Kenn-Nr.	Beschreibung	Hersteller
729	**RL3-39/310**	Schutzraumtür Type GITP (einwandig, gassicher, aus 2,5 mm Stahlblech, mit Winkelstahlzarge)	Essener Metallwerkstätten L. Leiner GmbH, Essen
730	**RL3-39/311**	Schutzraumblende Type GIBP (einwandig, gassicher, aus 2,5 mm Stahlblech, mit Winkelstahlzarge)	Essener Metallwerkstätten L. Leiner GmbH, Essen
731	**RL3-39/312**	Schutzraumblende Type W (splittersicher, licht- und luftundurchlässig, aus 20 mm Stahlblech St37 bzw. 15 mm Stahlblech St52, ohne Zarge)	Hazet-Werkstätten, Erich Haack-Werke, Rittergutstraße 121-124, Berlin-Lichtenberg
732	**RL3-39/315**	Luftschutzturm	Ed. Züblin & Cie. AG, Stuttgart
733	**RL3-39/316**	Luftschutz-Glühlampe, tiefstrahlend, 8,8 Watt	Plechati-Glühlampenfabrik mbH, Kiel
734	**RL3-39/317**	Luftschutzturm, Bauart Herzbruck	
735	**RL3-39/318**	Schutzraumtür (einwandig, gassicher, aus 3 mm Stahlblech, mit Winkelstahlzarge)	Johann Saar, Eisenbearbeitung, Rüsselsheim
736	**RL3-40/1**	Luftschutzturm, Bauart Winkel, 500 Personen, doppelte Sitzstufenanordnung	Fa. L. Winkel & Co., Duisburg
737	**RL3-40/2**	Schutzraumtür (einwandig, gassicher, aus 2,5 mm Stahlblech, mit Winkelstahlzarge)	Ferma-Fenster GmbH, Glockenstraße 41, Düsseldorf
738	**RL3-40/3**	Schutzraumtür (gassicher, splittersicher, aus 25 mm Stahlblech St37 bzw. 20 mm Stahlblech St52, mit Winkelstahlzarge)	Ferma-Fenster GmbH, Glockenstraße 41, Düsseldorf
739	**RL3-40/4**	Schutzraumtür (einwandig, gassicher, aus 2,5 mm Stahlblech, mit Winkelstahlzarge)	Frühwald & Jäger, Inh. Max Glückert, Eisen- und Preßwerk, Nürnberg
740	**RL3-40/5**	Luftschutzturm, Bauart Winkel, militärische Nutzung	Fa. L. Winkel & Co., Duisburg
741	**RL3-40/6**	Schutzraumblende (einwandig, gassicher, aus 2,5 mm Stahlblech, mit Winkelstahlzarge)	Ferma-Fenster GmbH, Glockenstraße 41, Düsseldorf

Fachgruppe 3: Bauwesen / Tarnung / Verdunklung			
	Kenn-Nr.	**Beschreibung**	**Hersteller**
742	**RL3-40/7**	Schutzraumblende (einwandig, gassicher, aus 2,5 mm Stahlblech, mit je einem Gitter- und Glasflügel und Z-förmiger Stahlzarge)	Ferma-Fenster GmbH, Glockenstraße 41, Düsseldorf
743	**RL3-40/8**	Schutzraumtür (trümmersicher, aus 15 mm Stahlblech St37 bzw. 12 mm Stahlblech St52, mit Winkelstahlzarge)	Fenestra GmbH, Rather Straße 243, Düsseldorf
744	**RL3-40/9**	Schutzraumblende (trümmersicher, aus 12 mm Stahlblech St37 bzw. 10 mm Stahlblech St52 mit Winkelstahlzarge)	Fenestra GmbH, Rather Straße 243, Düsseldorf
745	**RL3-40/10**	Schutzraumtür (einwandig, gassicher, aus 3 mm Stahlblech)	August Filzamer, Sonnleithner Gasse 24-26, Wien
746	**RL3-40/11**	Schutzraumtür (gassicher, splittersicher, aus 25 mm Stahlblech St37 bzw. 20 mm Stahlblech St52, mit Winkelstahlzarge)	August Filzamer, Sonnleithner Gasse 24-26, Wien
747	**RL3-40/12**	Aussteigeluke (waagerecht, trümmersicher, aus 2 cm voneinander entfernten Roststäben aus Flacheisen in umlaufendem Winkelstahlrahmen mit Winkelstahlzarge)	C. Puls & Co. GmbH, Fabrik für Metallkonstruktionen, Germaniastraße 157-158, Berlin-Tempelhof
748	**RL3-40/13**	Bamag-Luftschutz-Richtleuchte für Gasanschluß, Type A 25 mit 2 Kennungen gemäß Klasse II	Bamag-Meguin AG, Reuchlinstraße 10-17, Berlin
749	**RL3-40/15**	Wehrmacht-Tarnscheinwerfer	Nova-Technik GmbH (Notek), Freimannerstraße 227, München
750	**RL3-40/16**	LS-Verdunklungsvorrichtung, Fallrollo mit Doppelschnurzug	Günther Hiltgens, Rheinhausen
751	**RL3-40/17**	LS-Verdunklungsstoff Nr. 4, Gütegruppe II, Zellwolle-Reißbaumwolle, Köperbindung, schwarz gefärbt, einseitig gerauht, 345 g/m²	Jos. Kleinsorg Nachfolger, Lürriper Straße 380, Mönchen-Gladbach
752	**RL3-40/18**	LS-Verdunklungsstoff, Gütegruppe II, Zellwolle- Reißbaumwolle, dunkelbraun plextoliert, goldbraun gemustert, 450 g/m²	Jos. Kleinsorg Nachfolger, Lürriper Straße 380, Mönchen-Gladbach

Fachgruppe 3: Bauwesen / Tarnung / Verdunklung			
	Kenn-Nr.	**Beschreibung**	**Hersteller**
753	**RL3-40/19**	LS-Verdunklungsstoff "Atlas I", Gütegruppe I, Zellwolle- Reißbaumwolle, schwarz gefärbt, einseitig gerauht, 413 g/m²	Gebr. Stöckel & Grimmler, Münchberg
754	**RL3-40/20**	Verdunklungsstoff Nr. 3835, Gütegruppe I, Zellwolle- Reißbaumwolle, Köperbindung, schwarz gefärbt, 400 g/m²	Gardinenfabrik Plauen AG, Hammerstraße 60, Plauen
755	**RL3-40/21**	LS-Verdunklungs-Kunststoff Mipolam-Folie Qual. W, Typ PCU/CB 5200, Gütegruppe I, schwarz, 365 g/m²	Venditor Kunststoff-Verkaufsgesellschaft mbH, Abt. Mipolam, Troisdorf
756	**RL3-40/22**	LS-Verdunklungsvorrichtung, Zugrollo mit seitlichem Schnurzug	Vorwerk & Co., Wuppertal-Barmen
757	**RL3-40/23**	LS-Verdunklungsvorrichtung, Fallrollo für senkrechte Einzelfenster	Vorwerk & Co., Wuppertal-Barmen
758	**RL3-40/24**	LS-Verdunklungsvorrichtung "M-H-Z-Zugrollo", mit seitlichem Schnur- oder Gurtzug	M. H. Z. Hachtel & Co., Stuttgart
759	**RL3-40/25**	LS-Verdunklungsvorrichtung "M-H-Z-Springrollo", für senkrechte Einzelfenster	M. H. Z. Hachtel & Co., Stuttgart
760	**RL3-40/26**	LS-Verdunklungsvorrichtung "M-H-Z-Schalvorhang", mit Zug- oder Schleudervorrichtung, zweischalig, für senkrechte Einzelfenster	M. H. Z. Hachtel & Co., Stuttgart
761	**RL3-40/28**	LS-Verdunklungsvorrichtung, Faltvorhang aus Verdunklungspapier, mit Schnurzug	H. Weissing AG, Grimma
762	**RL3-40/29**	LS-Verdunklungsvorrichtung, Zugrollo mit seitlichem Schnur- oder Gurtzug	Josef Eger, Karolinger-Ring 6, Köln
763	**RL3-40/30**	LS-Verdunklungsvorrichtung, Springrollo für senkrechte Einzelfenster	Josef Eger, Karolinger-Ring 6, Köln
764	**RL3-40/31**	LS-Verdunklungsvorrichtung, Fallrollo für senkrechte Einzelfenster	Wilh. Goltermann, Detmarstraße 4, Osnabrück

Fachgruppe 3: Bauwesen / Tarnung / Verdunklung			
	Kenn-Nr.	**Beschreibung**	**Hersteller**
765	**RL3-40/32**	LS-Verdunklungsvorrichtung, Zugrollo mit seitlichem Schnur- oder Gurtzug für senkrechte Fenster	Wilh. Goltermann, Detmarstraße 4, Osnabrück
766	**RL3-40/33**	LS-Verdunklungsvorrichtung, Springrollo für senkrechte Einzelfenster	Wilh. Goltermann, Detmarstraße 4, Osnabrück
767	**RL3-40/34**	LS-Verdunklungsvorrichtung, Schalvorhang mit Zug- oder Schleudervorrichtung zweischalig, für senkrechte Fenster	Wilh. Goltermann, Detmarstraße 4, Osnabrück
768	**RL3-40/35**	LS-Verdunklungsvorrichtung, Zugrollo mit seitlichem Schnur- oder Gurtzug für senkrechte Einzelfenster	W. Hanebeck, Märkische Straße 21, Dortmund
769	**RL3-40/36**	LS-Verdunklungsvorrichtung, Zugrollo mit seitlichem Schnur- oder Gurtzug für senkrechte Einzelfenster	Mathias Braun, Hindenburgplatz 11, Brand / Aachen
770	**RL3-40/37**	LS-Verdunklungsvorrichtung, Springrollo für senkrechte Einzelfenster	Mathias Braun, Hindenburgplatz 11, Brand / Aachen
771	**RL3-40/38**	LS-Verdunklungsvorrichtung „Dunkla-Klammer" zum Abblenden von Fensterflügeln	Pleuger & Voß, Lüdenscheid
772	**RL3-40/39**	LS-Verdunklungsvorrichtung „Isoklepa-Druckknopfleiste" zum Abblenden von Fensterflügeln bis zu 1,50 x 2 m Größe	Isoklepa Emil Häfele, Ludwigstraße 57, Stuttgart
773	**RL3-40/40**	LS-Verdunklungsvorrichtung „Sirene", Fallrollo an Doppelschnurzug	Otto Prägler, Tanna
774	**RL3-40/41**	LS-Verdunklungsvorrichtung, Springrollo	Hamburgische Springrulo-Gesellschaft Seyffett & Co., Langereihe 29, Hamburg
775	**RL3-40/42**	LS-Verdunklungsvorrichtung, Schalvorhang mit Zug- oder Schleudervorrichtung, zweischalig	Hamburgische Springrulo-Gesellschaft Seyffett & Co., Langereihe 29, Hamburg

Fachgruppe 3: Bauwesen / Tarnung / Verdunklung			
	Kenn-Nr.	**Beschreibung**	**Hersteller**
776	**RL3-40/43**	Aussteigeluke (waagerecht, trümmersicher, aus 35 mm voneinander entfernten 30 x 4 mm starken Roststäben mit dazwischen liegenden Flachstählen, U-förmige Stahlzarge, mit unterseitig und getrennt angebrachter, gassicherer Blende aus 2,5 mm Stahlblech)	Stahl-Schanz, Frankfurt / M.
777	**RL3-40/44**	LS-Verdunklungsvorrichtung, Fallrollo mit doppelseitigem Schnurzug	J. u. E. Glück KG, vorm. Gebr. Glück, Waldsassen
778	**RL3-40/45**	LS-Verdunklungsvorrichtung, Springrollo	J. u. E. Glück KG, vorm. Gebr. Glück, Waldsassen
779	**RL3-40/45**	Schutzraumtür Bauart „Certit"	Mauser KG, Marienstraße 28-30, Köln-Ehrenfeld
780	**RL3-40/46**	LS-Verdunklungsstoff „gez. K", Gütegruppe I, Viskose- Kunstseidegewebe, beiderseits schwarz gestrichen, 337 g/m²	Websky, Hartmann und Wiesen AG, Wüstewaltersdorf
781	**RL3-40/47**	LS-Verdunklungsvorrichtung, Springrollo	Fr. A. Wilh. Bus, Michaelstraße 9/11, Köln
782	**RL3-40/48**	LS-Verdunklungsvorrichtung, Schalvorhang mit Zug- oder Schleudervorrichtung, zweischalig	Fr. A. Wilh. Bus, Michaelstraße 9/11, Köln
783	**RL3-40/49**	LS-Verdunklungsvorrichtung, Schalvorhang ohne Zug, zweischalig	Fr. A. Wilh. Bus, Michaelstraße 9/11, Köln
784	**RL3-40/50**	LS-Verdunklungsstoff „Qualität W 464", Gütegruppe II, Zellwolle-Flockenbast- Reißbaumwoll-Gewebe, Köperbindung, schwarz gefärbt, einseitig gerauht, 480 g/m²	Emil Heidel, Mechanische Weberei, Hohenstein-Ernstthal
785	**RL3-40/51**	Schutzraumtür (gassicher, trümmersicher, aus 20 mm Stahlblech St37 bzw. 15 mm Stahlblech St52)	Adalbert Klement & Sohn, Stahltürenwerk, Völckerstraße 14-16, Hamburg-Altona
786	**RL3-40/52**	Schutzraumblende (gassicher, trümmersicher, aus 15 mm Stahlblech St37 bzw. 12 mm Stahlblech St52)	Adalbert Klement & Sohn, Stahltürenwerk, Völckerstraße 14-16, Hamburg-Altona

Fachgruppe 3: Bauwesen / Tarnung / Verdunklung			
	Kenn-Nr.	**Beschreibung**	**Hersteller**
787	**RL3-40/53**	Schutzraumblende (gassicher, splittersicher, aus 25 mm Stahlblech St37 bzw. 20 mm Stahlblech St52, nutlos, mit plastischer Dichtung „Daudi“)	GHH (Gutehoffnungshütte), Oberhausen-Sterkrade
788	**RL3-40/54**	Schutzraumblende (einwandig, gassicher, aus 3 mm Stahlblech, nutlos, mit plastischer Dichtung „Daudi“)	GHH (Gutehoffnungshütte), Oberhausen-Sterkrade
789	**RL3-40/55**	LS-Verdunklungsstoff Nr. 4939, Gütegruppe I, Zellwollgewebe, Tuchbindung, einseitig schwarz gestrichen, 376 g/m²	Steiger & Deschler GmbH, Salach
790	**RL3-40/56**	LS-Verdunklungsstoff Nr. 5939, Gütegruppe I, Zellwollgewebe, Köperbindung, einseitig schwarz gestrichen, 372 g/m²	Steiger & Deschler GmbH, Salach
791	**RL3-40/57**	LS-Verdunklungsvorrichtung, Fallrollo an Doppelschnurzug	Fritz Kern & Co., Rollofabrik, Friedrichstraße 16, Chemnitz
792	**RL3-40/58**	LS-Verdunklungsvorrichtung, Fallrollo für senkrechte Einzelfenster mit höchstens 2,50 m Höhe der Fensteroberkante über dem Fußboden	Flamor-Gesellschaft, Veltrup
793	**RL3-40/59**	LS-Verdunklungsvorrichtung, Zugrollo mit seitlichem Schnur- oder Gurtzug	Flamor-Gesellschaft, Veltrup
794	**RL3-40/60**	LS-Verdunklungsvorrichtung, Springrollo	Flamor-Gesellschaft, Veltrup
795	**RL3-40/64**	Schutzraumblende (gassicher, trümmersicher, aus 20 mm Stahlblech St37 bzw. 15 mm Stahlblech St52, mit Winkelstahlzarge)	
796	**RL3-40/65**	LS-Verdunklungsvorrichtung, Springrollo	Justin Hüppe, Oldenburg
797	**RL3-40/66**	LS-Verdunklungsstoff, Gütegruppe I, Zellwollgewebe, Leinenbindung, schwarz gefärbt, einseitig schwarz gestrichen, 286 g/m²	L. Stromeyer & Co., Konstanz

Fachgruppe 3: Bauwesen / Tarnung / Verdunklung			
	Kenn-Nr.	**Beschreibung**	**Hersteller**
798	**RL3-40/67**	LS-Verdunklungsstoff Qual. AB, Gütegruppe II, Zellwoll- Reißspinnstoffgewebe, Köperbindung, schwarz gefärbt, einseitig gerauht, 386 g/m^2	A. L. Günther, Mechanische Weberei, Lichtenstein / Sachsen
799	**RL3-40/68**	LS-Verdunklungsvorrichtung „Doppelfensterverdunkler", Springrollo zwischen Doppel-Verbundfenster eingebaut	Gottlob Schatz, Eßlingen
800	**RL3-40/69**	Luftschutz-Richtleuchte Einsatz-Type A27 für Rundmantel-, Sechs- und Vierkant-Gasleuchten mit einer Kennung	Bamag-Meguin AG, Reuchlinstraße 10-17, Berlin
801	**RL3-40/70**	LS-Verdunklungsvorrichtung, Schalvorhang mit seitlichem Schnurzug, für senkrechte Einzelfenster bis zu 2,50 m Höhe über dem Fußboden	Hermann Schein, August-Eckart-Straße 1, Friedrichroda
802	**RL3-40/71**	LS-Verdunklungsvorrichtung Modell Ia, Springrollo	Henschel & Ropertz KG, Ernst-Ludwigs-Platz, Darmstadt
803	**RL3-40/72**	LS-Verdunklungsvorrichtung, Fallrollo für senkrechte Einzelfenster bis zu 2,50 m Höhe der Fensteroberkante über dem Fußboden	Henschel & Ropertz KG, Ernst-Ludwigs-Platz, Darmstadt
804	**RL3-40/73**	Schutzraumtür (gassicher, trümmersicher, aus 20 mm Stahlblech St37 bzw. 15 mm Stahlblech St52, mit Winkelzarge)	Mauser KG, Marienstraße 28-30, Köln-Ehrenfeld
805	**RL3-40/74**	Schutzraumtür (splittersicher, aus 20 mm Stahlblech St37 bzw. 15 mm Stahlblech St52, ohne Zarge)	Mauser KG, Marienstraße 28-30, Köln-Ehrenfeld
806	**RL3-40/75**	Schutzraumtür (trümmersicher, aus 15 mm Stahlblech St37 bzw. 12 mm Stahlblech St52, ohne Zarge)	Mauser KG, Marienstraße 28-30, Köln-Ehrenfeld
807	**RL3-40/76**	Schutzraumtür (zweiflüglig, einwandig, gassicher, aus 2,5 mm Stahlblech, mit klappbarer Schwelle)	Mauser KG, Marienstraße 28-30, Köln-Ehrenfeld

Fachgruppe 3: Bauwesen / Tarnung / Verdunklung			
	Kenn-Nr.	**Beschreibung**	**Hersteller**
808	**RL3-40/77**	Schutzraumtür (gassicher, trümmersicher, aus 15 mm Stahlblech St37 bzw. 12 mm Stahlblech St52, mit Winkelzarge)	Mauser KG, Marienstraße 28-30, Köln-Ehrenfeld
809	**RL3-40/78**	Schutzraumblende (splittersicher, aus 15 mm Stahlblech St37 bzw. 12 mm Stahlblech St52 mit Winkelzarge)	Mauser KG, Marienstraße 28-30, Köln-Ehrenfeld
810	**RL3-40/79**	Schutzraumblende (trümmersicher, aus 12 mm Stahlblech St37 bzw. 10 mm Stahlblech St52, ohne Zarge)	Mauser KG, Marienstraße 28-30, Köln-Ehrenfeld
811	**RL3-40/80**	Schutzraumtür (splittersicher, aus 20 mm Stahlblech St37 bzw. 15 mm Stahlblech St52, ohne Zarge)	Fenestra GmbH, Rather Straße 243, Düsseldorf
812	**RL3-40/81**	Schutzraumtür (trümmersicher, aus 15 mm Stahlblech St37 bzw. 12 mm Stahlblech St52, ohne Zarge)	Fenestra GmbH, Rather Straße 243, Düsseldorf
813	**RL3-40/82**	Schutzraumblende (splittersicher, aus 20 mm Stahlblech St37 bzw. 15 mm Stahlblech St52, ohne Zarge)	Fenestra GmbH, Rather Straße 243, Düsseldorf
814	**RL3-40/83**	Schutzraumblende (trümmersicher, aus 12 mm Stahlblech St37 bzw. 10 mm Stahlblech St52, ohne Zarge)	Fenestra GmbH, Rather Straße 243, Düsseldorf
815	**RL3-40/84**	Schutzraumblende (gassicher, trümmersicher, aus 15 mm Stahlblech St37 bzw. 12 mm Stahlblech St52)	Deutsche Metalltürenwerke Aug. Schwarze AG, Brackwede
816	**RL3-40/87**	LS-Verdunklungsvorrichtung, Fallrollo mit doppeltem Schnurzug	Stritzke & Rothe, Münzstraße 19, Berlin
817	**RL3-40/88**	LS-Verdunklungsvorrichtung, Fallrollo für senkrechte Fenster bis zu 2,50 m Höhe der Fensterkante über dem Fußboden	Hammonia-Rollofabrik Hermann Stachnau, Börsenbrücke 4, Hamburg
818	**RL3-40/89**	LS-Verdunklungsvorrichtung, Springrollo	Hammonia-Rollofabrik Hermann Stachnau, Börsenbrücke 4, Hamburg
819	**RL3-40/91**	Abdichtungsmasse "Undu Nr. 23"	Dr. Kurt Bratring, Chemisches Laboratorium, Lützowstraße 96, Berlin

Fachgruppe 3: Bauwesen / Tarnung / Verdunklung

	Kenn-Nr.	Beschreibung	Hersteller
820	**RL3-40/92**	Schutzraumblende (einwandig, gassicher, aus 3 mm Stahlblech)	Johann Saar, Eisenbearbeitung, Rüsselsheim
821	**RL3-40/93**	Schutzraumblende (gassicher, trümmersicher, aus 10 mm Stahlblech St37 bzw. 8 mm Stahlblech St52, mit Winkelstahlzarge)	C. Puls & Co. GmbH, Fabrik für Metallkonstruktionen, Germaniastraße 157-158, Berlin-Tempelhof
822	**RL3-40/94**	Schutzraumtür (gassicher, trümmersicher, aus 20 mm Stahlblech St37 bzw. 15 mm Stahlblech St52 mit Winkelstahlzarge)	C. Puls & Co. GmbH, Fabrik für Metallkonstruktionen, Germaniastraße 157-158, Berlin-Tempelhof
823	**RL3-40/95**	Schutzraumblende, Bauart IVc (splittersicher, aus 15 mm Stahlblech St52 bzw. 20 mm Stahlblech St37, ohne Zarge)	Reichsinnungsverband des Schlosserhandwerks, Behrenstraße 17, Berlin
824	**RL3-40/96**	Schutzraumtür (einwandig, gassicher, aus 2,5 mm Stahlblech)	Mauser KG, Marienstraße 28-30, Köln-Ehrenfeld
825	**RL3-40/97**	Schutzraumblende (einwandig, gassicher, aus 2,5 mm Stahlblech)	Mauser KG, Marienstraße 28-30, Köln-Ehrenfeld
826	**RL3-40/98**	Schutzraumblende (splittersicher, aus Beton, bestehend aus sechs bewehrten Formstücken, einem U-förmigen Betonsturz, einem Winkelstahl als äußerer Führungsschiene und einem Flachstahl als unteren Kantenschutz für die Sohlbank)	Friedrich Schaper, Beton- und Edelputzwerk, Rheinstraße 50, Osnabrück
827	**RL3-40/99**	Luftschutzzelle aus Stahlblech	Peltz Geldschrankwerke GmbH, Düsseldorf-Neuß
828	**RL3-40/100**	Schutzraumblende (einwandig, gassicher, aus 25 mm Werkstoffplatte „Fabrikat Egas" in umlaufendem U-förmigem Stahlblechrahmen mit Winkelstahl-Sonderprofilzarge)	Th. Möhle, Inh. J. Flüchter, Uellendahler Straße 468, Wuppertal-Elberfeld
829	**RL3-40/101**	Schutzraumblende (einwandig, gassicher, aus 25 mm Werkstoffplatte „Fabrikat Egas" in umlaufendem U-förmigem Stahlblechrahmen mit Winkelstahlzarge)	Th. Möhle, Inh. J. Flüchter, Uellendahler Straße 468, Wuppertal-Elberfeld
830	**RL3-40/102**	Schutzraumblende (einwandig, gassicher, aus 2,5 mm Stahlblech)	Paul Steinau, Stahltüren- und Fensterbau, Neheim / Ruhr

Fachgruppe 3: Bauwesen / Tarnung / Verdunklung

	Kenn-Nr.	Beschreibung	Hersteller
831	**RL3-40/103**	Schutzraumblende (gassicher, splittersicher, aus 25 mm Stahlblech St37 bzw. 20 mm Stahlblech St52 mit Winkelzarge)	Paul Steinau, Stahltüren- und Fensterbau, Neheim / Ruhr
832	**RL3-40/104**	Luftschutz-Richtleute Graetzin, mit mattem Glaseinsatz für Gasanschluß mit einer Kennung	Ehrich & Graetz AG, Elsenstraße 87-96, Berlin
833	**RL3-40/105**	Luftschutz-Richtleute Graetzin, mit mattem Glaseinsatz für Gasanschluß mit 2 Kennungen	Ehrich & Graetz AG, Elsenstraße 87-96, Berlin
834	**RL3-40/106**	Großflächenleuchte mit einem nach unten lichtundurchlässigen, einschraubbaren Schutzglasreflektor zur Beleuchtung von Räumen mit schwachem Lichtbedarf	Dr.-Ing. Schneider & Co., Rebstöckerstraße 55, Frankfurt / M.
835	**RL3-40/107**	Luftschutzzelle aus Eisenbeton	Betonwerk E. Hänsel & Müller, Berliner Straße 62-66, Halle / S.
836	**RL3-40/108**	Luftschutz-Richtleuchten-Einsatzblende	Bamag-Meguin AG, Reuchlinstraße 10-17, Berlin
837	**RL3-40/109**	Schutzraumblende (einwandig, gassicher, aus 8 mm Holzleistenkern mit beiderseits belegt mit 2 mm Lignatplatten, in umlaufender Stahlblecheinfassung mit Winkelstahlzarge)	Paul Steinau, Stahltüren- und Fensterbau, Neheim / Ruhr
838	**RL3-40/110**	LS-Verdunklungsstoff Qualität 2344, Gütegruppe II, Zellwolle- Reißbaumwollgewebe, Köperbindung, schwarz gefärbt, einseitig gerauht, 439 g/m^2	Emil Heidel, Mechanische Weberei, Hohenstein-Ernstthal
839	**RL3-40/111**	Schutzraumtür (gassicher, splittersicher, aus 25 mm Stahlblech St37 bzw. 20 mm Stahlblech St52, mit Winkelstahlzarge)	Mauser KG, Marienstraße 28-30, Köln-Ehrenfeld
840	**RL3-40/112**	Schutzraumblende (gassicher, splittersicher, aus 25 mm Stahlblech St37 bzw. 20 mm Stahlblech St52, mit Winkelstahlzarge)	Mauser KG, Marienstraße 28-30, Köln-Ehrenfeld

Fachgruppe 3: Bauwesen / Tarnung / Verdunklung			
	Kenn-Nr.	**Beschreibung**	**Hersteller**
841	**RL3-40/114**	LS-Verdunklungsvorrichtung, Faltvorhang aus Verdunklungspapier, mit Schnurzug, für senkrechte Einzelfenster	
842	**RL3-40/115**	LS-Verdunklungsstoff „Optil", Gütegruppe I, Zellwollgewebe, Leinenbindung, bedruckt, einseitig schwarz gestrichen, 260 g/m²	Industriewerke AG, Plauen
843	**RL3-40/116**	LS-Verdunklungsstoff, Gütegruppe I, Zellwollgewebe, Leinenbindung, schwarz/schwarz gestrichen, 251 g/m²	Gebr. Holzapfel & Co., Frieda
844	**RL3-40/117**	LS-Verdunklungsstoff Artikel 4010/30, Gütegruppe II, Zellwolle-Reißspinnstoffgewebe, Köperbindung, schwarz gefärbt, 302 g/m²	A. Nachod & Häbler AG, Zittau
845	**RL3-40/118**	LS-Verdunklungs-Kunststoff, Gütegruppe I, Folie, grauschwarz, 0,28 mm dick, 355 g/m²	Deutsche Linoleum-Werke AG, Werk Delmenhorst, Bietigheim
846	**RL3-40/119**	LS-Verdunklungsstoff, Gütegruppe I, Zellwollgewebe, Leinenbindung, schwarz, einseitig schwarz gestrichen, 285 g/m²	Becker & Bernhard, Weberei, Langenfeld
847	**RL3-40/120**	LS-Verdunklungspapier „Hydrocin", Gütegruppe I, grünlich-schwarz, 158 g/m²	Papierfabrik August Köhler AG, Oberkirch
848	**RL3-40/121**	Luftschutz-Glühlampe (1- 3 Hlm), nach oben strahlend, 8 Watt	Johann Kremenezky AG, Elektrische Glühlampenfabriken, Dresdner Straße 57, Wien
849	**RL3-40/122**	LS-Verdunklungsvorrichtung, Fallrollo mit doppeltem Schnurzug für senkrechte Einzelfenster	Rolf Heyne, Memhardstraße 6, Berlin
850	**RL3-40/123**	LS-Verdunklungsvorrichtung, Zugrollo mit seitlichem Schnurzug für senkrechte Einzelfenster	Rolf Heyne, Memhardstraße 6, Berlin
851	**RL3-40/124**	LS-Verdunklungsvorrichtung, Springrollo für senkrechte Einzelfenster	Hollmanns Rollo- und Jalousienfabrik, Braunau (Sudeten)

Fachgruppe 3: Bauwesen / Tarnung / Verdunklung			
	Kenn-Nr.	**Beschreibung**	**Hersteller**
852	**RL3-40/125**	Lüftungsklappe (einwandig, gassicher, aus 2,5 mm Stahlblech mit Betonzarge)	Betonwerk Heinz Müller, Frankfurter Straße 161, Kassel
853	**RL3-40/126**	Luftschutz-Richtleuchte PL Nr. 50 905 mit einer Kennung gemäß Klasse I	AEG-Beleuchtungskörper GmbH, Friedrichstraße 110-112, Berlin
854	**RL3-40/127**	Luftschutz-Richtleuchte PL Nr. 50 915 mit zwei Kennungen gemäß Klasse II	AEG-Beleuchtungskörper GmbH, Friedrichstraße 110-112, Berlin
855	**RL3-40/128**	LS-Verdunklungsstoff Nr. 766, Gütegruppe II, Zellwolle- Flockenbast- Reißspinnstoffgewebe, Köperbindung, schwarz gefärbt, 366 g/m^2	Max Scheffel GmbH, Mechanische Weberei, Grünbach
856	**RL3-40/129**	LS-Verdunklungsstoff Nr. 176, Gütegruppe I, Zellwolle- Reißspinnstoffgewebe, Köperbindung, schwarz gefärbt, 330 g/m^2	Spinnereien und Webereien Zell-Schönau AG, Zell
857	**RL3-40/130**	LS-Verdunklungspapier „Hydroloid" Qualität 811/ 40 W II, Gütegruppe I, tiefschwarz, 160 g/m^2	Schleipen & Erkens AG & Co., Jülich
858	**RL3-40/131**	LS-Verdunklungsvorrichtung, Schalvorhang, ein- oder zweischalig, für senkrechte Einzelfenster	Zugschutz KG Max Theinert, Hagen
859	**RL3-40/132**	LS-Verdunklungsvorrichtung, Fallrollo an Doppelschnurzug aufgehängt, für senkrechte Einzelfenster	Hermann Müller, Mainzer Landstraße 87/89, Frankfurt / M.
860	**RL3-40/133**	LS-Verdunklungsvorrichtung, Springrollo für senkrechte Einzelfenster	F. X. Robitza, Favoritenstraße 24, Wien
861	**RL3-40/134**	LS-Verdunklungsvorrichtung, Raffvorhang mit seitlichem Schnurzug für senkrechte Einzelfenster	F. X. Robitza, Favoritenstraße 24, Wien
862	**RL3-40/135**	LS-Verdunklungspapier, Gütegruppe I, schwarz, 138 g/m^2	Nettingdorfer Papierfabrik AG, Nettingdorf
863	**RL3-40/136**	LS-Verdunklungspapier, Gütegruppe II, schwarz, 147 g/m^2	Papier- und Pappenfabrik Haindorf, M. Coulon & Co., Haindorf / Sudeten

Fachgruppe 3: Bauwesen / Tarnung / Verdunklung			
	Kenn-Nr.	**Beschreibung**	**Hersteller**
864	**RL3-40/137**	LS-Verdunklungsvorrichtung, Faltvorhang aus Verdunklungspapier, mit Schnurzug, für senkrechte Einzelfenster	May & Christe, Transformatorenfabrik, vorm. Wemac, Eschborner Landstraße 42-54, Frankfurt-Rödelheim
865	**RL3-40/138**	LS-Verdunklungsvorrichtung, Fallrollo mit doppeltem Schnurzug für senkrechte Einzelfenster	E. Hosse, Kadiner Straße 29, Berlin
866	**RL3-40/139**	LS-Verdunklungsstoff, Gütegruppe I, Zellwoll- Reißspinnstoffgewebe, Köperbindung, schwarz gefärbt, einseitig gerauht, 396 g/m^2	F. W. Barien , Wickrathberg
867	**RL3-40/140**	LS-Verdunklungsvorrichtung, Springrollo für senkrechte Einzelfenster	Appel & Co. GmbH, Nordhauser Straße 27, Berlin-Charlottenburg
868	**RL3-40/141**	LS-Verdunklungsvorrichtung, Zugrollo mit Holzwelle und seitlichem Schnurzug, für senkrechte Einzelfenster	Appel & Co. GmbH, Nordhauser Straße 27, Berlin-Charlottenburg
869	**RL3-40/142**	LS-Verdunklungsvorrichtung, Zugrollo mit seitlichem Schnurzug für senkrechte Einzelfenster bis 1,60 m Breite	Appel & Co. GmbH, Nordhauser Straße 27, Berlin-Charlottenburg
870	**RL3-40/143**	Schornsteinabschluß (gassicher, aus 11 cm Beton mit 6 cm Betonzarge)	Christian Köpcke, Gärtnerstraße 28, Hamburg
871	**RL3-40/144**	Michaelis-Luftschutzraum-Bauweise aus Stampfbeton oder Eisenbeton	Friedr. Michaelis, Schutzraumbau, Nürnberger Straße 53/55, Berlin
872	**RL3-40/145**	LS-Verdunklungsvorrichtung, Zugrollo mit seitlichem Schnurzug für senkrechte Einzelfenster	Wienhold & Reich, Lange Zeile 48, Nürnberg
873	**RL3-40/146**	Schutzraumtür (einwandig, gassicher, aus 3 mm Stahlblech mit Winkelstahlzarge)	John Finke, Schlosserei, Stockhausenstraße 14, Hamburg
874	**RL3-40/148**	Schornsteinabschluß (einwandig, gassicher, aus 5 mm Stahlblech mit Beton-Ofenrohrstutzen)	John Finke, Schlosserei, Stockhausenstraße 14, Hamburg
875	**RL3-40/149**	Schornsteinabschluß (einwandig, gassicher, aus 5 mm Stahlblech mit Kaminschieber aus Beton)	John Finke, Schlosserei, Stockhausenstraße 14, Hamburg

Fachgruppe 3: Bauwesen / Tarnung / Verdunklung			
	Kenn-Nr.	**Beschreibung**	**Hersteller**
876	**RL3-40/150**	Schutzraumtür (einwandig, gassicher, aus 24 mm Holzplatte und beiderseits aufgebrachten 6 mm "Zefasit"-Hartplatten in umlaufendem Winkelstahlrahmen, mit Winkelstahlzarge)	Otto Dieterich, Feineisenbau, Wollhausstraße 21, Heilbronn
877	**RL3-40/151**	LS-Verdunklungsvorrichtung, Faltvorhang aus Verdunklungspapier, an Doppelschnurzug aufgehängt, für senkrechte Einzelfenster	Circum, Patentverwertungsgesellschaft mbH, Kärntnerring 2, Wien
878	**RL3-40/152**	LS-Verdunklungsvorrichtung „Luba-Schnürharmonika", aus Verdunklungspapier für senkrechte Einzelfenster	
879	**RL3-40/153**	LS-Verdunklungsvorrichtung, Faltvorhang aus Verdunklungspapier, mit Schnurzug, für senkrechte Einzelfenster	
880	**RL3-40/154**	LS-Verdunklungsvorrichtung, Springrollo für senkrechte Einzelfenster	
881	**RL3-40/155**	LS-Verdunklungsvorrichtung, Schalvorhang, zweischalig, mit Schnurzug, für senkrechte Einzelfenster	
882	**RL3-40/156**	LS-Verdunklungsvorrichtung, Fallrollo mit doppeltem Schnurzug für senkrechte Einzelfenster	
883	**RL3-40/157**	LS-Verdunklungsvorrichtung, Fallrollo mit doppeltem Schnurzug für senkrechte Einzelfenster	
884	**RL3-40/158**	LS-Verdunklungsvorrichtung, Fallrollo mit doppeltem Schnurzug für senkrechte Einzelfenster	Emil Plarre, Kapellenstraße 11, Leipzig
885	**RL3-40/159**	LS-Verdunklungsvorrichtung, Fallrollo mit doppeltem Schnurzug für senkrechte Einzelfenster	
886	**RL3-40/160**	LS-Verdunklungsvorrichtung, Schalvorhang, zweischalig, mit Schnurzug, für senkrechte Einzelfenster	

Fachgruppe 3: Bauwesen / Tarnung / Verdunklung			
	Kenn-Nr.	**Beschreibung**	**Hersteller**
887	**RL3-40/161**	LS-Verdunklungsvorrichtung, Zugrollo mit Schutzkasten und Führungsschienen, für senkrechte Einzelfenster	
888	**RL3-40/162**	LS-Verdunklungsvorrichtung, Fallrollo mit Doppelschnurzug, für senkrechte Einzelfenster	Friedrich W. Govsmann, Bremen
889	**RL3-40/163**	LS-Verdunklungsvorrichtung, Zugrollo mit Rollpappe, für senkrechte Einzelfenster	Friedrich W. Govsmann, Bremen
890	**RL3-40/164**	LS-Verdunklungsvorrichtung „Schnürharmonika“ aus Verdunklungspapier, für senkrechte Einzelfenster	Rolladen-Klein, Gerlachstraße 20, Frankfurt-Höchst
891	**RL3-40/165**	LS-Verdunklungsvorrichtung, Zugrollo mit seitlichem Schnur- oder Gurtzug	Kurt Schröder, Stallschreiberstraße 32, Berlin
892	**RL3-40/166**	LS-Verdunklungsvorrichtung, Springrollo	Hans G. Schröder, Kommandantenstraße 45, Berlin
893	**RL3-40/167**	LS-Verdunklungsvorrichtung, Zugrollo mit seitlichem Schnur- oder Gurtzug	Hermann Schein, August-Eckart-Straße 1, Friedrichroda
894	**RL3-40/168**	LS-Verdunklungsvorrichtung, Springrollo für senkrechte Einzelfenster	Hermann Schein, August-Eckart-Straße 1, Friedrichroda
895	**RL3-40/169**	LS-Verdunklungsstoff „Qualität 731“, Gütegruppe II, Zellwolle-Flockenbast- Reißspinnstoff-Gewebe, Köperbindung, schwarz gefärbt, einseitig gerauht, 333 g/m²	Paul Zierold, Mechanische Weberei, Lichtenstein / Sachsen
896	**RL3-40/170**	LS-Verdunklungsvorrichtung, Fallrollo an Doppelschnurzug aufgehängt, für senkrechte Einzelfenster	Fr. J. Reutzel, Zeil 69, Frankfurt / M.
897	**RL3-40/171**	LS-Verdunklungsvorrichtung, Fallrollo mit doppeltem Schnurzug, für senkrechte Einzelfenster	Fr. J. Reutzel, Zeil 69, Frankfurt / M.

Fachgruppe 3: Bauwesen / Tarnung / Verdunklung			
	Kenn-Nr.	**Beschreibung**	**Hersteller**
898	**RL3-40/172**	LS-Verdunklungsvorrichtung, Abrollvorrichtung mit Zugketten-Betätigung, für waagerecht und bis zu etwa 45 Grad gegen die Waagerechte geneigte Oberlichtöffnungen jeder Größe	Carl Götze, Rollofabrik, Belle-Alliance-Straße 92, Berlin
899	**RL3-40/173**	LS-Verdunklungsvorrichtung, Zugrollo mit Schnurzug-Betätigung, für waagerecht und bis zu etwa 50 Grad gegen die Waagerechte geneigte Oberlichtöffnungen	Verlagsdruckerei Merkur, Neanderstraße 4, Berlin-Lichtenrade
900	**RL3-40/174**	LS-Verdunklungsvorrichtung, Fallrollo mit doppeltem Schnurzug für senkrechte Einzelfenster	Carl Schröder, Leipziger Straße 17, Erfurt
901	**RL3-40/175**	LS-Verdunklungsvorrichtung, Klapp-Falt-Verdunkler aus gerillter Pappe für senkrechte Einzelfenster	Robert Max Adam, Hallesche Straße 9, Bitterfeld
902	**RL3-40/176**	LS-Verdunklungsvorrichtung, Fallrollo mit doppeltem Schnurzug für senkrechte Einzelfenster	Erich Haseleu, Joachim-Friedrich-Straße 37/38, Berlin-Halensee
903	**RL3-40/177**	LS-Verdunklungsvorrichtung, Springrollo für senkrechte Einzelfenster	Erich Haseleu, Joachim-Friedrich-Straße 37/38, Berlin-Halensee
904	**RL3-40/178**	LS-Verdunklungsvorrichtung, Zugrollo mit Schutzkasten und Führungsschienen für ein oder mehrere nebeneinanderliegende senkrechte Einzelfenster	Erich Haseleu, Joachim-Friedrich-Straße 37/38, Berlin-Halensee
905	**RL3-40/179**	LS-Verdunklungsvorrichtung, Faltvorhang aus Verdunklungspapier, für senkrechte Einzelfenster	Hans Bopp, Kasinostraße 17, Wuppertal-Elberfeld
906	**RL3-40/180**	LS-Verdunklungsvorrichtung, Papprohr-Welle mit 4 cm Außendurchmesser und 2 mm Wandstärke, verstellbar, für Zugrollos	Georg Fligg, Schmargendorfter Straße 17, Berlin-Friedenau
907	**RL3-40/181**	LS-Verdunklungsvorrichtung, Springrollo für senkrechte Einzelfenster	C. Zimmermann, Gürzenichstraße 24, Köln

Fachgruppe 3: Bauwesen / Tarnung / Verdunklung			
	Kenn-Nr.	**Beschreibung**	**Hersteller**
908	**RL3-40/182**	LS-Verdunklungsvorrichtung, Zugrollo mit seitlichem Schnurzug für senkrechte Einzelfenster	Erich Köster , Hagen
909	**RL3-40/183**	LS-Verdunklungspapier, Gütegruppe I, schwarz, 180 g/m²	Lenzinger Zellwolle- und Papierfabrik AG, Lenzing-Agerzell
910	**RL3-40/184**	Schutzraumtür (gassicher, aus Spezialmasse „Feuerlit“ mit Holzstahlgewebeeinlage in umlaufendem Holzrahmen nebst Zarge aus „Feuerlit“)	Gesellschaft für neue Holz- und Bauwerkstoffe mbH, „Feuerlit“, Sybelstraße 69, Berlin-Charlottenburg
911	**RL3-40/185**	Schutzraumtür (einwandig, gassicher, aus 2,5 mm Stahlblech, mit Winkelstahlzarge)	Karl Woelm & Sohn, Baubeschlagfabrik, Heiligenhaus
912	**RL3-40/186**	Aussteigeluke (waagerecht, trümmersicher, in Verbindung mit einer unterseitig und getrennt angebrachten gassicheren Blende)	Jos. Bauer und Söhne, Fabrik für Eisenkonstruktionen, Grabenstraße 96a, Essen-Stoppenberg
913	**RL3-40/187**	Luftschutz-Richtleuchte Nr. 83304 mit Reflektor Dk 558a für kreisförmige, einseitige und bandförmige Strahlung mit einer Kennung	G. Schanzenbach & Co. GmbH, Adalbertstraße 15, Frankfurt / M.
914	**RL3-40/188**	Glaskörper Nr. 01390 mit lichtstreuendem Rand, entweder mit Leuchtenoberteil Nr. 83304 als Richtleuchte Nr. 2211 mit 1 Kennung, oder mit Einschraubzwischenstück als Richtleuchten-Einsatz mit einer Kennung	G. Schanzenbach & Co. GmbH, Adalbertstraße 15, Frankfurt / M.
915	**RL3-40/189**	Schutzraumtür „Rothers Luftschutzraum-Tür“ (einflüglig, gassicher, aus 32 mm starkem Holzrahmen mit dreilagigem Holzkern und beiderseits aufgeleimten 5mm starken wetterfesten Sperrholzplatten, Holzzarge)	A. Degner, Fenster- und Türenfabrik, Leipzig
916	**RL3-40/190**	Schutzraumtür (zweiflüglig, einwandig, gassicher, aus 2,5 mm Stahlblech, mit Winkelstahlzarge)	Bruno Albus, Albus Stahltürenwerk, Glückaufstraße 52, Dortmund

Fachgruppe 3: Bauwesen / Tarnung / Verdunklung			
	Kenn-Nr.	**Beschreibung**	**Hersteller**
917	**RL3-40/191**	Luftschutz-Glühlampe, tiefstrahlend, 9,5 W, senkrechte Brennlage	Hans Jahn, Glühlampenfabrik, Coburg
918	**RL3-40/192**	Schutzraumtür Type GT 5 (einwandig, gassicher, aus 2,5 mm Stahlblech mit Winkelstahlzarge)	C.H. Jucho, Juchostraße 100, Dortmund
919	**RL3-40/193**	Glaskörper Nr. 01380/Änd. 3 in Verbindung mit Einschraub-zwischenstück als Richtleuchten-Einsatz Nr. 10183 mit einer Kennung	G. Schanzenbach & Co. GmbH, Adalbertstraße 15, Frankfurt / M.
920	**RL3-40/194**	LS-Verdunklungsstoff, Gütegruppe II, Zellwoll- Reißspinnstoffgewebe, Köperbindung, schwarz gefärbt, gerauht, 362 g/m²	Paul Löffler, Mechanische Weberei, Hohenstein-Ernstthal
921	**RL3-40/195**	Verschlußklappe (gassicher, aus 3 mm Stahlblech mit dazugehörigem Stahlblechrohr von 300 mm lichter Weite)	Siegle & Epple, Münchinger Straße 7-9, Stuttgart-Weil
922	**RL3-40/196**	LS-Verdunklungsstoff Qualität Z 1, Gütegruppe I, Zellwollgewebe, Leinenbindung, blau gefärbt, einseitig schwarz gestrichen, 308 g/m²	C. G. Rudolph GmbH, Neugersdorf / Sachsen
923	**RL3-40/200**	LS-Verdunklungsstoff Nr. 1, Gütegruppe I, Kette aus Baumwolle, Schutz aus Reißspinnstoff, Köperbindung, schwarz, einseitig gerauht, 541 g/m²	Kock & Te Kock AG, Oelsnitz
924	**RL3-40/201**	LS-Verdunklungsstoff Nr. 2, Gütegruppe I, Kette aus Zellwolle, Schutz aus Reißspinnstoff, Köperbindung, schwarz, einseitig gerauht, 498 g/m²	Kock & Te Kock AG, Oelsnitz
925	**RL3-40/203**	Luftschutz-Glühlampe, tiefstrahlend, 13 Watt, senkrechte Brennlage	Strateg-Glühlampen Rieker KG, Beilsteiner Straße 38a, Stuttgart-Zuffenhausen
926	**RL3-40/206**	Luftschutz-Glühlampe (1 - 3 Hlm), nach oben strahlend, 8 Watt	Allgemeine Glühlampenfabriks-AG, Museumstraße 4, Wien
927	**RL3-40/207**	Luftschutz-Glühlampe (ca. 6 Hlm), nach oben strahlend, 8 Watt	Allgemeine Glühlampenfabriks-AG, Museumstraße 4, Wien

Fachgruppe 3: Bauwesen / Tarnung / Verdunklung			
	Kenn-Nr.	**Beschreibung**	**Hersteller**
928	**RL3-40/208**	Luftschutz-Glühlampe (1 - 3 Hlm), nach oben strahlend, 7,5 Watt	Tungsram GmbH, Rungestraße 25-27, Berlin
929	**RL3-40/209**	Luftschutz-Glühlampe (15 Hlm), nach oben strahlend, 13 Watt	Tungsram GmbH, Rungestraße 25-27, Berlin
930	**RL3-40/210**	Luftschutz-Glühlampe, tiefstrahlend, 7,5 Watt, senkrechte Brennlage	Tungsram GmbH, Rungestraße 25-27, Berlin
931	**RL3-40/211**	Luftschutz-Glühlampe, tiefstrahlend, 13 Watt, senkrechte Brennlage	Tungsram GmbH, Rungestraße 25-27, Berlin
932	**RL3-40/213**	Schutzraumtür (einflüglig, gassicher, aus 23 mm starkem Holzrahmen mit 23 mm Füllbrettern und innenseitig aufgeleimter 5 mm Holzfaserplatte, mit Holzzarge)	Rudi Ebeling, Raabestraße 18, Hannover
933	**RL3-40/214**	Luftschutzturm, Bauart Dietel	Dietelgesellschaft mbH, Grunerstraße 56, Düsseldorf
934	**RL3-40/217**	Schutzraumtür (einwandig, gassicher, aus 24 mm Baustoffplatte „Peltz-Pahloplatte" in umlaufendem U-Stahlrahmen, mit Winkelstahlzarge)	Peltz Geldschrankwerke GmbH, Düsseldorf-Neuß
935	**RL3-40/218**	Aussteigeluke (waagerecht, trümmersicher)	Adalbert Klement & Sohn, Stahltürenwerk, Völckerstraße 14-16, Hamburg-Altona
936	**RL3-40/219**	LS-Verdunklungsvorrichtung, Fallrollo aus Rollpappe, mit Schnuraufzug, für senkrechte Einzelfenster	Quantmeyer & Eicke, Kronenstraße 61-63, Berlin
937	**RL3-40/224**	LS-Verdunklungsstoff, Gütegruppe II, Zellwolle- Reißspinnstoff-Gewebe, Köperbindung, schwarz gefärbt, einseitig gerauht, 354 g/m^2	Alfred Uhlig & Co., Weberei, Metzer Straße 37, Chemnitz
938	**RL3-40/227**	LS-Verdunklungsvorrichtung, Zugrollo mit seitlichem Schnurzug, für senkrechte Einzelfenster	Hans Honold, Jahnstraße 77, Leipzig
939	**RL3-40/228**	LS-Verdunklungsvorrichtung, Springrollo für senkrechte Einzelfenster	Hans Honold, Jahnstraße 77, Leipzig

Fachgruppe 3: Bauwesen / Tarnung / Verdunklung			
	Kenn-Nr.	**Beschreibung**	**Hersteller**
940	**RL3-40/229**	LS-Verdunklungsvorrichtung „Noris“, Springrollo für senkrechte Einzelfenster	Hofmann & Debus, Dennerstraße 4, Nürnberg
941	**RL3-40/231**	Schröder-Blende „Gral III“ für Glühlampen mit 15, 25 und 40 Watt, mit einem geschlossenen oder Kreisring-Glasgespinstfilter	Paul Schröder, Bieberstraße 9, Hamburg
942	**RL3-40/232**	Schröder-Blende „Gral II“ für Glühlampen mit 15, 25 und 40 Watt, mit einem geschlossenen oder Kreisring-Opalglasfilter	Paul Schröder, Bieberstraße 9, Hamburg
943	**RL3-40/233**	Kleinlicht-Tiefstrahler mit Zwergglühlampe, 1,2 Watt, 4 Volt zur Beleuchtung von Räumen mit schwachem Lichtbedarf	AEG - Allgemeine Elektrizitäts-Gesellschaft, Berlin
944	**RL3-40/233**	Verdunklungsschirm für Glühlampe, Hauptklasse II	
945	**RL3-40/234**	LS-Richtleuchteneinsatz Typ A 24a für Gas-Sechskantleuchten mit einer Kennung	Bamag-Meguin AG, Reuchlinstraße 10-17, Berlin
946	**RL3-40/235**	LS-Verdunklungsvorrichtung, Fallrollo mit Schnuraufzug, für senkrechte Einzelfenster	Alfred Läßig, Zschochersche Straße 29, Leipzig
947	**RL3-40/236**	LS-Verdunklungsvorrichtung „Tico“, Fallrollo mit Schnuraufzug, für senkrechte Einzelfenster	Tilgner & Co., Viktoriastraße 56, Plauen
948	**RL3-40/237**	LS-Verdunklungsvorrichtung, Fallrollo mit Schnuraufzug, für senkrechte Einzelfenster	Gebr. Kimmich, Rebstöckerstraße 33-39, Frankfurt / M.
949	**RL3-40/238**	LS-Verdunklungsstoff, Gütegruppe II, Zellwollgewebe, bedruckt, einseitig schwarz gestrichen, 292 g/m^2	Industriewerke AG, Plauen
950	**RL3-40/239**	LS-Verdunklungsvorrichtung „RöLa“, Klappverdunkler aus Verdunklungspapier für senkrechte Einzelfenster	Römer & Laux, Kronstraße 15/17, Landau

Fachgruppe 3: Bauwesen / Tarnung / Verdunklung			
	Kenn-Nr.	**Beschreibung**	**Hersteller**
951	**RL3-40/240**	LS-Verdunklungsvorrichtung „Helios-Faltverdunkler", aus Verdunklungspapier, für senkrechte Einzelfenster	Hermann Reimelt & Co., Neubaugasse 20, Wien
952	**RL3-40/242**	Schutzraumtür (gas- und splittersicher, aus 25 mm Stahlblech St37 bzw. 20 mm Stahlblech St52, mit Winkelstahlzarge)	Mannesmann Stahlblechbau AG, Schicklerstraße 7, Berlin
953	**RL3-40/243**	Schutzraumblende (gas- und splittersicher, aus 25 mm Stahlblech St37 bzw. 20 mm Stahlblech St52, mit Winkelstahlzarge)	Mannesmann Stahlblechbau AG, Schicklerstraße 7, Berlin
954	**RL3-40/244**	Verdunklungsgerät „Bewag-Verdunkler III" mit Irisverschluß als verstellbare Blendenöffnung, für Glühlampen von 15 - 60 Watt	Heinrich Wander, Kukanergasse 6, Gablonz
955	**RL3-40/245**	LS-Verdunklungsvorrichtung, Zugrollo mit seitlichem Schnurzug, für senkrechte Einzelfenster	Otto Beger & Co., Dürener Straße 202/203, Köln-Lindenthal
956	**RL3-40/246**	LS-Verdunklungsvorrichtung, Fallrollo mit Schnuraufzug, für senkrechte Einzelfenster	Karl W. Steffen, Ritterstraße 23, Hamburg
957	**RL3-40/247**	LS-Verdunklungsvorrichtung, Springrollo für senkrechte Einzelfenster	Josef Schmitz, Bürgerweide 55, Hamburg
958	**RL3-40/248**	LS-Verdunklungsvorrichtung, Fallrollo mit Schnuraufzug, für senkrechte Einzelfenster	Conrad Lamm, Inh. Gebr. Lamm, Steinstraße 422, Prenzlau
959	**RL3-40/249**	LS-Verdunklungsvorrichtung, Schalvorhang, zweischalig, mit Schnurzug, für senkrechte Einzelfenster	Conrad Lamm, Inh. Gebr. Lamm, Steinstraße 422, Prenzlau
960	**RL3-40/250**	LS-Verdunklungsvorrichtung, Fallrollo mit Schnuraufzug, für senkrechte Einzelfenster	Georg Ehrlich, Florastraße 5, Dresden
961	**RL3-40/251**	LS-Verdunklungsvorrichtung, Fallrollo mit Schnuraufzug, für senkrechte Einzelfenster	Freytag & Bielefeldt, Hopfensack 18, Hamburg

Fachgruppe 3: Bauwesen / Tarnung / Verdunklung			
	Kenn-Nr.	**Beschreibung**	**Hersteller**
962	**RL3-40/252**	LS-Verdunklungsvorrichtung, Springrollo für senkrechte Einzelfenster	Otto Suter, Haltenhoffstraße 30, Hannover
963	**RL3-40/253**	LS-Verdunklungsvorrichtung, Schalvorhang, zweischalig, mit seitlichem Schnurzug, für senkrechte Einzelfenster	Otto Suter, Haltenhoffstraße 30, Hannover
964	**RL3-40/254**	LS-Verdunklungsvorrichtung, Fallrollo für senkrechte Einzelfenster bis zu 2,50 m Höhe über dem Fußboden	Hansa Metallwarengesellschaft mbH Thiessen & Hager, Rödingsmarkt 35, Hamburg
965	**RL3-40/255**	LS-Verdunklungsvorrichtung, Zugrollo mit seitlichem Schnurzug, für senkrechte Einzelfenster	Hansa Metallwarengesellschaft mbH Thiessen & Hager, Rödingsmarkt 35, Hamburg
966	**RL3-40/256**	LS-Verdunklungsvorrichtung, Springrollo für senkrechte Einzelfenster	Hansa Metallwarengesellschaft mbH Thiessen & Hager, Rödingsmarkt 35, Hamburg
967	**RL3-40/257**	LS-Verdunklungsvorrichtung, Zugrollo mit seitlichem Schnurzug, für senkrechte Einzelfenster	L. Lustiger, Laimerstraße 60, München-Kleinhadern
968	**RL3-40/258**	LS-Verdunklungsvorrichtung, Springrollo für senkrechte Einzelfenster	L. Lustiger, Laimerstraße 60, München-Kleinhadern
969	**RL3-40/259**	LS-Verdunklungsvorrichtung, Fallrollo mit Schnuraufzug, für senkrechte Einzelfenster	Deutsche Großeinkaufs-GmbH, Beim Strohhause 38, Hamburg
970	**RL3-40/260**	LS-Verdunklungsvorrichtung, Schalvorhang, zweischalig, mit Schleudervorrichtung oder seitlichem Schnurzug, für senkrechte Einzelfenster	Max Wittmann, Ludendorffstraße 13, Coburg
971	**RL3-40/261**	LS-Verdunklungsvorrichtung, Zugrollo mit seitlichem Gurtzug, Schutzkasten und Führungsschienen für senkrechte Einzelfenster	Max Wittmann, Ludendorffstraße 13, Coburg

Fachgruppe 3: Bauwesen / Tarnung / Verdunklung			
	Kenn-Nr.	**Beschreibung**	**Hersteller**
972	**RL3-40/262**	Verdunklungsgerät „Liebig I/3“, innen schwarz, mit 2 - 2,5 mm starkem Opalglasfilter und verstellbarer Lichtschürze, für Glühlampen von 15 Watt	Ing.-Büro Kurt Walter Liebig, Voßstraße 69, Rostock
973	**RL3-40/263**	Verdunklungsgerät „Liebig II“, innen schwarz, mit 2 - 2,5 mm starkem Opalglasfilter und verstellbarer Lichtschürze, für Glühlampen von 25, 40 oder 60 Watt	Ing.-Büro Kurt Walter Liebig, Voßstraße 69, Rostock
974	**RL3-40/264**	Schutzraumtür (gassicher, aus 32 mm Baustoffplatte „Opelit“ in umlaufendem Stahlblechrahmen mit Winkelstahlzarge)	Opelit, Georg von Opel, Sprendlinger Landstraße 220-226, Offenbach
975	**RL3-40/265**	Schutzraumblende (gassicher, aus 32 mm Baustoffplatte „Opelit“ in umlaufendem Stahlblechrahmen mit Winkelstahlzarge)	Opelit, Georg von Opel, Sprendlinger Landstraße 220-226, Offenbach
976	**RL3-40/266**	Luftschutz-Richtleuchte Type „Leipzig“ für Gasanschluß mit einer Kennung gemäß Klasse I	Bamag-Meguin AG, Reuchlinstraße 10-17, Berlin
977	**RL3-40/267**	Schutzraumtür (einwandig, gassicher, aus 2,5 mm Stahlblech mit Winkelstahlzarge)	Hermann Vogel KG, Fensterwerk und Eisenbau, Schweinfurt
978	**RL3-40/268**	LS-Verdunklungsvorrichtung „Kühn-Rollo, Ausführung A“, Fallrollo für senkrechte Einzelfenster	Photo-Kühn, Friedrichstraße 1, Baden-Baden
979	**RL3-40/269**	LS-Verdunklungsvorrichtung „Kühn-Rollo, Ausführung B“, Fallrollo mit Schnuraufzug für senkrechte Einzelfenster	Photo-Kühn, Friedrichstraße 1, Baden-Baden
980	**RL3-40/270**	LS-Verdunklungsvorrichtung, Fallrollo mit Schnuraufzug für senkrechte Einzelfenster	Drogerie Lachmann, Friedrichstraße 19-23, Hamburg-St. Pauli
981	**RL3-40/271**	LS-Verdunklungsvorrichtung, Fallrollo mit Schnuraufzug für senkrechte Einzelfenster	Paul Friedrich, Rollofabrik, Wexstraße 29, Hamburg

Fachgruppe 3: Bauwesen / Tarnung / Verdunklung			
	Kenn-Nr.	**Beschreibung**	**Hersteller**
982	**RL3-40/272**	LS-Verdunklungsvorrichtung, Schalvorhang, zweischalig, mit Windenbetätigung, für senkrechte Lichtbänder und Fensterflächen	Gebr. Janssen, Herdestraße 12-14, Esens
983	**RL3-40/273**	Verdunklungsgerät „Pronto III", für Glühlampen von 15 Watt	Pront und Renard KG, Remscheider Straße 1, Düsseldorf
984	**RL3-40/274**	LS-Verdunklungsvorrichtung, Zugrollo mit seitlichem Schnurzug für senkrechte Einzelfenster	Rollo-GmbH, Rödingsmarkt 75, Hamburg
985	**RL3-40/275**	LS-Verdunklungsvorrichtung, Springrollo für senkrechte Einzelfenster	Rollo-GmbH, Rödingsmarkt 75, Hamburg
986	**RL3-40/276**	Schutzraumtür (einwandig, gassicher, aus 22 mm Holzkern, beiderseits mit 4 mm Lignatplatten belegt in umlaufendem C-Stahlrahmen, mit Winkelstahlzarge)	Albert Hansen, Eisenbau, Peine
987	**RL3-40/277**	Schutzraumtür (gassicher, splittersicher, aus 25 mm Stahlblech St37 bzw. 20 mm Stahlblech St52, mit Winkelstahlzarge)	Rudolf Zimmermann GmbH, Stahlfensterwerk Strehlaer Straße 19, Bautzen
988	**RL3-40/279**	Schutzraumtür (doppelwandig, gassicher, aus 17 mm Holzrahmen mit Verstärkungsleisten, beiderseits belegt mit 5 mm Sperrholzplatten in umlaufendem Winkelstahlrahmen, mit Winkelstahlzarge)	Louis Gärtitz, Eisenkonstruktionswerk, Bahnhofstraße 12, Berlin-Schöneberg
989	**RL3-40/280**	LS-Richtleuchteneinsatz Graetzin mit Trübglaszylinder, Klasse I Unterklasse B nach DIN 5036, mit einer Kennung, für Gas-Sechskant- und Aufsatzleuchten	Ehrich & Graetz AG, Elsenstraße 87-96, Berlin
990	**RL3-40/281**	LS-Richtleuchteneinsatz Graetzin mit Trübglaszylinder, Klasse I Unterklasse B nach DIN 5036, mit zwei Kennungen (Klasse II), für Gas-Sechskant- und Aufsatzleuchten, Festdüse oder plombierte Regulierdüse für Gasverbrauch	Ehrich & Graetz AG, Elsenstraße 87-96, Berlin

Fachgruppe 3: Bauwesen / Tarnung / Verdunklung			
	Kenn-Nr.	**Beschreibung**	**Hersteller**
991	**RL3-40/282**	Schutzraumblende t(gassicher, aus zwei verleimten Sperrholzplatten von 20 mm und 10 mm Dicke, in umlaufendem T-Stahlrahmen, mit Winkelstahlzarge)	John Finke, Schlosserei, Stockhausenstraße 14, Hamburg
992	**RL3-40/283**	Schutzraumblende (einwandig, gassicher, aus 3 mm Stahlblech, mit Winkelstahlzarge)	
993	**RL3-40/284**	Schutzraumblende (einwandig, gassicher, aus 2,5 mm Stahlblech, mit Winkelstahlzarge, Dichtung durch halbrundes Hohlgummiprofil oder Binde mit Filzeinlage und plastischer Masse (Acosal))	Hazet-Werkstätten, Erich Haack-Werke, Rittergutstraße 121-124, Berlin-Lichtenberg
994	**RL3-40/285**	Schutzraumblende Type XO (gassicher, aus 20 mm spezialverleimter Platte in umlaufendem U-Stahlrahmen, mit Winkelstahlzarge, Dichtung durch halbrundes Hohlgummiprofil oder Binde mit Filzeinlage und plastischer Masse (Acosal))	Hazet-Werkstätten, Erich Haack-Werke, Rittergutstraße 121-124, Berlin-Lichtenberg
995	**RL3-40/286**	Schutzraumtür (gassicher, splittersicher, aus 25 mm Stahlblech St37 bzw. 20 mm Stahlblech St52, mit Winkelstahlzarge, Dichtung durch halbrundes Hohlgummiprofil oder Binde mit Filzeinlage und plastischer Masse (Acosal))	Hazet-Werkstätten, Erich Haack-Werke, Rittergutstraße 121-124, Berlin-Lichtenberg
996	**RL3-40/287**	Schutzraumtür Type XO (gassicher, aus 20 mm spezialverleimter Platte, in umlaufendem U-Stahlrahmen und Winkelstahlzarge, Dichtung durch halbrundes Hohlgummiprofil oder Binde mit Filzeinlage und plastischer Masse (Acosal))	Hazet-Werkstätten, Erich Haack-Werke, Rittergutstraße 121-124, Berlin-Lichtenberg
997	**RL3-40/288**	Schutzraumtür (einwandig, gassicher, aus 2,5 mm Stahlblech, mit Winkelstahlzarge, Dichtung durch halbrundes Hohlgummiprofil oder Binde mit Filzeinlage und plastischer Masse (Acosal))	Hazet-Werkstätten, Erich Haack-Werke, Rittergutstraße 121-124, Berlin-Lichtenberg

Fachgruppe 3: Bauwesen / Tarnung / Verdunklung			
	Kenn-Nr.	**Beschreibung**	**Hersteller**
998	**RL3-40/289**	LS-Verdunklungsstoff, Gütegruppe I, Kunstseidegewebe, goldbraun, einseitig schwarz gestrichen, 249 g/m²	Hermann Beck & Co., Neugersdorf / Sachsen
999	**RL3-40/290**	LS-Verdunklungsvorrichtung, Zugrollo mit seitlichem Schnurzug, für senkrechte Einzelfenster normaler Größe	Heede & Tobergte, Osnabrück
1000	**RL3-40/291**	LS-Verdunklungsvorrichtung, Fallrollo mit seitlichem Schnuraufzug, für senkrechte Einzelfenster normaler Größe	Ernst Urban, Ploiestraße 17, Dresden
1001	**RL3-40/292**	LS-Verdunklungsvorrichtung, Fallrollo mit seitlichem Schnuraufzug, für senkrechte Einzelfenster normaler Größe	Joerg-Reklame, Sanderstraße 12, Berlin-Neukölln
1002	**RL3-40/293**	LS-Verdunklungsvorrichtung „Luba-Schnürharmonika", Faltverdunkler aus Verdunklungspapier mit seitlichem Schnurzug für senkrechte Einzelfenster normaler Größe	Gebr. Kimmich, Rebstöckerstraße 33-39, Frankfurt / M.
1003	**RL3-40/294**	LS-Verdunklungsstoff „Qualität 1208 grün moiré 16a", Gütegruppe I, Zellwollgewebe, Leinenbindung, beiderseits bestrichen, 311 g/m²	J. H. Benecke, Hannoversche Wachstuch- und Ledertuch-Fabrik, Vinnhorst
1004	**RL3-40/295**	LS-Verdunklungspapier, Gütegruppe II, schwarz, 126 g/m²	Papierfabrik Brüder Roesler, Tiefenbach / Sudeten
1005	**RL3-40/296**	LS-Verdunklungsvorrichtung, Zugrollo mit seitlichem Schnurzug, für senkrechte Einzelfenster normaler Größe	Bruno Matthes & Co., Schulterblatt 73, Hamburg
1006	**RL3-40/297**	LS-Verdunklungsvorrichtung, Springrollo für senkrechte Einzelfenster normaler Größe	Bruno Matthes & Co., Schulterblatt 73, Hamburg
1007	**RL3-40/298**	LS-Verdunklungsvorrichtung, Schalvorhang, zweischalig, mit Schnurzug- oder Schleuderbetätigung, für senkrechte Einzelfenster normaler Größe	Vorwerk & Co., Wuppertal-Barmen

Fachgruppe 3: Bauwesen / Tarnung / Verdunklung			
	Kenn-Nr.	**Beschreibung**	**Hersteller**
1008	**RL3-40/299**	Aussteigeluke (waagerecht, trümmersicher, aus 2 cm voneinander entfernten Roststäben aus Flacheisen in umlaufendem U-Stahlrahmen mit Winkelstahlzarge)	Fabrik für Eisenbau Carl Trippel, Seitengasse 11, Breslau
1009	**RL3-40/300**	Tarnvorrichtung Bauart Bosch für Kraftfahrzeugscheinwerfer	Robert Bosch, Militärstraße 4, Stuttgart
1010	**RL3-40/301**	Schutzraumtür (doppelwandig, gassicher, aus 32 mm Holzrahmen mit Verstärkungsleisten, beiderseits mit 5 mm Sperrholzplatten belegt, mit Holzzarge)	Gebr. Müller, Mathildenstraße 3-11, Worms
1011	**RL3-40/302**	LS-Verdunklungsstoff, Gütegruppe II, Zellwolle- Reißspinnstoffgewebe, Köperbindung, dunkelblau gefärbt, einseitig gerauht, 305 g/m²	Bößneck & Meyer, Glauchau
1012	**RL3-40/303**	LS-Verdunklungsstoff SOS/R, Gütegruppe I, Zellwollgewebe, Leinenbindung, schwarz/ schwarz gestrichen, 246 g/m²	Granitol-Werke AG, Bärn / Sudeten
1013	**RL3-40/304**	LS-Verdunklungsstoff SOS/3, Gütegruppe II, Zellwollgewebe, Leinenbindung, schwarz/ schwarz gestrichen, 255 g/m²	Granitol-Werke AG, Bärn / Sudeten
1014	**RL3-40/305**	LS-Verdunklungsvorrichtung, Fallroller "Gela" mit seitlichem Schnuraufzug für senkrechte Einzelfenster normaler Größe	Georg Lanzenberger, Papierwarenfabrik, Straße der SA 41, Chemnitz
1015	**RL3-40/306**	LS-Verdunklungsvorrichtung, Fallrollo mit seitlichem Schnuraufzug für senkrechte Einzelfenster normaler Größe	Friedrich Dlugowski, Adolfstraße 18 II, Hamburg
1016	**RL3-40/307**	LS-Verdunklungsvorrichtung, Fallroller mit seitlichem Schnuraufzug für senkrechte Einzelfenster normaler Größe	Georg Mowit, Königswortherstraße 46, Hannover
1017	**RL3-40/308**	LS-Verdunklungsvorrichtung, Fallroller mit seitlichem Schnuraufzug für senkrechte Einzelfenster normaler Größe	Walter Koch, Jakob-Klar-Straße 3, München

Fachgruppe 3: Bauwesen / Tarnung / Verdunklung			
	Kenn-Nr.	**Beschreibung**	**Hersteller**
1018	**RL3-40/309**	LS-Verdunklungsvorrichtung, Fallroller mit seitlichem Schnuraufzug für senkrechte Einzelfenster normaler Größe	Aug. Tempelmann, Maximilianstraße 1, Münster
1019	**RL3-40/310**	Luftschutzzellen der Bauarten 10, 12, 15 und 20 aus Dywidag-Schleuderbetonrohren	Dyckerhoff & Widmann KG, Dresdener Straße 40, Cossebaude
1020	**RL3-40/311**	LS-Verdunklungsstoff, Gütegruppe I, Zellwolle- Flockenbast- Reißspinnstoffwegebe, Köperbindung, schwarz gefärbt, einseitig gerauht, 432 g/m²	J. F. W. Berger, Lichtenstein / Sachsen
1021	**RL3-40/312**	Verdunklungsgerät „Verdula III" mit unveränderlicher Blendenöffnung von 25 mm Durchmesser, für Glühlampen von 15 Watt	Fritz Müller, Beleuchtungskörperfabrik, Bamberger Straße 20, Dresden
1022	**RL3-40/313**	Schutzraumtür (einwandig, gassicher, aus 3 mm Stahlblech mit Winkelstahlzarge)	Kurt Kießling, Bahnhofstraße 9, Bad Dürrenberg
1023	**RL3-40/314**	Schutzraumtür (einwandig, gassicher, aus 26 mm „Aerouit-Bauplatte" in umlaufendem Winkelstahlrahmen mit Winkelstahlzarge)	Karl Sprang, Eisen- und Bronzebau, Heinrich-von-Korn-Straße 8-10, Breslau
1024	**RL3-40/315**	Aussteigeluke (waagerecht, trümmersicher, in Verbindung mit einer unterseitig, getrennt angebrachten gassicheren Blende)	Johann Böger, Oberhausen
1025	**RL3-40/316**	LS-Verdunklungsvorrichtung, Zugrollo mit seitlichem Gurtzug, für senkrechte Einzelfenster normaler Größe	Cölner Tapetenfabrik vorm. Chrysant Joseph Klein GmbH, Escher Straße 165, Köln-Nippes
1026	**RL3-40/317**	LS-Verdunklungsvorrichtung, Zugrollo mit seitlichem Gurtzug, für senkrechte Einzelfenster normaler Größe	Otto Wallwey, Dortmund-Brackel
1027	**RL3-40/318**	LS-Verdunklungsvorrichtung, Schalvorhang, zweischalig, mit Schnur- oder Schleuderbetätigung, für senkrechte Einzelfenster normaler Größe	Otto Wallwey, Dortmund-Brackel

Fachgruppe 3: Bauwesen / Tarnung / Verdunklung			
	Kenn-Nr.	**Beschreibung**	**Hersteller**
1028	**RL3-40/319**	LS-Verdunklungsvorrichtung, Fallrollo für senkrechte Einzelfenster bis zu 2,50 m Höhe über dem Boden	A. Gerstmann, Grüne Schanze 12, Stettin
1029	**RL3-40/326**	Schutzraumblende (gassicher, aus 33 mm starken, dreilagigem Holzkern, beiderseits belegt mit 5 mm Sperrholzplatten, mit Holzzarge)	Otto Bergemann KG, Kirchhofstraße 25, Brandenburg / Havel
1030	**RL3-40/327**	Aussteigeluke (waagerecht, trümmersicher)	Otto Wöhr, Kerntal-Stuttgart
1031	**RL3-40/330**	Verdunklungsgerät „T 60 F II", innen schwarz mit 2 cm breitem weißen Ring, Bicella-Milchweiß-Filter, verstellbare Lichtschürze, für Glühlampen von 25 und 40 Watt	Mittendorf & Co., Blaulicht-Gesellschaft, Groner Landstraße 5, Göttingen
1032	**RL3-40/331**	Verdunklungsgerät „BNL F I/3", innen schwarz mit Bicella-Milchweiß-Filter, verstellbare Lichtschürze, für Glühlampen von 15 Watt	Mittendorf & Co., Blaulicht-Gesellschaft, Groner Landstraße 5, Göttingen
1033	**RL3-40/336**	Beton-Schutzraumtür „Colas-Schutzraumtür" (gassicher)	Colas Kaltasphalt GmbH, Hohenzollerndamm 46-47, Berlin-Grunewald
1034	**RL3-40/337**	Schutzraumblende (splittersicher, aus 120 mm bewehrtem Beton „Type D", ohne Zarge)	Hazet-Werkstätten, Erich Haack-Werke, Rittergutstraße 121-124, Berlin-Lichtenberg
1035	**RL3-40/341**	Rundschlauchdichtung „TC" aus Buna „S" „Qualität R Ausführung 133", 15 mm Außendurchmesser, Wanddicke 2 mm	Techno-Chemie KG, Keßler & Co., Frankfurter Allee 12, Berlin
1036	**RL3-40/342**	Spezial-Leuchte „Ju 7 II" mit 2 Reflektoren, für Glühlampen von 15 od. 25 Watt, Öffnung 7,5 cm, abgeschlossen mit Trübgläsern der Klasse Ia nach DIN 5036, abgeblendet mit Kalotten	Berliner Elektrizitäts-Gesellschaft Otto Speck & Co., Heubnerweg 2, Berlin-Charlottenburg
1037	**RL3-40/343**	Verdunklungsgerät „Pronto I/2", Lichtaustrittsöffnung von 40 mm Durchmesser mit Filter aus Trübglas Klasse Ia nach DIN 5036 und Lichtschürze, für 15 Watt-Glühlampen	Pront und Renard KG, Remscheider Straße 1, Düsseldorf

Fachgruppe 3: Bauwesen / Tarnung / Verdunklung

	Kenn-Nr.	Beschreibung	Hersteller
1038	**RL3-40/344**	Verdunklungsgerät „Pronto I/3“, Lichtaustrittsöffnung von 50 mm Durchmesser mit Filter aus Opalglas und Lichtschürze, für 15 Watt-Glühlampen	Pront und Renard KG, Remscheider Straße 1, Düsseldorf
1039	**RL3-40/345**	Schutzraumblende (gassicher, aus Spezialmasse „Feuerlit“ mit Holzstabgewebeeinlage in umlaufendem Holzrahmen, mit Zarge aus „Feuerlit“)	Gesellschaft für neue Holz- und Bauwerkstoffe mbH, „Feuerlit“, Sybelstraße 69, Berlin-Charlottenburg
1040	**RL3-40/346**	Schutzraumtür „Trutz-Beton-Schutzraumtür“ (gassicher, aus bewehrtem Spezialbeton, mit bewehrter Betonzarge)	Engel & Leonhardt, Betonwerk, Am Südhafen, Berlin-Spandau
1041	**RL3-40/347**	LS-Verdunklungsstoff „Qual. Nr. 2450“, Gütegruppe I, Zellwollgewebe, Leinenbindung, grün/grün gestrichen, 374 g/m²	Christian Dierig AG, Langenbielau
1042	**RL3-40/348**	Schutzraumblende (doppelwandig, gassicher, aus 28 mm Holzleistenkern, beiderseits mit 5 mm Holzfaserplatten belegt, in umlaufendem L-Stahlrahmen mit Winkelstahlzarge)	Jos. Bauer und Söhne, Fabrik für Eisenkonstruktionen, Grabenstraße 96a, Essen-Stoppenberg
1043	**RL3-40/349**	Schutzraumblende (gassicher, splittersicher, aus 25 mm Stahlblech St37 bzw. 20 mm Stahlblech St52, mit Winkelstahlzarge)	Jos. Bauer und Söhne, Fabrik für Eisenkonstruktionen, Grabenstraße 96a, Essen-Stoppenberg
1044	**RL3-40/350**	Schutzraumtür (gassicher, splittersicher, aus 25 mm Stahlblech St37 bzw. 20 mm Stahlblech St52, mit Winkelstahlzarge)	Jos. Bauer und Söhne, Fabrik für Eisenkonstruktionen, Grabenstraße 96a, Essen-Stoppenberg
1045	**RL3-40/351**	LS-Verdunklungspapier Anfertigung 40018, Gütegruppe I, schwarz, 157 g/m²	Papierfabrik Albbruck, Albbruck
1046	**RL3-40/352**	LS-Verdunklungsstoff „Qualität 1301“, Gütegruppe II, Zellwolle-Reißspinnstoff-Gewebe, Köperbindung, schwarz gefärbt, 380 g/m²	Hermann Engler, Mechanische Weberei, Reichenau / Sachsen

Fachgruppe 3: Bauwesen / Tarnung / Verdunklung

	Kenn-Nr.	Beschreibung	Hersteller
1047	RL3-40/353	Verdunklungsgerät Kleinlicht-Tiefstrahler I/3, mit Klarglas-Zwergglühlampe, 1,2 W, 4 V zur Beleuchtung von Räumen mit schwachem Lichtbedarf	AEG - Allgemeine Elektrizitäts-Gesellschaft, Berlin
1048	RL3-40/354	P-Scheinwerfer (Großflächen-Flachstrahler, 12 Volt, 100 Watt)	Nova-Technik GmbH (Notek), Freimannerstraße 227, München
1049	RL3-40/355	Schutzraumblende (einflüglig, gassicher, aus 24 mm Holzkern, beiderseits belegt mit 4 mm Sperrholzplatten und 4 mm Platten aus „Aru"-Masse, in umlaufendem Holzrahmen mit Holzzarge)	W. Gellner, Möbelfabrik, Hölderlinstraße 9, Dresden
1050	RL3-40/356	Rundschlauchdichtung für Schutzraumabschlüsse „Qualität GSS schwarz, sp. 1,15", 15 mm Außendurchmesser, Wanddicke 1,5 mm	Blödner & Bierschrodt, Gotha
1051	RL3-40/357	Rundschlauchdichtung für Schutzraumabschlüsse „Qualität Bu 812/10369", 15 mm Außendurchmesser, Wanddicke 2 mm	Metzeler Gummiwerke AG, Trappentreustraße, München
1052	RL3-40/358	Abdichtungsmasse „Prodorit-Kaltspachtelkitt"	Th. Goldschmidt AG, Chemische Fabrik, Mannheim-Rheinau
1053	RL3-40/359	Schutzraumtür (doppelwandig, gassicher, aus 30 mm Holzkern, beiderseits belegt mit 10 mm Sperrholzplatten mit Holzzarge)	E. Fochem, Neußer Straße 409, Köln-Nippes
1054	RL3-40/360	Rundschlauchdichtung für Schutzraumabschlüsse „Qualität 1698/6", 15 mm Außendurchmesser, Wanddicke 2 mm	Phoenix AG, Harburger Gummiwaren-Fabrik, Hamburg-Harburg
1055	RL3-40/361	Tarnscheinwerfer „Meteor" für Kraftwagen	Robert Bosch, Militärstraße 4, Stuttgart
1056	RL3-40/363	Rundschlauchdichtung für Schutzraumabschlüsse „Qualität TB 336/10646 schwarz", 15 mm Außendurchmesser, Wanddicke 2 mm	Beith-Werke AG, Werk Höchst, Rüsterstraße 9, Frankfurt / M.

Fachgruppe 3: Bauwesen / Tarnung / Verdunklung			
	Kenn-Nr.	**Beschreibung**	**Hersteller**
1057	**RL3-40/364**	Rundschlauchdichtung für Schutzraumabschlüsse „Qualität K O S 202“, 15 mm Außendurchmesser, Wanddicke 1,5 mm	Asbest- u. Gummi-Werke Martin Merkel KG, Besenbinderhof 31, Hamburg
1058	**RL3-40/365**	LS-Verdunklungspapier, Gütegruppe II, grün, 153 g/m²	Nettingdorfer Papierfabrik AG, Nettingdorf
1059	**RL3-41/1**	Abdichtung für Warmrohrleitungen in Luftschutzräumen, gassicher	Chemieprodukte KG, Walkenrieder Straße 28, Berlin-Britz
1060	**RL3-41/2**	LS-Verdunklungspapier, Gütegruppe I, schwarz, maschinenglatt, Kom. 7331, 137 g/m²	Papierfabrik Großenhain AG, Großenhain
1061	**RL3-41/3**	LS-Verdunklungsvorrichtung „Luba-Schnürharmonika“, Faltverdunkler aus Verdunklungspapier, mit seitlichem Schnurzug für senkrechte Einzelfenster normaler Größe	G. Jakobs, Kaiser-Maximilian-Straße 33, Leipzig
1062	**RL3-41/4**	LS-Verdunklungsvorrichtung, Sonnenschutz-Springrollo mit aufgelegtem Verdunklungspapier für senkrechte Einzelfenster normaler Größe	Hollmanns Rollo- und Jalousienfabrik, Braunau (Sudeten)
1063	**RL3-41/5**	LS-Verdunklungsvorrichtung „Luba-Schnürharmonika“, Faltverdunkler aus Verdunklungspapier, für senkrechte Einzelfenster normaler Größe	Hollmanns Rollo- und Jalousienfabrik, Braunau (Sudeten)
1064	**RL3-41/5S**	LS-Verdunklungsvorrichtung, Schalvorhang, ein- oder zweischalig mit seitlichem Schnurzug, für senkrechte Fenster normaler Größe	Wirtschaftsgruppe Einzelhandel, Badensche Straße 50-51, Berlin-Schöneberg
1065	**RL3-41/6**	LS-Verdunklungsvorrichtung „Wema-Gliederblende“ aus eingefaßten Leichtbauplatten, mit Gruppenantrieb	J. Eberspächer, Eßlingen
1066	**RL3-41/6S**	LS-Verdunklungsvorrichtung, Zugrollhang mit seitlichem Schnur- oder Gurtzug, für senkrechte Fenster normaler Größe	Wirtschaftsgruppe Einzelhandel, Badensche Straße 50-51, Berlin-Schöneberg

Fachgruppe 3: Bauwesen / Tarnung / Verdunklung			
	Kenn-Nr.	**Beschreibung**	**Hersteller**
1067	**RL3-41/7**	LS-Verdunklungsvorrichtung, Schalvorhang, zweiteilig, mit Einzel- oder Gruppenbetätigung	Helmut L. F. Viereck, Hannover
1068	**RL3-41/7S**	LS-Verdunklungsvorrichtung, Springrollhang mit seitlichen Andrückern oder Führungsschienen, für senkrechte Fenster normaler Größe	Wirtschaftsgruppe Einzelhandel, Badensche Straße 50-51, Berlin-Schöneberg
1069	**RL3-41/8**	LS-Verdunklungsvorrichtung, Faltvorhang aus Verdunklungsstoff, ein- oder zweiteilig, mit beiderseitigen Laufschienen oder Tragdrähten, mit Einzel- oder Gruppenbetätigung	
1070	**RL3-41/8S**	LS-Verdunklungsvorrichtung, Fallrollhang mit Schnur- oder Handaufrollung, für senkrechte Fenster normaler Größe	Wirtschaftsgruppe Einzelhandel, Badensche Straße 50-51, Berlin-Schöneberg
1071	**RL3-41/9**	LS-Verdunklungsvorrichtung, Faltvorhang aus Verdunklungsstoff mit horizontaler Faltung, zweiteilig, an Tragdrähten, mit paarweiser Einzel- oder Gruppenbetätigung, für Satteldachoberlichter	
1072	**RL3-41/9S**	LS-Verdunklungsvorrichtung, Schalvorhang, ein- oder zweischalig, mit seitlichem Schnurzug	Wirtschaftsgruppe Groß-, Ein- und Ausfuhrhandel Mackensenstraße 10, Berlin
1073	**RL3-41/10**	Rundschlauchdichtung für Schutzraumabschlüsse „Qualität B 1060“, 15 mm Außendurchmesser, Wanddicke 2 mm	Gummi-Werke „Elbe“ AG, Klein-Wittenberg
1074	**RL3-41/10S**	LS-Verdunklungsvorrichtung, Zugrollhang, mit seitlichem Schnur- oder Gurtzug, seitlichen Andrückern oder Führungsschienen	Wirtschaftsgruppe Groß-, Ein- und Ausfuhrhandel Mackensenstraße 10, Berlin
1075	**RL3-41/11**	Rundschlauchdichtung für Schutzraumabschlüsse „Qualität 623 dunkel“, 15 mm Außendurchmesser, Wanddicke 2 mm	Emil Pötzsch und Willy Franz, Gummiwarenfabrik, Dresden

Fachgruppe 3: Bauwesen / Tarnung / Verdunklung			
	Kenn-Nr.	**Beschreibung**	**Hersteller**
1076	**RL3-41/12**	LS-Verdunklungsvorrichtung, Schalvorhang, zweiteilig, mit Einzel- oder Gruppenbetätigung	Quantmeyer & Eicke, Kronenstraße 61-63, Berlin
1077	**RL3-41/12S**	LS-Verdunklungsvorrichtung, Fallrollhang, mit Schnur- oder Handaufrollung	Wirtschaftsgruppe Groß-, Ein- und Ausfuhrhandel Mackensenstraße 10, Berlin
1078	**RL3-41/13**	LS-Verdunklungsvorrichtung, Faltvorhang aus Verdunklungsstoff, an Tragdrähten, mit Einzel- oder Gruppenbetätigung	Quantmeyer & Eicke, Kronenstraße 61-63, Berlin
1079	**RL3-41/13S**	LS-Verdunklungsvorrichtung, Schalvorhang, ein- oder zweischalig, mit seitlichem Schnurzug	Fachgruppe Papierverarbeitende Industrie, Rollendorfplatz 1, Berlin
1080	**RL3-41/14**	LS-Verdunklungsvorrichtung, gekuppelte Zugrollos mit seitlichen Profilführungsschienen und Halteknöpfen	Lorenz Sporer, Rothmundstraße 6, München
1081	**RL3-41/14S**	LS-Verdunklungsvorrichtung, Zugrollhang, mit seitlichem Schnur- oder Gurtzug, seitlichen Andrückern oder Führungsschienen	Fachgruppe Papierverarbeitende Industrie, Rollendorfplatz 1, Berlin
1082	**RL3-41/15**	LS-Verdunklungsvorrichtung, Rollos auf Stahlrohr-Federwelle mit Gegenwelle, mit seitlichen Profilführungsschienen und Halteknöpfen, mit Einzel- oder Gruppenantrieb	Lorenz Sporer, Rothmundstraße 6, München
1083	**RL3-41/15S**	LS-Verdunklungsvorrichtung, Springrollhang, mit seitlichen Andrückern oder Führungsschienen	Fachgruppe Papierverarbeitende Industrie, Rollendorfplatz 1, Berlin
1084	**RL3-41/16**	LS-Verdunklungsvorrichtung „Luba-Schnürharmonika", Faltvorhang aus Verdunklungsstoff, mit seitlichem Schnurzug, für senkrechte Einzelfenster normaler Größe	Alters- und Invalidenwerk GmbH, Wannerstraße 306, Gelsenkirchen
1085	**RL3-41/16S**	LS-Verdunklungsvorrichtung, Fallrollhang mit Schnur- oder Handaufrollung	Fachgruppe Papierverarbeitende Industrie, Rollendorfplatz 1, Berlin

Fachgruppe 3: Bauwesen / Tarnung / Verdunklung			
	Kenn-Nr.	**Beschreibung**	**Hersteller**
1086	**RL3-41/17**	LS-Verdunklungsvorrichtung „Zeitzer Verdunklungs-Falt-Jalousie“, Faltvorhang aus Verdunklungspapier, mit seitlichem Schnurzug, für senkrechte Einzelfenster normaler Größe	Erhard Hillmann, Hospitalstraße 27, Zeitz
1087	**RL3-41/17S**	LS-Verdunklungsvorrichtung, Schalvorhang, ein- oder zweischalig, mit seitlichem Schnurzug	Fachuntergruppe Bauzubehörindustrie, Schlüterstraße 48, Berlin-Charlottenburg
1088	**RL3-41/18**	LS-Verdunklungsvorrichtung, Fallvorhang aus Verdunklungsstoff, mit Einzel- oder Gruppenbetätigung	Ewald Friederichs, Friedrichroda
1089	**RL3-41/18S**	LS-Verdunklungsvorrichtung, Zugrollhang, mit seitlichem Schnurzug oder Gurtzug, seitlichen Andrückern oder Führungsschienen	Fachuntergruppe Bauzubehörindustrie, Schlüterstraße 48, Berlin-Charlottenburg
1090	**RL3-41/19**	Lüftungsklappe „Pe-Po“ (einwandig, gassicher, aus 3,5 mm Stahlblech, mit Winkelzarge)	Jos. und Peter Beaujean, Eisenbau, Römerweg 6, Bad Aachen
1091	**RL3-41/19S**	LS-Verdunklungsvorrichtung, Springrollhang, mit seitlichen Andrückern oder Führungsschienen	Fachuntergruppe Bauzubehörindustrie, Schlüterstraße 48, Berlin-Charlottenburg
1092	**RL3-41/20**	Schutzraumblende „Type Bl.5“ (einwandig, gassicher, aus 2,5 mm Stahlblech, mit Winkelstahlzarge)	C. H. Jucho, Juchostraße 100, Dortmund
1093	**RL3-41/20S**	LS-Verdunklungsvorrichtung, Fallrollhang, mit Schnur- oder Handaufrollung	Fachuntergruppe Bauzubehörindustrie, Schlüterstraße 48, Berlin-Charlottenburg
1094	**RL3-41/21**	Lichtabdunklungskappe Z I/3 mit Trübglasfilter der Klasse Ia DIN 5036, für Leuchten mit zylindrischer Opalglasglocke für Glühlampen bis 15 Watt	Berliner Elektrizitäts-Gesellschaft Otto Speck & Co., Heubnerweg 2, Berlin-Charlottenburg
1095	**RL3-41/22**	Lichtabdunklungskappe K I/3 mit Trübglasfilter der Klasse Ia DIN 5036, für Leuchten mit kugelförmiger Opalglasglocke für Glühlampen bis 15 Watt	Berliner Elektrizitäts-Gesellschaft Otto Speck & Co., Heubnerweg 2, Berlin-Charlottenburg

Fachgruppe 3: Bauwesen / Tarnung / Verdunklung			
	Kenn-Nr.	**Beschreibung**	**Hersteller**
1096	**RL3-41/23**	Rundschlauchdichtung für Schutzraumabschlüsse, 15 mm Außendurchmesser, Wanddicke 2 mm	Vorwerk & Co., Wuppertal-Barmen
1097	**RL3-41/24**	Verdunklungsgerät „Pronto II", Lichtaustrittsöffnung von 70 mm Durchmesser mit Filter aus Trübglas Klasse Ia nach DIN 5036 und verstellbarer Lichtschürze, für 25 Watt-Glühlampen	Pront und Renard KG, Remscheider Straße 1, Düsseldorf
1098	**RL3-41/25**	Luftschutz-Glühlampe, tiefstrahlend, 25 Watt, waagerechte Brennlage	Allgemeine Glühlampenfabriks-AG, Museumstraße 4, Wien
1099	**RL3-41/26**	Luftschutz-Glühlampe, tiefstrahlend, 25 Watt, für schräge Brennlage	Allgemeine Glühlampenfabriks-AG, Museumstraße 4, Wien
1100	**RL3-41/27**	Schutzraumtür „Type MR 11" (einwandig, gassicher, aus 2,5 mm Stahlblech mit Winkelstahlzarge)	Max Rieger, Bauschlosserei, Berliner Straße 108, Berlin-Wilmersdorf
1101	**RL3-41/28**	Rundschlauchdichtung für Schutzraumabschlüsse „Qualität 1330 XI, schwarz", 15 mm Außendurchmesser, Wanddicke 1,5 mm	Wetzell, Gummiwerke AG, Hildesheim
1102	**RL3-41/29**	Profildichtung aus Moosgummi mit Haut für Schutzraumabschlüsse	Wilhelm Köpp, Zellkautschuk, Hindenburgstraße 54, Aachen
1103	**RL3-41/30**	LS-Verdunklungsvorrichtung, Faltvorhang aus Verdunklungsstoff, ein- oder zweischalig, beiderseitig Laufschienen, mit Einzel- oder Gruppenbetätigung, für waagerecht und schräge Oberlichter	E. L. Meyer Auswahl GmbH, Hildesheim
1104	**RL3-41/31**	LS-Verdunklungspapier Nr. 1, Gütegruppe I, schwarz, einseitig genarbt, 238 g/m^2	Alkor-Werk, Karl Lißmann, München-Solln
1105	**RL3-41/32**	LS-Verdunklungspapier Nr. 2, Gütegruppe I, schwarz, einseitig genarbt, 234 g/m^2	Alkor-Werk, Karl Lißmann, München-Solln
1106	**RL3-41/33**	LS-Verdunklungspapier Nr. 3, Gütegruppe II, schwarz, einseitig genarbt, 228 g/m^2	Alkor-Werk, Karl Lißmann, München-Solln

Fachgruppe 3: Bauwesen / Tarnung / Verdunklung			
	Kenn-Nr.	**Beschreibung**	**Hersteller**
1107	**RL3-41/34**	Hella-Tarnblende (Bauart Lizenz Bosch) für Scheinwerfer von Kraftwagen und Krafträdern	Westfälische Metall-Industrie-AG, Lippstadt
1108	**RL3-41/35**	LS-Verdunklungsstoff, Kunstleder-Zellwollgewebe, grün/grün, 328 g/m²	Wachstuch- und Kunstleder-Werke AG, Kassel-Bettenhausen
1109	**RL3-41/36**	Schutzraumblende Type SO (gassicher, splittersicher, aus 20 mm Stahlblech St37 bzw. 15 mm Stahlblech St52, mit Winkelstahlzarge, Dichtung durch halbrundes Hohlgummiprofil oder Binde mit Filzeinlage und plastischer Masse (Acosal))	Hazet-Werkstätten, Erich Haack-Werke, Rittergutstraße 121-124, Berlin-Lichtenberg
1110	**RL3-41/41**	Rundschlauchdichtung für Schutzraumabschlüsse „Qualität PLZ 24“, 15 mm Außendurchmesser, Wanddicke 2 mm	Continental Gummiwerke AG / Continental Caoutchouc-Compagnie GmbH, Hannover
1111	**RL3-41/42**	Schutzraumtür (zweiflüglig, gassicher, splittersicher, aus 25 mm Stahlblech St37 bzw. 20 mm Stahlblech St52, mit Zarge aus Winkelstahl-Sonderprofil)	Th. Möhle, Inh. J. Flüchter, Uellendahler Straße 468, Wuppertal-Elberfeld
1112	**RL3-41/43**	Luftschutzzelle aus 15 cm bewehrten Kiesbetonplatten im Mischungsverhältnis 1:3, hergestellt im Rüttelverfahren	Dr.-Ing. Werner Scheibe, Böhmersweg 23, Hamburg
1113	**RL3-41/44**	Rundschlauchdichtung für Schutzraumabschlüsse „Qualität S 45 LKF“ („Guttasyn“), 15 mm Außendurchmesser, Wanddicke 2 mm	H. Rost & Co., Hamburg-Harburg
1114	**RL3-41/45**	LS-Verdunklungsvorrichtung „Luba-Schnürharmonika Nr. 9“, Faltverdunkler aus Verdunklungspapier, mit seitlichem Schnurzug für senkrechte Einzelfenster normaler Größe	Ing. Alfred Kostyrko, Adolf-Hitler-Straße 238, Litzmannstadt
1115	**RL3-41/46**	LS-Verdunklungsvorrichtung „Luba-Fallharmonika Nr. 10“, Faltverdunkler aus Verdunklungspapier zum Falten von Hand, für senkrechte Einzelfenster	Ing. Alfred Kostyrko, Adolf-Hitler-Straße 238, Litzmannstadt

Fachgruppe 3: Bauwesen / Tarnung / Verdunklung			
	Kenn-Nr.	**Beschreibung**	**Hersteller**
1116	**RL3-41/47**	Schutzraumtür „Ekra" (einwandig, gassicher, aus 2 Lagen 2 mm Stahlblech mit Winkelstahlzarge)	E. Krausch, Frankfurter Straße 93, Offenbach
1117	**RL3-41/48**	Lüftungsklappe (einwandig, gassicher, aus 2,5 mm Stahlblech, mit Betonzarge)	Johann Pflüger Söhne, Metallwarenfabrik, Trubenhausen
1118	**RL3-41/49**	Rundschlauchdichtung für Schutzraumabschlüsse „Qualität W 551", 15 mm Außendurchmesser, Wanddicke 2 mm	Degufra - Deutsche Gummiwarenfabrik, Franz Au & von der Halben, Gustav-Adolf-Straße 115, Berlin-Weißensee
1119	**RL3-41/50**	Rundschlauchdichtung für Schutzraumabschlüsse, 15 mm Außendurchmesser, Wanddicke 2 mm	Degufra - Deutsche Gummiwarenfabrik, Franz Au & von der Halben, Gustav-Adolf-Straße 115, Berlin-Weißensee
1120	**RL3-41/51**	LS-Verdunklungsvorrichtung, Faltvorhang aus Verdunklungspapier mit senkrechter Faltung, an waagerechten Tragdrähten, mit endlosem Schnurzug, für senkrechte Einzelfenster normaler Größe	Jakob Holler, Tapeziermeister, Ostendstraße 70, Frankfurt / M.
1121	**RL3-41/52**	LS-Verdunklungsvorrichtung, Faltvorhang aus Verdunklungspapier mit senkrechter Faltung, an waagerechten Tragdrähten, mit endlosem Schnurzug, für senkrechte Lichtbänder bis höchstens 100 Lux Beleuchtungsstärke an den Fenstern	Jakob Holler, Tapeziermeister, Ostendstraße 70, Frankfurt / M.
1122	**RL3-41/53**	LS-Verdunklungsvorrichtung, Faltvorhang aus Verdunklungspapier an Tragdrähten, mit endlosem Schnurzug, für waagerechte und geneigte Oberlichter mit höchstens 40 Lux Beleuchtungsstärke an den Fenstern	Jakob Holler, Tapeziermeister, Ostendstraße 70, Frankfurt / M.
1123	**RL3-41/54**	Schutzraumtür (einwandig, gassicher, aus 2,5 mm Stahlblech, mit Winkelstahlzarge)	Dietelgesellschaft mbH, Schwarzenbergplatz 8, Wien
1124	**RL3-41/55**	Schutzraumtür „C. T. 190" (gassicher, aus bewehrtem Spezialbeton, hergestellt im Rüttelverfahren, mit Winkelstahlzarge)	FORTIS GmbH, Händelallee 12, Berlin

Fachgruppe 3: Bauwesen / Tarnung / Verdunklung			
	Kenn-Nr.	**Beschreibung**	**Hersteller**
1125	**RL3-41/56**	Lüftungsklappe (einwandig, gasdicht, aus 2,5 mm Stahlblech)	Mauser KG, Marienstraße 28-30, Köln-Ehrenfeld
1126	**RL3-41/57**	LS-Verdunklungsvorrichtung „Voginja-Faltverdunkler", aus Verdunklungspapier mit durch die Falten hindurchgehendem Doppelschnurzug, für senkrechte Einzelfenster norm. Größe mit 40 Lux Höchstbeleuchtungsstärke	Otto Prägler, Tanna
1127	**RL3-41/58**	Rundschlauchdichtung für Schutzraumabschlüsse „Qualität L 5999", 15 mm Außendurchmesser, Wanddicke 2 mm	Thüringer Schlauchweberei und Gummiwerke AG, Waltershausen
1128	**RL3-41/59**	Rundschlauchdichtung für Schutzraumabschlüsse „Qualität G SS", 15 mm Außendurchmesser, Wanddicke 2 mm	Hessische Gummiwarenfabrik Fritz Peter AG, Klein Auheim bei Hanau
1129	**RL3-41/60**	Rundschlauchdichtung für Schutzraumabschlüsse „Qualität B 601", 15 mm Außendurchmesser, Wanddicke 2 mm	Gummiwarenfabrik Hutchinson, Industriehafen, Mannheim
1130	**RL3-41/61**	Rundschlauchdichtung für Schutzraumabschlüsse „Qualität 8511", 15 mm Außendurchmesser, Wanddicke 1,5 mm	C. Müller, Gummiwarenfabrik AG, Belforter Straße 23-30, Berlin-Weißensee
1131	**RL3-41/63**	Luftschutzzelle aus Eisenbeton, hergestellt im Rüttelverfahren	Dyckerhoff & Widmann KG, Dresdener Straße 40, Cossebaude
1132	**RL3-41/64**	Schutzraumtür (einwandig, gassicher, aus 2,5 mm Stahlblech, mit Winkelstahlzarge)	Gustav Seifferlein, Eisenkonstruktionen, Nürnberg
1133	**RL3-41/65**	Rundschlauchdichtung für Schutzraumabschlüsse „Qualität Erista", 15 mm Außendurchmesser, Wanddicke 2 mm	Fr. M. Daubitz Gummiwerke, Köpenicker Straße 91-95, Berlin-Rudow
1134	**RL3-41/66**	Rundschlauchdichtung für Schutzraumabschlüsse „Qualität 6461", 15 mm Außendurchmesser, Wanddicke 2 mm	Semperit, Österreichisch-Amerikanische Gummiwerke, Friedrichstraße 46, Berlin

Fachgruppe 3: Bauwesen / Tarnung / Verdunklung			
	Kenn-Nr.	**Beschreibung**	**Hersteller**
1135	**RL3-41/67**	Rundschlauchdichtung für Schutzraumabschlüsse „Qualität 2402 A", 15 mm Außendurchmesser, Wanddicke 2 mm	Vereinigte Gothania-Werke AG, Hanfschlauch- und Gummiwarenfabriken, Gotha
1136	**RL3-41/69**	LS-Verdunklungsvorrichtung, gekuppelte Zugrollhänge, mit Einzel- oder Gruppenbetätigung und Gegengewichten	Verlagsdruckerei Merkur, Neanderstraße 4, Berlin-Lichtenrade
1137	**RL3-41/70**	LS-Verdunklungsvorrichtung, Faltvorhang aus Verdunklungspapier an Tragdrähten, mit Einzel- oder Gruppenbetätigung, bis max. 100 Lux Beleuchtungsstärke	Hans Honold, Jahnstraße 77, Leipzig
1138	**RL3-41/71**	LS-Verdunklungsvorrichtung, Schalvorhang, ein- oder zweiteilig, mit Einzel- oder Gruppenbetätigung	Sengmüller & Sohn, Rolladenfabrik, Buttermelcherstraße 11, München
1139	**RL3-41/72**	LS-Verdunklungsvorrichtung, Faltvorhang aus Verdunklungspapier an Tragdrähten, mit Einzel- oder Gruppenbetätigung	Sengmüller & Sohn, Rolladenfabrik, Buttermelcherstraße 11, München
1140	**RL3-41/73**	LS-Verdunklungsvorrichtung, Rollvorhang, mit Einzel- oder Gruppenbetätigung, mit seitlichen Führungsschienen	Sengmüller & Sohn, Rolladenfabrik, Buttermelcherstraße 11, München
1141	**RL3-41/74**	LS-Verdunklungsvorrichtung, Rollvorhang mit Kettenantrieb und Federwelle	Sengmüller & Sohn, Rolladenfabrik, Buttermelcherstraße 11, München
1142	**RL3-41/75**	LS-Verdunklungsvorrichtung „Cobra", Selbstrollvorhang, 1,50 m breit, für senkrechte Einzelfenster mit höchstens 1,2 m lichter Breite und 2,5 m lichter Höhe	Bertold Schroll, Fabrik für Metallverarbeitung, Manteuffelstraße 18, Berlin-Tempelhof
1143	**RL3-41/76**	Luftschutz-Richtleuchten-Einsatzblende Type „HS" für vorhandene Hänge- und Aufsatz-Gasleuchten mit einer Kennung gemäß Klasse I	Rechlaternen, Herstellungs- u. Vertriebs-KG, Brabanter Straße 13, Köln
1144	**RL3-41/78**	Schutzraumtür (einwandig, gassicher, aus 2,5 mm Stahlblech mit Winkelstahlzarge)	Bruno Albus, Albus Stahltürenwerk, Glückaufstraße 52, Dortmund

Fachgruppe 3: Bauwesen / Tarnung / Verdunklung			
	Kenn-Nr.	**Beschreibung**	**Hersteller**
1145	**RL3-41/79**	LS-Verdunklungspapier Anfertigungs-Nr. 39045, Gütegruppe I, schwarz, 156 g/m²	Guggenbacher Papier- und Zellstoff-Fabriken Dr. Adolf Sandner, Hansenstraße 4, Wien
1146	**RL3-41/80**	Rundschlauchdichtung für Schutzraumabschlüsse „Qualität B 4119 dunkel", 15 mm Außendurchmesser, Wanddicke 2 mm	Gottfried Hagen AG, Köln-Kalk
1147	**RL3-41/81**	Rundschlauchdichtung für Schutzraumabschlüsse „Qualität K 160 grau", 15 mm Außendurchmesser, Wanddicke 2 mm	Gottfried Hagen AG, Köln-Kalk
1148	**RL3-41/82**	Rundschlauchdichtung für Schutzraumabschlüsse „Qualität L 50", 15 mm Außendurchmesser, Wanddicke 2 mm	Gummiwarenfabrik Bromberg der Ostland-Werke GmbH, Thorner Straße 155, Bromberg
1149	**RL3-41/83**	LS-Verdunklungspapier Anfertigungs-Nr. 1, Gütegruppe I, beiderseits schwarz, 163 g/m²	Papierfabrik Rennersdorf, Wien
1150	**RL3-41/84**	Lüftungsklappe (einwandig, gassicher, aus 3 mm Stahlblech, mit elastischer Winkelprofildichtung)	Dietelgesellschaft mbH, Schwarzenbergplatz 8, Wien
1151	**RL3-41/85**	Lüftungsklappe (einwandig, gassicher, aus 3 mm Stahlblech, mit Rundschlauchdichtung)	Dietelgesellschaft mbH, Schwarzenbergplatz 8, Wien
1152	**RL3-41/86**	Schutzraumtür „Akron" (gassicher, aus 25 mm „Akronplatte", beiderseits belegt mit einer Spezialmasse in umlaufender Rahmenleiste aus Holz mit Holzzarge)	M. Heyn, Akron-Platten-Hamburg, Ahrensburger Straße 121, Hamburg-Wandsbek
1153	**RL3-41/87**	LS-Verdunklungsstoff „Qualität Z/2", Gütegruppe I, Zellwolle- Kunstseide- Reißspinnstoffgewebe, Köperbindung, schwarz gefärbt, gerauht, 485 g/m²	Emil Heidel, Mechanische Weberei, Hohenstein-Ernstthal
1154	**RL3-41/88**	Luftschutz-Blaulicht-Glühlampe (0,02 - 0,08 Hlm), 12 Watt	Julius Pintsch KG, Glühlampenfabrik Andreasstraße 70/73, Berlin
1155	**RL3-41/89**	Luftschutz-Blaulicht-Glühlampe (0,04 - 0,12 Hlm), 12 Watt	Julius Pintsch KG, Glühlampenfabrik Andreasstraße 70/73, Berlin

Fachgruppe 3: Bauwesen / Tarnung / Verdunklung			
	Kenn-Nr.	**Beschreibung**	**Hersteller**
1156	**RL3-41/90**	Luftschutz-Blaulicht-Glühlampe (0,02 - 0,08 Hlm), 19 Watt	Julius Pintsch KG, Glühlampenfabrik Andreasstraße 70/73, Berlin
1157	**RL3-41/91**	Luftschutz-Blaulicht-Glühlampe (0,04 - 0,12 Hlm), 19 Watt	Julius Pintsch KG, Glühlampenfabrik Andreasstraße 70/73, Berlin
1158	**RL3-41/92**	Luftschutz-Blaulicht-Glühlampe (0,04 - 0,12 Hlm), 20 Watt	Osram GmbH, Ehrenbergstraße 11/14, Berlin
1159	**RL3-41/93**	LS-Verdunklungsstoff Kunstleder „Dufix“, Gütegruppe I, Zellwollgewebe, Leinenbindung, schwarz/-schwarz, 398 g/m²	Richard Holtkott, Wiener Linoleum- und Wachstuchwerke Renngasse 13, Wien
1160	**RL3-41/94**	LS-Verdunklungsstoff Nr. 1650, Gütegruppe II, Zellwoll- Reißbaumwollgewebe, Köperbindung, schwarz gefärbt, gerauht, 415 g/m²	Hecking, Baumwoll-Buntspinnerei und Weberei, Neuenkirchen bei Rheine
1161	**RL3-41/95**	Lüftungsklappe (einwandig, gassicher, aus 2,5 mm Stahlblech, mit Stahlblechzarge)	Essener Metallwerkstätten L. Leiner GmbH, Essen
1162	**RL3-41/96**	Schutzraumtür (gassicher, trümmersicher, aus zwei 3 mm dicken zu einem Hohlkörper vereinigten Stahlblechen aus St52, ausgefüllt mit bewehrtem Beton, mit Profilstahlzarge)	Preußische Bergwerks- und Hütten-AG, Zweigniederlassung Rüdersdorf, Rüdersdorf
1163	**RL3-41/97**	Luftschutz-Blaulicht-Glühlampe "Elix" (0,04 - 0,12 Hlm), 14 Watt gemäß Klasse I/3 bl	Allgemeine Glühlampenfabriks-AG, Museumstraße 4, Wien
1164	**RL3-41/98**	K-Scheinwerfer (220 Volt, 40 Watt, zur Beleuchtung von Arbeitsstellen)	Nova-Technik GmbH (Notek), Freimannerstraße 227, München
1165	**RL3-41/100**	Luftschutz-Blaulicht-Glühlampe (0,02 - 0,08 Hlm), 16 Watt, 220 Volt	Johann Kremenezky AG, Elektrische Glühlampenfabriken, Dresdner Straße 57, Wien
1166	**RL3-41/103**	Luftschutz-Glühlampe	Radium Elektrizitäts-GmbH, Wipperfürth
1167	**RL3-41/104**	Luftschutz-Glühlampe	Radium Elektrizitäts-GmbH, Wipperfürth
1168	**RL3-41/105**	Luftschutz-Blaulicht-Glühampe (0,02 - 0,08 Hlm), 18 Watt, gemäß Klasse I/2 bl	Osram GmbH, Ehrenbergstraße 11/14, Berlin

Fachgruppe 3: Bauwesen / Tarnung / Verdunklung			
	Kenn-Nr.	**Beschreibung**	**Hersteller**
1169	**RL3-41/109**	LS-Verdunklungsvorrichtung „Luba-Schnürharmonika Nr. 9", Faltverdunkler aus Verdunklungspapier, mit seitlichem Schnurzug für senkrechte Einzelfenster normaler Größe	Gertrud Lemke, Henschestraße 11, Königsberg
1170	**RL3-41/110**	LS-Verdunklungsvorrichtung „Luba-Schnürharmonika Nr. 9", Faltverdunkler aus Verdunklungspapier, mit seitlichem Schnurzug für senkrechte Einzelfenster normaler Größe	Hans Meltz, Jopengasse 50, Danzig
1171	**RL3-41/111**	LS-Verdunklungsvorrichtung „Luba-Schnürharmonika Nr. 9", Faltverdunkler aus Verdunklungspapier, mit seitlichem Schnurzug für senkrechte Einzelfenster normaler Größe	Carl Gröger, Kurfürstenstraße 172, Berlin
1172	**RL3-41/112**	LS-Verdunklungsvorrichtung „Luba-Schnürharmonika Nr. 9", Faltverdunkler aus Verdunklungspapier, mit seitlichem Schnurzug für senkrechte Einzelfenster normaler Größe	Dr.-Ing. Otto Wertheimer, Reflex-Vertrieb, Elsasser Straße 17, Breslau
1173	**RL3-41/113**	LS-Verdunklungsvorrichtung „Luba-Schnürharmonika Nr. 9", Faltverdunkler aus Verdunklungspapier, mit seitlichem Schnurzug für senkrechte Einzelfenster normaler Größe	Walch & v. Hörmann, Annastraße 14, Augsburg
1174	**RL3-41/114**	LS-Verdunklungsvorrichtung „Luba-Schnürharmonika Nr. 9", Faltverdunkler aus Verdunklungspapier, mit seitlichem Schnurzug für senkrechte Einzelfenster normaler Größe	Fr. J. Reutzel, Zeil 69, Frankfurt / M.
1175	**RL3-41/115**	Rundschlauchdichtung für Schutzraumabschlüsse „Qualität SRDU", 15 mm Außendurchmesser, Wanddicke 2 mm	Metzeler Gummiwerke AG, Trappentreustraße, München
1176	**RL3-41/116**	Luftschutzzelle aus Schleuderbetonrohren	Preußag-Züblin-Schleuderbetonrohr GmbH, Schönebeck / Elbe
1177	**RL3-41/117**	Abdichtung für Warmrohrleitungen in Luftschutzräumen, gassicher	Herres Vertriebs- und Baugesellschaft für Isoliermaterialien GmbH, Martin-Luther-Straße 26, Berlin-Schöneberg

Fachgruppe 3: Bauwesen / Tarnung / Verdunklung			
	Kenn-Nr.	**Beschreibung**	**Hersteller**
1178	**RL3-41/118**	LS-Verdunklungsvorrichtung „Luba-Schnürharmonika Nr. 9", Faltverdunkler aus Verdunklungspapier, mit seitlichem Schnurzug für senkrechte Einzelfenster normaler Größe	Gerd Ramm, Mittelstraße 29, Berlin
1179	**RL3-41/119**	LS-Verdunklungsstoff KZ, Güteklasse Ib, Zellwolle-Baumwollegewebe, Köperbindung, schwarz gefärbt, 334 g/m²	Eduard Funck, Mechanische Weberei, Mönchen-Gladbach
1180	**RL3-41/120**	LS-Verdunklungsstoff Nr. 793/50/-5022, Gütegruppe I, Zellwolle- Reißspinnstoffgewebe, schwarz gefärbt, gerauht, 348 g/m²	C. E. Baumgärtel & Sohn, Lengenfeld
1181	**RL3-41/124**	LS-Verdunklungsvorrichtung, Schalvorhang, ein- oder zweilschalig, mit Einzel- oder Gruppenbetätigung	Max Wittmann, Ludendorffstraße 13, Coburg
1182	**RL3-41/125**	LS-Verdunklungsvorrichtung, Faltvorhang aus Verdunklungsstoff an Tragdrähten, mit Einzel- oder Gruppenbetätigung	Max Wittmann, Ludendorffstraße 13, Coburg
1183	**RL3-41/126**	LS-Verdunklungsvorrichtung, Schalvorhang, zweiteilig, mit Einzel- oder Gruppenbetätigung	Teppich Schwabe KG, Ellerntorsbrücke, Hamburg
1184	**RL3-41/127**	LS-Verdunklungspapier Nr. 7675/-Abg., Güteklasse III, beiderseits grün, einseitig geglättet, 140 g/m²	Aschaffenburger Zellstoffwerke AG, Hauptverwaltung Kurfürstenstraße 114, Berlin
1185	**RL3-41/128**	LS-Verdunklungspapier Nr. 7642/Re, Güteklasse III, beiderseits grün, einseitig geglättet, 160 g/m²	Aschaffenburger Zellstoffwerke AG, Hauptverwaltung Kurfürstenstraße 114, Berlin
1186	**RL3-41/129**	LS-Verdunklungspapier Nr. 7748/Mie, Güteklasse III, beiderseits grün, 158 g/m²	Aschaffenburger Zellstoffwerke AG, Hauptverwaltung Kurfürstenstraße 114, Berlin
1187	**RL3-41/130**	Luftschutzzelle „Bauart Lang" aus Eisenbeton	Josef Lang, Betonwerk, Berliner Straße 17, Berlin-Wilmersdorf
1188	**RL3-41/131**	LS-Verdunklungsstoff 7365a, Güteklasse Ia, Zellwolle- Reißbaumwollgewebe, schwarz gefärbt, gerauht, 493 g/m²	J. G. Klippel AG, Neugersdorf / Sachsen

Fachgruppe 3: Bauwesen / Tarnung / Verdunklung			
	Kenn-Nr.	**Beschreibung**	**Hersteller**
1189	**RL3-41/132**	LS-Verdunklungsvorrichtung „Luba-Schnürharmonika Nr.9", Faltverdunkler aus Verdunklungspapier, mit seitlichem Schnurzug	Louis Willig, Kornstraße 113, Bremen
1190	**RL3-41/134**	Verdunklungsgerät „Pronto I/s Bl", Lichtaustrittsöffnung von 70 mm Durchmesser mit Filter aus Trübglas Klasse Ia nach DIN 5036, sowie Blaufilter Nr. 2496/a und verstellbarer Lichtschürze, für 15 Watt-Glühlampen	Pront und Renard KG, Remscheider Straße 1, Düsseldorf
1191	**RL3-41/136**	Schutzraumtür (zweiflüglig, gassicher, aus 16 mm Bauplatten, beiderseits belegt mit 5 mm Hartfaserplatten, in umlaifendem U-Stahlrahmen mit Winkelzarge)	August Hörmann & Sohn, Zastrowstraße 28, Bielefeld
1192	**RL3-41/137**	Rundschlauchdichtung für Schutzraumabschlüsse „Qualität 215 dunkel", 15 mm Außendurchmesser, Wanddicke 2 mm	Rheinische Gummi- und Celluloid-Fabrik, Mannheim-Neckarau
1193	**RL3-41/138**	LS-Verdunklungsvorrichtung, Rollhänge auf Tragdrähten, mit Einzel oder Gruppenbetätigung	Willi Henze, Rollovertrieb, Seilerstraße 45, Hamburg
1194	**RL3-41/142**	LS-Verdunklungsstoff, Güteklasse Ia, Papiergarn- Baumwoll- Zellwollgewebe, schwarz gefärbt, gerauht, 530 g/m²	Robert Sinkwitz, Mech. Weberei, Ebersbach
1195	**RL3-41/143**	Schutzraumtür (gassicher, aus 32 mm dickem, dreilagigen Holzkern, beiderseits belegt mit 4 mm Sperrholzplatte, mit Holzzarge)	Peter Gerdes, Nordseestraße 16/18, Wilhelmshaven
1196	**RL3-41/144**	Schutzraumblende (gassicher, aus 32 mm dickem, dreilagigen Holzkern, beiderseits belegt mit 4 mm Sperrholzplatte, mit Holzzarge)	Peter Gerdes, Nordseestraße 16/18, Wilhelmshaven
1197	**RL3-41/145**	LS-Verdunklungspapier für einfache Fensterblenden unter 3 m² Größe, Güteklasse III, maschinenglatt, dunkelgrün, 150 g/m²	Papierfabrik Großenhain AG, Großenhain

Fachgruppe 3: Bauwesen / Tarnung / Verdunklung			
	Kenn-Nr.	**Beschreibung**	**Hersteller**
1198	**RL3-41/146**	LS-Verdunklungspapier für einfache Fensterblenden unter 3 m^2 Größe, Güteklasse III, maschinenglatt, schwarz, 140 g/m^2	Papierfabrik Großenhain AG, Großenhain
1199	**RL3-41/147**	Lüftungsklappe (einwandig, gassicher, aus 2,5 mm Stahlblech mit Stahlblechzarge)	Mauser KG, Marienstraße 28-30, Köln-Ehrenfeld
1200	**RL3-41/148**	Lüftungsklappe (einwandig, gassicher, aus 2,5 mm Stahlblech mit Stahlblechzarge)	Walter Schönemann KG, Böckmannstraße 37, Hamburg
1201	**RL3-41/149J**	LS-Verdunklungsstoff „Qualität P/24", Güteklasse Ia, Papiergarn-Baumwoll- Zellwollgewebe, schwarz gefärbt, einseitig gerauht, 522 g/m^2	Emil Heidel, Mechanische Weberei, Hohenstein-Ernstthal
1202	**RL3-41/150**	Luftschutz-Blaulicht-Glühlampe (0,04 - 0,12 Hlm), etwa 15 Watt	Wilhelm Kampf, Sophienallee 12, Hamburg
1203	**RL3-41/151**	LS-Verdunklungspapier für Rollvorhänge, Güteklasse II, grün/schwarz, 155 g/m^2	Friedrich Erfurt & Sohn GmbH, Papierfabrik, Wuppertal-Beyenburg
1204	**RL3-41/152**	LS-Verdunklungspapier für einfache Verdunklungsblenden unter 3 m^2 Größe, Güteklasse III, dunkelgrün, 160 g/m^2	Friedrich Erfurt & Sohn GmbH, Papierfabrik, Wuppertal-Beyenburg
1205	**RL3-41/153J**	LS-Verdunklungsstoff „Qualität P 24 I F" für Schal- und Faltvorhänge, Güteklasse Ia, Papiergarn- Baumwolle- Zellwollgewebe, schwarz gefärbt, gerauht, 504 g/m^2	Albert Seeland, Weberei, Buchholz / Sachsen
1206	**RL3-41/154**	LS-Verdunklungsstoff „Qualität P 5" für Schal- und Faltvorhänge, Güteklasse Ib, Papiergarn- Baumwolle-Zellwollgewebe, schwarz gefärbt, gerauht, 449 g/m^2	A. L. Günther, Mechanische Weberei, Lichtenstein / Sachsen
1207	**RL3-41/155**	LS-Verdunklungsstoff für Schal- und Faltvorhänge, Güteklasse Ia, Papiergarn- Baumwolle- Zellwollgewebe, schwarz gefärbt, gerauht, 550 g/m^2	Johannes Uhlig, Reichenbach

Fachgruppe 3: Bauwesen / Tarnung / Verdunklung			
	Kenn-Nr.	**Beschreibung**	**Hersteller**
1208	**RL3-41/156**	LS-Verdunklungspapier für einfache Verdunklungsblenden unter 3 m² Größe, Güteklasse III, schwarz, 155 g/m²	C. Stoltze, Papierfabrik, Herrenmühle / Großwusterwitz
1209	**RL3-41/157**	LS-Verdunklungspapier Nr. 26941 für einfache Verdunklungsblenden unter 3 m² Größe, Güteklasse III, maschinenglatt, grauschwarz, 160 g/m²	Jagenberg & Cie., Solinger Papierfabrik, Solingen
1210	**RL3-41/158J**	LS-Verdunklungsstoff „Qualität P24 I F", Güteklasse Ia, Papiergarn-Baumwoll- Zellwollgewebe, schwarz gefärbt, einseitig gerauht, 504 g/m²	Albert Seeland, Weberei, Buchholz / Sachsen
1211	**RL3-41/159**	LS-Verdunklungspapier für einfache Verdunklungsblenden unter 3 m² Größe, Güteklasse III, schwarz, gekreppt, 240 g/m²	Cellulosefabrik Alzenau, Alzenau
1212	**RL3-41/160**	LS-Verdunklungspapier für Roll- und Faltvorhänge, Güteklasse II, maschinenglatt, schwarz, 150 g/m²	Lenzinger Zellwolle- und Papierfabrik AG, Lenzing-Agerzell
1213	**RL3-41/161**	LS-Verdunklungspapier für einfache Verdunklungsblenden unter 3 m² Größe, Güteklasse III, grün, gekreppt, 270 g/m²	Papierfabrik Noldensmühle, Plaidt
1214	**RL3-41/162**	LS-Verdunklungspapier Komm. 52326 W für Rollvorhänge, Güteklasse II, grün, gekreppt, 250 g/m²	Schlesische Cellulose- und Papierfabriken Ewald Schoeller & Co., Hirschberg-Cunnersdorf
1215	**RL3-41/163**	LS-Verdunklungspapier Komm. 52098 S für einfache Verdunklungsblenden unter 3 m² Größe, Güteklasse III, schwarz, gekreppt, 225 g/m²	Schlesische Cellulose- und Papierfabriken Ewald Schoeller & Co., Hirschberg-Cunnersdorf
1216	**RL3-41/164**	LS-Verdunklungspapier Komm. 52125 S für einfache Verdunklungsblenden unter 3 m² Größe, Güteklasse III, schwarz, gekreppt, 200 g/m²	Schlesische Cellulose- und Papierfabriken Ewald Schoeller & Co., Hirschberg-Cunnersdorf

Fachgruppe 3: Bauwesen / Tarnung / Verdunklung			
	Kenn-Nr.	**Beschreibung**	**Hersteller**
1217	**RL3-41/165**	LS-Verdunklungsstoff Qualität Nr 1815 für Schal- und Faltvorhänge, Güteklasse II, Zellwoll- Baumwollgewebe, Köperbindung, schwarz gefärbt, 410 g/m²	Rheinische Textilfabriken AG Neumann & Meyer, Wuppertal-Elberfeld
1218	**RL3-41/166J**	LS-Verdunklungsstoff „Qualität P 510", Güteklasse Ia, Papiergarn-Baumwoll- Zellwollgewebe, Atlasbindung, schwarz gefärbt, einseitig gerauht, 503 g/m²	C. F. Jäckel, Hohenstein-Ernstthal
1219	**RL3-41/167J**	LS-Verdunklungsstoff „Qualität V.P. 529", Güteklasse Ia, Papiergarn-Baumwoll- Zellwollgewebe, schwarz gefärbt, einseitig gerauht, 477 g/m²	Kurt Uhlemann, Eisenbahnstraße 70, Reichenbach
1220	**RL3-41/168**	LS-Verdunklungspapier „Hydrocin" für Roll- und Faltvorhänge, Güteklasse Ia, schwarz, 200 g/m²	Papierfabrik August Köhler AG, Oberkirch
1221	**RL3-41/169**	LS-Verdunklungspapier Nr. OL 3602 für Roll- und Faltvorhänge, Güteklasse II, dunkelgrün, 150 g/m²	Zellstoffabrik Waldhof, Taubenstraße 42, Berlin
1222	**RL3-41/170**	LS-Verdunklungspapier P 827/4 A 11 für Rollvorhänge, Güteklasse II, schwarz, 160 g/m²	Zellstoffabrik Waldhof, Taubenstraße 42, Berlin
1223	**RL3-41/171**	Schutzraumtür (einwandig, gassicher, aus 28 mm Bauplatte mit umlaufendem U-Stahlrahmen, mit Winkelstahlzarge)	Jos. Bauer und Söhne, Fabrik für Eisenkonstruktionen, Grabenstraße 96a, Essen-Stoppenberg
1224	**RL3-41/172**	Lüftungsklappe (einwandig, gassicher, aus 2,5 mm Stahlblech mit Winkelstahlzarge)	Karl Groneberg, Feineisen- und Metallbau, Eitelstraße 9-15, Berlin-Lichtenberg
1225	**RL3-41/173**	LS-Verdunklungsvorrichtung „Minerva-Verdunklungs-Innenjalousie"	Albert Koch, Crottendorfer Straße 11, Leipzig
1226	**RL3-42/1**	LS-Verdunklungsstoff, Güteklasse Ia, beiderseits grün, 392 g/m²	Hugo Burkert, Birkigt / Sudeten
1227	**RL3-42/2**	LS-Verdunklungsstoff, Güteklasse III, schwarz/grün, 290 g/m²	Hugo Burkert, Birkigt / Sudeten

Fachgruppe 3: Bauwesen / Tarnung / Verdunklung			
	Kenn-Nr.	**Beschreibung**	**Hersteller**
1228	**RL3-42/3**	Rundschlauchdichtung „Qualität Optimit spezial" für Schutzraumabschlüsse, 15mm Außendurchmesser, Wanddicke 2 mm	Optimit Gummi- Kabel- und Textilwerke AG, Obrau / Sudeten
1229	**RL3-42/4S**	LS-Verdunklungsstoff "Qualität W P 9" für Rollhänge, Güteklasse Ia, Nitrokunstleder auf Zellwollbasis, einseitig gestrichen, grau-grün, 496 g/m²	Dermatoid-Werke Paul Meißner, Eilenburg
1230	**RL3-42/5**	LS-Verdunklungsstoff, Güteklasse Ib, Papiergarn- Baumwoll- Zellwollgewebe, schwarz gefärbt, einseitig gerauht, 505 g/m²	F. A. Hendel, Möbelstoffweberei, Roßbach (Sudentenland)
1231	**RL3-42/6J**	LS-Verdunklungsstoff, Güteklasse Ib, Papiergarn- Baumwoll- Zellwollgewebe, schwarz gefärbt, einseitig gerauht, 505 g/m²	F. A. Hendel, Möbelstoffweberei, Roßbach (Sudentenland)
1232	**RL3-42/7**	Lüftungsklappe (einwandig, gassicher, aus 2,5 mm Stahlblech, mit Stahlblechzarge)	Mauser KG, Marienstraße 28-30, Köln-Ehrenfeld
1233	**RL3-42/8**	LS-Verdunklungspapier für einfache Verdunklungsblenden unter 3 m² Größe, Güteklasse III, Verdunklungskreppapier I, schwarz/grün, 254 g/m²	Ettlingen-Maxau Papier- und Zellstoffwerke, Ettlingen
1234	**RL3-42/9**	LS-Verdunklungspapier für einfache Verdunklungsblenden unter 3 m² Größe, Güteklasse III, Verdunklungskreppapier III, schwarz/grün, 299 g/m²	Ettlingen-Maxau Papier- und Zellstoffwerke, Ettlingen
1235	**RL3-42/10**	Rundschlauchdichtung für Schutzraumabschlüsse „Qualität CB 5259 schwarz", 15 mm Außendurchmesser, 2 mm Wanddicke	Dynamit AG vorm. Nobel & Co., Troisdorf
1236	**RL3-42/11**	Rundschlauchdichtung für Schutzraumabschlüsse "Qualität CB 5264 schwarz", 15 mm Außendurchmesser, 2 mm Wanddicke	Dynamit AG vorm. Nobel & Co., Troisdorf

Fachgruppe 3: Bauwesen / Tarnung / Verdunklung			
	Kenn-Nr.	**Beschreibung**	**Hersteller**
1237	**RL3-42/12**	LS-Verdunklungsstoff Nr. 7418, Güteklasse Ib, Papiergarn- Reißbaumwollgewebe, Köperbindung, schwarz gefärbt, 520 g/m²	J. G. Klippel AG, Neugersdorf / Sachsen
1238	**RL3-42/13S**	LS-Verdunklungskunststoff „Stox-Ultra-Folie R" für Rollvorhänge, Güteklasse Ia, Kunststoff ohne Gewebeeinlage, schwarz/weiß, 361 g/m²	Dr. Paul Stock GmbH, Starnberg-München
1239	**RL3-42/14J**	LS-Verdunklungsstoff für Schal- und Faltvorhänge, Güteklasse Ia, Papiergarn-Bigognegarngewebe, Atlasbindung, schwarz gefärbt, einseitig gerauht, 499 g/m²	J. G. Böttger, Hohenstein-Ernstthal
1240	**RL3-42/15**	LS-Verdunklungspapier „Hydrocin", Güteklasse Ia, grün, 210 g/m²	Papierfabrik August Köhler AG, Oberkirch
1241	**RL3-42/16J**	LS-Verdunklungsstoff „Qualität P", Güteklasse Ia, Papiergarn- Baumwoll- Zellwollgewebe, schwarz gefärbt, einseitig gerauht, 520 g/m²	L. Menckhoff & Co., Mönchen-Gladbach
1242	**RL3-42/17**	LS-Verdunklungsstoff „Korea", Güteklasse II, Baumwoll- Zellwollgewebe, schwarz gefärbt, gerauht, 440 g/m²	L. Menckhoff & Co., Mönchen-Gladbach
1243	**RL3-42/18J**	LS-Verdunklungsstoff „Qualität P 120", Güteklasse Ib, Papiergarn-Baumwoll- Zellwollgewebe, schwarz gefärbt, einseitig gerauht, 508 g/m²	Robert Pfefferkorn, Hohenstein-Ernstthal
1244	**RL3-42/19J**	LS-Verdunklungsstoff „Qualität P 5 M Sch", Güteklasse Ia, Papiergarn-Baumwoll- Zellwollgewebe, schwarz gefärbt, einseitig gerauht, 518 g/m²	A. L. Günther, Mechanische Weberei, Lichtenstein / Sachsen
1245	**RL3-42/20J**	LS-Verdunklungsstoff, Güteklasse Ia, Papiergarn- Baumwoll- Zellwollgewebe, Atlasbindung, schwarz gefärbt, einseitig gerauht, 527 g/m²	Paul Löffler, Mechanische Weberei, Hohenstein-Ernstthal

Fachgruppe 3: Bauwesen / Tarnung / Verdunklung			
	Kenn-Nr.	**Beschreibung**	**Hersteller**
1246	**RL3-42/21J**	LS-Verdunklungspapier, Duplex grün/schwarz, Güteklasse II, 170 g/m²	Niedergrunder Papier- und Pappenfabrik Anton Wähner, Niedergrund / Sudeten
1247	**RL3-42/22J**	LS-Verdunklungsstoff „Qualität P V", Güteklasse Ib, Papiergarn-Baumwoll- Zellwollgewebe, schwarz gefärbt, einseitig gerauht, 542 g/m²	Irdel, Rebling & Jähnig, Chemnitz
1248	**RL3-42/23J**	LS-Verdunklungsstoff, Güteklasse Ia, Papiergarn- Bigognegarngewebe, schwarz gefärbt, einseitig gerauht, 538 g/m²	Robert Müller, Lichtenstein / Sachsen
1249	**RL3-42/24J**	LS-Verdunklungsstoff „Qualität D 600", Güteklasse Ia, Papiergarn-Baumwoll- Zellwollgewebe, schwarz gefärbt, einseitig gerauht, 526 g/m²	Max Behrends, Hohenstein-Ernstthal
1250	**RL3-42/25J**	LS-Verdunklungsstoff „Qualität Nr. 15", Güteklasse Ia, Papiergarn-Baumwoll- Zellwollgewebe, schwarz gefärbt, einseitig gerauht, 544 g/m²	J. F. W. Berger, Lichtenstein / Sachsen
1251	**RL3-42/26J**	LS-Verdunklungsstoff, Güteklasse Ia, Papiergarn- Baumwoll- Zellwoll-gewebe, schwarz gefärbt, einseitig gerauht, 489 g/m²	Eduard Kurz, Selferitz-Meerane
1252	**RL3-42/27**	LS-Verdunklungspapier für einfache Verdunklungsblenden unter 3 m² Größe, Güteklasse III, mittelglatt, grün, 154 g/m²	Lenzinger Zellwolle- und Papierfabrik AG, Lenzing-Agerzell
1253	**RL3-42/28**	LS-Verdunklungspapier, Güteklasse Ia, schwarz, 130 g/m²	J. Tönnesmann & Vogel, Schillerstraße 65, Essen
1254	**RL3-42/29J**	LS-Verdunklungsstoff „Qualität 1201", Güteklasse Ib, Papiergarn-Baumwoll- Zellwollgewebe, schwarz gefärbt, einseitig gerauht, 510 g/m²	H. Schoepf, Mechanische Weberei, Stammbach

Fachgruppe 3: Bauwesen / Tarnung / Verdunklung			
	Kenn-Nr.	Beschreibung	Hersteller
1255	RL3-42/30J	LS-Verdunklungsstoff, Güteklasse Ia, Papiergarn- Baumwoll- Zellwollgewebe, schwarz gefärbt, einseitig gerauht, 524 g/m²	Gebr. Himmelreich, Mechanische Weberei, Hohenstein-Ernstthal
1256	RL3-42/31	LS-Verdunklungspapier, Güteklasse II, beiderseits grün, 192 g/m²	Friedrich Erfurt & Sohn GmbH, Papierfabrik, Wuppertal-Beyenburg
1257	RL3-42/32	LS-Verdunklungspapier für Roll- und Faltvorhänge, Güteklasse II, Natronkreppack Nr. 15714, N.P. I, beiderseits dunkelgrün, 200 g/m²	Papierfabrik Kappelrodeck, Richard Lenk, Kappelrodeck
1258	RL3-42/33J	LS-Verdunklungsstoff „T D", Güteklasse Ib, Papiergarn- Baumwoll- Zellwollgewebe, schwarz gefärbt, gerauht, 486 g/m²	Laurenz & Wilde, Teppich- und Möbelstoffabriken, Gera
1259	RL3-42/34	Verdunklungspapier Ul 1773/75 für einfache Verdunklungsblenden unter 3 m² Größe, Güteklasse III, einseitig glatt, dunkelgrün, 160 g/m²	Zellstoffabrik Waldhof, Taubenstraße 42, Berlin
1260	RL3-42/35	Verdunklungspapier Ul 1781/93 für Rollvorhänge, Güteklasse II, matt, einseitig glatt, dunkelgrün, 180 g/m²	Zellstoffabrik Waldhof, Taubenstraße 42, Berlin
1261	RL3-42/36J	LS-Verdunklungsstoff, Güteklasse Ia, Papiergarn- Baumwoll- Zellwollgewebe, schwarz gefärbt, einseitig gerauht, 560 g/m²	F. A. Kreissig & Sohn, Lichtenstein / Sachsen
1262	RL3-42/39	LS-Verdunklungspapier für Rollvorhänge und Blenden unter 3 m² Größe, Güteklasse III, Natronkreppack Nr. 3551, N.P. III, beiderseits dunkelgrün, 228 g/m²	Papierfabrik Kappelrodeck, Richard Lenk, Kappelrodeck
1263	RL3-42/41	Luftschutzkleinstzelle aus 15 cm dicken, bewehrten Kiesbetonplatten im Mischungsverhältnis 1:3, hergestellt im Rüttelverfahren	Dr.-Ing. Werner Scheibe, Böhmersweg 23, Hamburg
1264	RL3-42/42	Lüftungsklappe (einwandig, gassicher, aus 3 mm Stahlblech)	Johann Pflüger Söhne, Metallwarenfabrik, Trubenhausen

Fachgruppe 3: Bauwesen / Tarnung / Verdunklung			
	Kenn-Nr.	**Beschreibung**	**Hersteller**
1265	**RL3-42/42J**	LS-Verdunklungsstoff „Qualität Nr.7418", Güteklasse Ib, Papiergarn-Reißspinnstoffgewebe, schwarz gefärbt, einseitig gerauht, 520 g/m²	J. G. Klippel AG, Neugersdorf / Sachsen
1266	**RL3-42/43**	Luftschutzzelle aus Eisenbeton, hergestellt im Rüttelverfahren	Brenner & Co., Zementwarenfabrik, Sternstraße 95, Bonn
1267	**RL3-42/44**	Lüftungsklappe (einwandig, gassicher, ais 2,5 mm Stahlblech mit Stahlblechzarge)	Georg Gernhard, Eisenbauanstalt, Bad Godesberg
1268	**RL3-42/45**	Schutzraumtür (zweiflüglig, einwandig, gassicher, aus 2,5 mm Stahlblech mit Winkelstahlzarge)	Erwin Auert, Fabrik für Feineisenkonstruktionen, Franz-Joseph-Straße 9-11, Berlin-Weißensee
1269	**RL3-42/46**	Schutzraumblende (einwandig, gassicher, aus 2,5 mm Stahlblech mit Winkelstahlzarge)	Erwin Auert, Fabrik für Feineisenkonstruktionen, Franz-Joseph-Straße 9-11, Berlin-Weißensee
1270	**RL3-42/47**	Schutzraumtür (splittersicher, aus 150 mm bewehrtem Beton, hergestellt im Rüttelverfahren, mit Winkelstahlzarge	Dr.-Ing. Werner Scheibe, Böhmersweg 23, Hamburg
1271	**RL3-42/48**	Gasschutztür / Blende	Trube & Kings KG, Stahlbau, Sürth bei Köln
1272	**RL3-42/49**	Rundschlauchdichtung für Schutzraumabschlüsse „Qualität 324", 15 mm Außendurchmesser, Wanddicke 2 mm	Degufra - Deutsche Gummiwarenfabrik, Franz Au & von der Halben, Gustav-Adolf-Straße 115, Berlin-Weißensee
1273	**RL3-42/52**	Luftschutzzelle	Ernst Robert Grastorf, Hannover-Wülfel
1274	**RL3-42/53J**	LS-Verdunklungsstoff „Qualität V. S. 1", Güteklasse Ib, Papiergarn-Baumwoll- Zellwollgewebe, schwarz gefärbt, einseitig gerauht, 529 g/m²	Brunner & Kober, Lichtenstein / Sachsen
1275	**RL3-42/54J**	LS-Verdunklungsstoff „Qualität 2", Güteklasse Ia, Papiergarn-Reißspinnstoffgewebe, schwarz gefärbt, einseitig gerauht, 450 g/m²	Wilhelm Ende vorm. Wilhelm Jäckel, Hohenstein-Ernstthal

Fachgruppe 3: Bauwesen / Tarnung / Verdunklung			
	Kenn-Nr.	**Beschreibung**	**Hersteller**
1276	**RL3-42/55J**	LS-Verdunklungsstoff „Qualität 6135", Güteklasse Ib, Papiergarn-Reißspinnstoffgewebe, Atlasbindung, schwarz gefärbt, einseitig gerauht, 515 g/m²	C. A. Speer, Chemnitz
1277	**RL3-42/56JF**	LS-Verdunklungsstoff „Qualität V", Güteklasse Ia, Papiergarn-Reißspinnstoffgewebe, schwarz gefärbt, einseitig gerauht, 514 g/m²	Wilhelm Vogel, Hermann-Vogel-Straße 8/12, Chemnitz
1278	**RL3-42/57J**	LS-Verdunklungsstoff „Qualität Nr. 41", Güteklasse Ia, Papiergarn-Reißspinnstoffgewebe, schwarz gefärbt, einseitig gerauht, 470 g/m²	Patzelt & Böhm, Mechanische Weberei, Rumburg / Sudeten
1279	**RL3-42/58J**	LS-Verdunklungsstoff „Qualität 65", Güteklasse Ia, Papiergarn- Baumwoll- Zellwollgewebe, schwarz gefärbt, einseitig gerauht, 550 g/m²	Eduard Kornick, Chemnitz
1280	**RL3-42/59**	Schutzraumtür (gassicher, aus 2,5 mm Stahlblech, mit Winkelstahlzarge)	Fränkischer Maschinen- und Stahlbau Schuster und Schmidt, Schweinfurt
1281	**RL3-42/60**	Schutzraumtür (gassicher, aus 27 mm dickem Holzkern, beiderseits belegt mit 4 mm Holzfaserplatten, Holzzarge)	Essener Metallwerkstätten L. Leiner GmbH, Essen
1282	**RL3-42/61J**	LS-Verdunklungsstoff „Qualität Nr. 91", Güteklasse Ia, Papiergarn-Baumwoll- Zellwollgewebe, schwarz gefärbt, einseitig gerauht, 549 g/m²	Julius Pfeifer & Söhne, Rumburg / Sudeten
1283	**RL3-42/62J**	LS-Verdunklungsstoff „Qualität P", Güteklasse Ia, Papiergarn- Baumwoll- Zellwollgewebe, Atlasbindung, schwarz gefärbt, einseitig gerauht, 557 g/m²	O.B. Knorr, Mechanische Weberei, Chemnitz
1284	**RL3-42/65**	Elix Luftschutz-Blaulicht-Glühlampe, 20 W, 230 Volt, Klasse I/2 bl	Allgemeine Glühlampenfabriks-AG, Museumstraße 4, Wien
1285	**RL3-42/66**	Elix Luftschutz-Blaulicht-Glühlampe, 20 W, 230 Volt, Klasse I/3 bl	Allgemeine Glühlampenfabriks-AG, Museumstraße 4, Wien

Fachgruppe 3: Bauwesen / Tarnung / Verdunklung			
	Kenn-Nr.	**Beschreibung**	**Hersteller**
1286	**RL3-42/67J**	LS-Verdunklungsstoff „Qualität W", für Schal- und Faltvorhänge, Güteklasse Ib, schwarz gefärbt, einseitig gerauht, 516 g/m^2	Mechanische Plüschweberei GmbH, Hainichen
1287	**RL3-42/68**	LS-Verdunklungsvorrichtung „Luba-Schnürharmonika Nr.9", aus Verdunklungspapier, mit seitlichem Schnurzug	Curt Rüdiger, Waisenhausstraße 6, Freiberg / Sachsen
1288	**RL3-42/69**	LS-Verdunklungsvorrichtung „Luba-Schnürharmonika Nr.9", aus Verdunklungspapier, mit seitlichem Schnurzug	Walter Bichler, Mannheim
1289	**RL3-42/70J**	LS-Verdunklungsstoff „Qualität 780", Güteklasse Ib, Papiergarn-Baumwoll- Zellwollgewebe, schwarz gefärbt, einseitig gerauht, 544 g/m^2	Paul Zierold, Mechanische Weberei, Lichtenstein / Sachsen
1290	**RL3-42/71**	LS-Verdunklungsvorrichtung, Faltenvorhang aus Verdunklungsstoff an Tragdrähten, für waagerechte oder flach geneigte Oberlichter	Hugo Krasselt, Hugo-Licht-Straße 1, Leipzig
1291	**RL3-42/72**	LS-Verdunklungsvorrichtung, Faltvorhang aus Verdunklungsstoff an Tragdrähten, mit Einzel- oder Gruppenbetätigung	Meyer-Hagen GmbH, Hagen
1292	**RL3-42/73**	Verschlußklappe (gassicher, aus 1,5 mm Stahlblech, mit dazugehörigem Stahlblechrohr von 500 mm l. W.)	E. Wilhelm Scheibe, Eisenbau und Kunstschmiede, Leipzig
1293	**RL3-42/74J**	LS-Verdunklungsstoff für Schal- und Faltvorhänge, Güteklasse Ia, Papiergarn- Baumwolle- Zellwollgewebe, schwarz gefärbt, einseitig gerauht, 469 g/m^2	Max Korndörfer, Mühlstoff
1294	**RL3-42/75J**	LS-Verdunklungsstoff „Qualität 2344", Güteklasse Ia, Zellwoll-Reißbaumwollgewebe, Köperbindung, schwarz gefärbt, einseitig gerauht, 449 g/m^2	Emil Heidel, Mechanische Weberei, Hohenstein-Ernstthal

Fachgruppe 3: Bauwesen / Tarnung / Verdunklung			
	Kenn-Nr.	**Beschreibung**	**Hersteller**
1295	**RL3-42/77**	LS-Verdunklungsvorrichtung „Luba-Schnürharmonika Nr.9", aus Verdunklungspapier, mit seitlichem Schnurzug	Veltrup-Werke KG, Jülicher Straße 342, Aachen
1296	**RL3-42/78**	LS-Verdunklungsvorrichtung, Faltvorhang aus Verdunklungspapier an Tragdrähten, mit Einzel- oder Gruppenbetätigung	Veltrup-Werke KG, Jülicher Straße 342, Aachen
1297	**RL3-42/79**	LS-Verdunklungsvorrichtung, Faltvorhang aus Verdunklungspapier an Tragdrähten, mit Einzel- oder Gruppenbetätigung, bis 5 Lux	Gebr. Kimmich, Rebstöckerstraße 33-39, Frankfurt / M.
1298	**RL3-42/80**	LS-Verdunklungsvorrichtung, Faltvorhang aus Verdunklungspapier an Laufschienen und Tragdrähten, mit Einzel- oder Gruppenbetätigung	Erich Hinnenberg, Grabenstraße 5, Wuppertal-Elberfeld
1299	**RL3-42/81J**	LS-Verdunklungsstoff, Güteklasse Ia, Papiergarn- Baumwoll- Zellwollgewebe, schwarz gefärbt, einseitig gerauht, 524 g/m²	Friedrich Ebersbach, Grünbach / Vogtland
1300	**RL3-42/82J**	LS-Verdunklungsstoff für Schal- und Faltvorhänge, Güteklasse Ib, Papiergarn- Baumwoll- Zellwollgewebe, schwarz gefärbt, einseitig gerauht, 523 g/m²	Richard Matthes Nachf., Meerane
1301	**RL3-42/83**	Lüftungsklappe (einwandig, gassicher, aus 2,5 mm Stahlblech mit Zarge aus Winkelstahl)	A. O. Kaiser, Schlosserei und Stahlbau, Löwengasse 27, Frankfurt / M.
1302	**RL3-42/84**	LS-Verdunklungsvorrichtung, Fallrollhang aus gerillter Pappe mit Schnuraufrollung	Joseph Lehmacher, Mauritiuswall 69, Köln
1303	**RL3-42/85**	LS-Verdunklungsvorrichtung, Schalvorhang, ein- oder zweiteilig mit Einzel- oder Gruppenbetätigung durch Schwerlastmotor	Gluma Maschinen- und Apparatebau Hans Glunk, Laufenburg / Baden
1304	**RL3-42/86**	LS-Verdunklungsvorrichtung „Luba-Schnürharmonika Nr.9", aus Verdunklungspapier, mit seitlichem Schnurzug	Theodor Thelen, Hehnerstraße 37, Mönchen-Gladbach

Fachgruppe 3: Bauwesen / Tarnung / Verdunklung			
	Kenn-Nr.	**Beschreibung**	**Hersteller**
1305	**RL3-42/87**	LS-Verdunklungsvorrichtung, Fallrollhang aus gerillter Pappe mit Schnuraufrollung	Hollmanns Rollo- und Jalousienfabrik, Braunau (Sudeten)
1306	**RL3-42/88**	LS-Verdunklungsvorrichtung, Springrollhang aus gerillter Pappe	Hollmanns Rollo- und Jalousienfabrik, Braunau (Sudeten)
1307	**RL3-42/89**	LS-Verdunklungsvorrichtung, Faltvorhang aus Verdunklungspapier an Tragdrähten	Rolladen-Klein, Gerlachstraße 20, Frankfurt-Höchst
1308	**RL3-42/90**	LS-Verdunklungsvorrichtung, Faltvorhang aus Verdunklungspapier an Tragdrähten	Fr. J. Reutzel, Zeil 69, Frankfurt / M.
1309	**RL3-42/91**	LS-Verdunklungsvorrichtung „Luba-Schnürharmonika Nr.9", aus Verdunklungspapier, mit seitlichem Schnurzug	Hermann Billing, Schulstraße 3a, Riesa
1310	**RL3-42/92**	LS-Verdunklungsvorrichtung „Luba-Schnürharmonika DRP", aus Verdunklungspapier, mit seitlichem Schnurzug	Rudolf Werner Trebel, Barbarossastraße 53, Berlin
1311	**RL3-42/93**	Schutzraumblende (einwandig, gassicher, aus 2,5 mm Stahlblech mit Winkelstahlzarge)	Max Rieger, Bauschlosserei, Kastanienallee 79, Berlin
1312	**RL3-42/94**	LS-Verdunklungsvorrichtung, Faltverdunkler aus Verdunklungspapier, mit seitlichem Schnurzug	Walter Bühnert, Ranstädter Steinweg 28/32, Leipzig
1313	**RL3-42/95**	LS-Verdunklungsvorrichtung „Luba-Schnürharmonika Faltzugvorhang", aus Verdunklungspapier, mit seitlichem Schnurzug	A. Gloßmann, Rhoda / Erfurt
1314	**RL3-42/96**	Schutzraumblende (einwandig, gassicher, aus 2,5 mm Stahlblech mit Winkelstahlzarge)	Mannesmann Stahlblechbau AG, Schicklerstraße 7, Berlin
1315	**RL3-42/97**	Schutzraumblende (zweiflüglig, einwandig, gassicher, aus 2,5 mm Stahlblech mit Winkelstahlzarge)	Mannesmann Stahlblechbau AG, Schicklerstraße 7, Berlin
1316	**RL3-42/98**	LS-Verdunklungsvorrichtung „Luba-Schnürharmonika Nr. 9", aus Verdunklungspapier, mit seitlichem Schnurzug	Tapeten-Popken, Paulstraße 9, Hamburg

Fachgruppe 3: Bauwesen / Tarnung / Verdunklung			
	Kenn-Nr.	**Beschreibung**	**Hersteller**
1317	**RL3-42/99S**	LS-Verdunklungspapyrolin „Qualität 70/140" für Rollvorhänge, Güteklasse II, beiderseits schwarz, 217 g/m²	Renter-Belipa GmbH, Düren
1318	**RL3-42/100J**	LS-Verdunklungsstoff, Güteklasse Ib, Papiergarn-Reißspinnstoffgewebe, schwarz gefärbt, einseitig gerauht, 540 g/m²	R. Höfel & Co., Chemnitz
1319	**RL3-42/101J**	LS-Verdunklungsstoff „Qualität KK", Güteklasse Ia, Papiergarn- Baumwoll-Zellwollgewebe, schwarz gefärbt, einseitig gerauht, 523 g/m²	Knörnschild & Kretschmar, Lichtenstein / Sachsen
1320	**RL3-42/102J**	LS-Verdunklungsstoff, Güteklasse Ia, Papiergarn- Baumwoll- Zellwollgewebe, schwarz gefärbt, einseitig gerauht, 524 g/m²	Hermann Schöpp, Wermelskirchen
1321	**RL3-42/103J**	LS-Verdunklungsstoff „Qualität Nr. 2854", Güteklasse II, schwarz/grün, gekreppt, 264 g/m²	Otto Günther, Papierfabrik, Greiz
1322	**RL3-42/104J**	LS-Verdunklungspapier „Qualität Nr. 2853", für Roll- und Fallvorhänge, Güteklasse II, gekreppt, schwarz/-grün, 210 g/m²	Otto Günther, Papierfabrik, Greiz
1323	**RL3-42/105J**	LS-Verdunklungsstoff „Formosa", Güteklasse Ia, Zellwoll- Baumwollgewebe, schwarz gefärbt, einseitig gerauht, 357 g/m²	L. Menckhoff & Co., Mönchen-Gladbach
1324	**RL3-42/106J**	LS-Verdunklungsstoff „Qualität Nr. 180", Güteklasse Ia, Papiergarn-Baumwolle- Zellwollgewebe, schwarz gefärbt, einseitig gerauht, 543 g/m²	Mechanische Plüschfabrik Türk & Kneitz GmbH, Kulmbach
1325	**RL3-42/107J**	LS-Verdunklungsstoff, Güteklasse Ia, Papiergarn- Baumwoll- Zellwollgewebe, schwarz gefärbt, einseitig gerauht, 528 g/m²	Tüllfabrik Mehltheuer AG, Oberprik

Fachgruppe 3: Bauwesen / Tarnung / Verdunklung			
	Kenn-Nr.	**Beschreibung**	**Hersteller**
1326	**RL3-42/108J**	LS-Verdunklungsstoff für Schal- und Faltvorhänge, Güteklasse Ia, Papiergarn- Baumwoll- Zellwollgewebe, schwarz gefärbt, einseitig gerauht, 507 g/m²	Brüder Schuh, Rumburg / Sudeten
1327	**RL3-42/109J**	LS-Verdunklungspapier, für einfache Verdunklungsblenden und Rollvorhänge unter 3 m² Größe, Güteklasse III, beiderseits glatt und schwarz, 189 g/m²	Papierfabrik August Köhler AG, Oberkirch
1328	**RL3-42/110S**	LS-Verdunklungsstoff „Qualität V 1161", Güteklasse II, Zellwollgewebe, beiderseits grün gestrichen, 270 g/m²	Deutsche Kunstlederwerke Wolfgang GmbH, Wolfgang
1329	**RL3-42/111S**	LS-Verdunklungsstoff „Qualität V 1176", Güteklasse II, Zellwollgewebe, beiderseits grün gestrichen, 296 g/m²	Deutsche Kunstlederwerke Wolfgang GmbH, Wolfgang
1330	**RL3-42/112S**	LS-Verdunklungsstoff „Qualität Nr. 2450", Güteklasse Ia, Zellwollgewebe, beiderseits grün gestrichen, 368 g/m²	Christian Dierig AG, Langenbielau
1331	**RL3-42/113**	LS-Verdunklungsvorrichtung „Luba-Schnürharmonika Nr. 9", aus Verdunklungspapier, mit seitlichem Schnurzug	E. Münster, Paulsborner Straße 1, Berlin-Halensee
1332	**RL3-42/114**	Rundschlauchdichtung für Schutzraumabschlüsse „Qualität CB 5259", 15mm Außendurchmesser, Wanddicke 2 mm	Franz Klinder, Verarbeitung Deutscher Werkstoffe, Potsdam-Babelsberg
1333	**RL3-42/115J**	LS-Verdunklungsstoff „Qualität S", Güteklasse Ia, Papiergarn- Baumwoll- Zellwollgewebe, schwarz gefärbt, einseitig gerauht, 485 g/m²	Eduard Funck, Mechanische Weberei, Mönchen-Gladbach
1334	**RL3-42/116**	Luftschutzzelle aus 15 cm dicken bewehrten Kiesbetonplatten im Mischungsverhältnis 1:3, hergestellt im Rüttelverfahren	Wilhelm Krämer, Stolzestraße 23, Düren

Fachgruppe 3: Bauwesen / Tarnung / Verdunklung

	Kenn-Nr.	Beschreibung	Hersteller
1335	**RL3-42/117**	LS-Verdunklungsvorrichtung, Raffvorhang an Tragdrähten, mit Einzel- oder Gruppenbetätigung	Gebr. Horn, Tauentzienstraße 19, Berlin
1336	**RL3-42/118**	LS-Verdunklungsvorrichtung „Suro-Oberlichtverdunklung Modell 5", Rollhänge auf Tragdrähten, mit Einzel- oder Gruppenbetätigung	Suhler Rollofabrik Hans Jenrich, Suhl
1337	**RL3-42/119S**	LS-Verdunklungsstoff „Qualität V", Güteklasse Ia, beiderseits glatt, schwarz gestrichen, 297 g/m²	Eduard Keffel AG, Augustusplatz 1, Leipzig
1338	**RL3-42/120J**	LS-Verdunklungsstoff für Schal- und Faltvorhänge, Güteklasse Ia, Papiergarn- Baumwoll- Zellwollgewebe, schwarz gefärbt, einseitig gerauht, 536 g/m²	Westdeutsche Wand- und Möbelstoffweberei Bott & von der Mühlen, Klingelholl 28, Wuppertal-Barmen
1339	**RL3-42/121J**	LS-Verdunklungsstoff „Qualität T", Güteklasse Ib, Papiergarn- Baumwoll- Zellwollgewebe, schwarz gefärbt, einseitig gerauht, 521 g/m²	Berthold & Otto, Altchemnitzer Straße 60, Chemnitz
1340	**RL3-42/122**	LS-Verdunklungsvorrichtung, Selbstrollvorhang mit Einzelbetätigung	B. Christensen, Strelitzer Straße 60, Berlin
1341	**RL3-42/123J**	LS-Verdunklungsstoff „Artikel 24 - 931", Güteklasse Ib, Papiergarn- Baumwoll- Zellwollgewebe, schwarz gefärbt, einseitig gerauht, 535 g/m²	Lieder & Fischer, Zwickau
1342	**RL3-42/124J**	LS-Verdunklungsstoff, Güteklasse Ia, Papiergarn- Baumwoll- Zellwollgewebe, schwarz gefärbt, einseitig gerauht, 561 g/m²	Bößneck & Meyer, Glauchau
1343	**RL3-42/125J**	LS-Verdunklungsstoff, Güteklasse Ia, Papiergarn- Baumwoll- Zellwollgewebe, schwarz gefärbt, einseitig gerauht, 570 g/m²	Rheinische Möbelstoffweberei vorm. Dahl & Hunsche AG, Wuppertal-Barmen
1344	**RL3-42/126J**	LS-Verdunklungsstoff, Güteklasse Ib, Papiergarn- Baumwoll- Zellwollgewebe, schwarz gefärbt, einseitig gerauht, 521 g/m²	Christoph Andreae, Köln-Mülheim

Fachgruppe 3: Bauwesen / Tarnung / Verdunklung			
	Kenn-Nr.	**Beschreibung**	**Hersteller**
1345	**RL3-42/127J**	LS-Verdunklungsstoff „Qualität Nr. 908/66a", Güteklasse Ib, Papiergarn-Baumwoll- Zellwollgewebe, schwarz gefärbt, einseitig gerauht, 480 g/m²	Rudolf Focke, Rumburg / Sudeten
1346	**RL3-42/128**	Luftschutzzelle aus Stahlbeton, für 1-2 Personen	Engel & Leonhardt, Betonwerk, Am Südhafen, Berlin-Spandau
1347	**RL3-42/128J**	LS-Verdunklungspapier „Qualität Mp 75 Zellbast I/A 11", für einfache Verdunklungsblenden und Rollvorhänge unter 3 m² Größe, Güteklasse III, einseitig geglättet, beiderseits schwarz, 180 g/m²	Zellstoffabrik Waldhof, Taubenstraße 42, Berlin
1348	**RL3-42/129**	Luftschutzzelle aus Stahlbeton, hergestellt im Rüttelverfahren	Engel & Leonhardt, Betonwerk, Am Südhafen, Berlin-Spandau
1349	**RL3-42/130J**	LS-Verdunklungsstoff, Güteklasse Ib, Papiergarn- Baumwoll- Zellwollgewebe, schwarz gefärbt, einseitig gerauht, 535 g/m²	Adolf Toenges, Vereinstraße 17a, Wuppertal-Elberfeld
1350	**RL3-42/131J**	LS-Verdunklungsstoff, Güteklasse Ia, Papiergarn- Baumwoll- Zellwollgewebe, schwarz gefärbt, einseitig gerauht, 570 g/m²	Otto Ebert, Lichtenstein / Sachsen
1351	**RL3-42/132**	Luftschutzzelle aus Stahlbeton, hergestellt im Rüttelverfahren	H. Lindemann, Im grünen Winkel 12, Ulm
1352	**RL3-42/133J**	LS-Verdunklungsstoff „Qualität F", Güteklasse Ia, Papiergarn- Baumwoll- Zellwollgewebe, schwarz gefärbt, einseitig gerauht, 493 g/m²	Eduard Funck, Mechanische Weberei, Mönchen-Gladbach
1353	**RL3-42/134S**	LS-Verdunklungsstoff „Qualität LGM", Güteklasse Ia, Zellwollgewebe, beiderseits grün gestrichen, 332 g/m²	Wachstuch- und Kunstleder-Werke AG, Kassel-Bettenhausen
1354	**RL3-42/135**	Verdunklungs-Fallvorhang „Zweckerfüllt" aus Verdunklungspapier, mit seitlichem Schnurzug	Mia Hildebrandt, Chausseestraße 55, Berlin

	Kenn-Nr.	Beschreibung	Hersteller
1355	**RL3-42/136J**	LS-Verdunklungspapier „Qualität Halbbast A8", Güteklasse III, einseitig geglättet, beiderseits schwarz, 125 g/m²	Bromberger Papierfabrik AG, Hermann-Göring-Straße 15, Bromberg
1356	**RL3-42/137J**	LS-Verdunklungspapier „Qualität Holzhaltiges Zellulose-Packpapier A 12a", Güteklasse II, einseitig geglättet, beiderseits schwarz, 122 g/m²	Bromberger Papierfabrik AG, Hermann-Göring-Straße 15, Bromberg
1357	**RL3-42/138J**	LS-Verdunklungspapier „Qualität Nr.7743/Mie", Güteklasse III, beiderseits glatt und schwarz, 180 g/m²	Aschaffenburger Zellstoffwerke AG, Werk Miesbach
1358	**RL3-42/139**	Stahlbeton-Luftschutzzelle Typ B bis 2 Personen, hergestellt im Rüttelverfahren	Dietelgesellschaft mbH, Ulmenallee 11, Berlin-Charlottenburg
1359	**RL3-42/140J**	LS-Verdunklungsstoff „Qualität 22 146", Güteklasse Ia, Papiergarn-Baumwoll- Zellwollgewebe, schwarz gefärbt, einseitig gerauht, 456 g/m²	C. A. Delius & Söhne, Bielefeld
1360	**RL3-42/141J**	LS-Verdunklungspapyrolin „Qualität 70/140 C", Güteklasse Ia, beiderseits schwarz, 197 g/m² (Zellwollgewebeeinlage)	Renter-Belipa GmbH, Düren
1361	**RL3-42/142J**	LS-Verdunklungsstoff „Qualität Nr. 9984", Güteklasse Ib, Papiergarn-Reißspinnstoffgewebe, schwarz gefärbt, einseitig gerauht, 470 g/m²	Jg. Klinger AG, Neustadt / Sudeten
1362	**RL3-42/143**	Luftschutzzelle „System Moll" für 2 Personen aus Rüttelbeton	Leonhard Moll, Betonwerk, Lindwurmstraße 129/131, München
1363	**RL3-42/144**	Luftschutzzelle aus 15 cm dicken bewehrten Kiesbetonsteinen, hergestellt im Rüttelverfahren	Walter Jacobs, Bauunternehmung, Malmedyerstraße 9, Magdeburg
1364	**RL3-42/145**	Blaulicht-Luftschutz-Lampe Reihe Z (Lichtstrom 0,02 - 0,08 Hlm)	Osram GmbH, Ehrenbergstraße 11-14, Berlin
1365	**RL3-42/146**	LS-Verdunklungsvorrichtung, Faltvorhang aus Verdunklungspapier mit Klappleisten, mit seitlichem Schnurzug	Veltrup-Werke KG, Jülicher Straße 342, Aachen

Fachgruppe 3: Bauwesen / Tarnung / Verdunklung			
	Kenn-Nr.	**Beschreibung**	**Hersteller**
1366	**RL3-42/147**	LS-Verdunklungsvorrichtung, Faltvorhang aus Verdunklungs-papier	Veltrup-Werke KG, Jülicher Straße 342, Aachen
1367	**RL3-42/148J**	LS-Verdunklungspapier a) „Qual. Nr.7675/Abg.", 190 g/m², b) „Qualität Nr. 369/7675/Abg", 155 g/m², für einfache Verdunk-lungsblenden und Rollvorhänge unter 3 m² Größe, Güteklasse III, einseitig geglättet, beiderseits schwarz, 190 g/m²	Aschaffenburger Zellstoffwerke AG, Hauptverwaltung, Kurfürstenstraße 114, Berlin
1368	**RL3-42/149J**	LS-Verdunklungspapier „Qualität Nr. 3000 Hoven", für einfache Verdunk-lungsblenden und Rollvorhänge unter 3 m² Größe, Güteklasse III, beiderseits schwarz, maschinen-glatt, 183 g/m²	Aschaffenburger Zellstoffwerke AG, Werk Hoven
1369	**RL3-42/150J**	LS-Verdunklungsstoff, Güteklasse Ib, Papiergarn-Reißspinnstoff-gewebe, schwarz gefärbt, einseitig gerauht, 480 g/m²	Wilhelm Kneiß & Co., Wirsberg
1370	**RL3-42/151J**	LS-Verdunklungspapier „Qualität C Nr. 426", für einfache Verdunklungs-blenden und Rollhänge unter 3 m² Größe, Güteklasse III, beiderseits glatt und schwarz, 192 g/m²	Friedrich Erfurt & Sohn GmbH, Papierfabrik, Wuppertal-Beyenburg
1371	**RL3-42/152J**	LS-Verdunklungspapier a) „Qual. V.P.N.A", 155 g/m², b) „Qual. O. Nr. 426", 190 g/m², für einfache Verdunklungsblenden und Rollhänge unter 3 m² Größe, Güteklasse III, beiderseits glatt und schwarz	Friedrich Erfurt & Sohn GmbH, Papierfabrik, Wuppertal-Beyenburg
1372	**RL3-42/153J**	LS-Verdunklungsstoff „Qualität 4580" für Schal- und Faltvorhänge, Güteklasse Ib, Papiergarn-Reiß-spinnstoffgewebe, schwarz gefärbt, einseitig gerauht, 530 g/m²	J. T. Brendler, Reichenau / Sachsen

Fachgruppe 3: Bauwesen / Tarnung / Verdunklung			
	Kenn-Nr.	**Beschreibung**	**Hersteller**
1373	**RL3-42/154J**	LS-Verdunklungspapier „Qualität Stoffklasse 10 Pos. 13", für einfache Verdunklungsblenden und Rollvorhänge unter 3 m² Größe, Güteklasse III, gekreppt, beiderseits schwarz, 214 g/m²	Papierfabrik Kappelrodeck, Richard Lenk, Kappelrodeck
1374	**RL3-42/155J**	LS-Verdunklungspapier für Rollvorhänge, Güteklasse II, maschinenglatt, beiderseits schwarz, 188 g/m²	Papierfabrik Großenhain AG, Großenhain
1375	**RL3-42/156J**	LS-Verdunklungsstoff „Qualität Ga 9340/90", Güteklasse Ib, Papiergarn-Reißspinnstoffgewebe, schwarz gefärbt, einseitig gerauht, 532 g/m²	E. W. Breuer, Reichenau / Sachsen
1376	**RL3-42/157J**	LS-Verdunklungsstoff, Güteklasse Ib, Papiergarn-Reißspinnstoffgewebe, schwarz gefärbt, einseitig gerauht, 520 g/m²	
1377	**RL3-42/158S**	LS-Verdunklungskunststoff „Folie auf Igelitbasis" für Schal-, Falt- und Rollvorhänge, Güteklasse II, einseitig glatt, beiderseits schwarz, 385 g/m²	Deutsche Linoleum-Werke AG, Werk Delmenhorst, Bietigheim
1378	**RL3-42/159J**	LS-Verdunklungsstoff „Qualität Z/2", Güteklasse Ia, Zellwoll- Kunstseide-Reißspinnstoffgewebe, schwarz gefärbt, einseitig gerauht, 507 g/m²	Emil Heidel, Mechanische Weberei, Hohenstein-Ernstthal
1379	**RL3-42/160J**	LS-Verdunklungspapier „Qualität Krepp III", für Rollvorhänge, Güteklasse Ia, schwarz/grün	Ettlingen-Maxau Papier- und Zellstoffwerke, Ettlingen
1380	**RL3-42/161J**	LS-Verdunklungspapier „Qualität VDU Krepp I Nr. 11137", Güteklasse III, beiderseits schwarz, 253 g/m²	Schlesische Cellulose- und Papierfabriken Ewald Schoeller & Co., Hirschberg-Cunnersdorf
1381	**RL3-42/162J**	LS-Verdunklungspapier „Qualität Lenzing", Güteklasse III, maschinenglatt, beiderseits schwarz, 181 g/m²	Lenzinger Zellwolle- und Papierfabrik AG, Lenzing-Agerzell
1382	**RL3-42/163**	Stahlbeton-Luftschutzzelle Typ W bis 3 Personen, hergestellt im Rüttelverfahren	Dietelgesellschaft mbH, Ulmenallee 11, Berlin-Charlottenburg

Fachgruppe 3: Bauwesen / Tarnung / Verdunklung			
	Kenn-Nr.	**Beschreibung**	**Hersteller**
1383	**RL3-42/164**	LS-Verdunklungsvorrichtung „Luba-Schnürharmonika Nr.9“, aus Verdunklungspapier, mit seitlichem Schnurzug	Ludwig Spinner, Leipzig
1384	**RL3-42/165J**	Verdunklungspapier a) „Qual. A9 Nr.157811 a“, 150 g/m², b) „Qual. A9 Nr. 157811“, 180 g/m², für einfache Verdunklungsblenden und Rollhänge unter 3 m² Größe, Güteklasse III, maschinenglatt, beiderseits schwarz	Patentpapierfabrik zu Penig, Penig
1385	**RL3-42/166J**	LS-Verdunklungspapier „Qualität A 9 Nummer 158676/4“, für einfache Verdunklungsblenden und Rollhänge unter 3 m² Größe, Güteklasse III, maschinenglatt, schwarz/grün, 185 g/m²	Patentpapierfabrik zu Penig, Penig
1386	**RL3-42/167J**	LS-Verdunklungspapier, Güteklasse III, einseitig glatt, beiderseits schwarz, 183 g/m²	Niedergrunder Papier- und Pappenfabrik Anton Wähner, Niedergrund / Sudeten
1387	**RL3-42/168J**	LS-Verdunklungsstoff „Qualität 10583A“, Güteklasse Ib, Papiergarn-Reißspinnstoffgewebe, schwarz gefärbt, einseitig gerauht, 548 g/m²	Richard Meinel & Söhne, Hammerbrücke
1388	**RL3-42/169J**	LS-Verdunklungspapier „Steha-Stoff E“, für Rollvorhänge, Güteklasse Ia, beiderseits schwarz gestrichen, gekreppt, 264 g/m²	Hermann Steiner, Neustadt bei Coburg
1389	**RL3-42/170**	LS-Verdunklungsvorrichtung „Luba-Schnürharmonika Faltzugvorhang“, aus Verdunklungspapier, mit seitlichem Schnurzug	J. Dellert & Braun, Wilhelmstraße 34, Karlsruhe
1390	**RL3-42/171S**	LS-Verdunklungsstoff „Qualität Ro 016a/120“ für Rollvorhänge, Güteklasse Ia, Zellwollgewebe, beiderseits grün gestrichen, 356 g/m²	Kötizer Ledertuch- und Wachstuch-Werke AG, Coswig
1391	**RL3-42/172S**	LS-Verdunklungsstoff „Qualität Monopol“, Güteklasse Ia, Zellwollgewebe, beiderseits schwarz gestrichen, 273 g/m²	Gebr. Holzapfel & Co., Frieda

Fachgruppe 3: Bauwesen / Tarnung / Verdunklung			
	Kenn-Nr.	**Beschreibung**	**Hersteller**
1392	**RL3-42/173J**	LS-Verdunklungsstoff „Qualität Nr. 385", Güteklasse Ia, schwarz gefärbt, einseitig gerauht, 610 g/m²	Eugen Kentner AG, Plauen
1393	**RL3-42/174S**	LS-Verdunklungsstoff „Qualität Nr. 1259", Güteklasse Ia, Zellwollgewebe, beiderseits grün gestrichen, 469 g/m²	J. H. Benecke, Hannoversche Wachstuch- und Ledertuch-Fabrik, Vinnhorst
1394	**RL3-42/175S**	LS-Verdunklungsstoff „Qualität Nr. 1250", Güteklasse Ia, Papiergewebe, beiderseits grün gestrichen, 465 g/m²	J. H. Benecke, Hannoversche Wachstuch- und Ledertuch-Fabrik, Vinnhorst
1395	**RL3-42/176S**	LS-Verdunklungsstoff „Qualität Nr. 1249", Güteklasse Ia, Zellwollgewebe, beiderseits grün gestrichen	J. H. Benecke, Hannoversche Wachstuch- und Ledertuch-Fabrik, Vinnhorst
1396	**RL3-42/177J**	LS-Verdunklungspapier „Qualität Nr. 10842/ Memel", für einfache Verdunklungsblenden und Rollvorhänge unter 3 m² Größe, Güteklasse III, einseitig geglättet, beiderseits schwarz, 180 g/m²	Aschaffenburger Zellstoffwerke AG, Werk Memel
1397	**RL3-42/179J**	LS-Verdunklungsstoff, Güteklasse Ib, Papiergarn-Reißspinnstoffgewebe, schwarz gefärbt, einseitig gerauht, 533 g/m²	Klemens Otto, Rumburg / Sudeten
1398	**RL3-42/180**	LS-Verdunklungsvorrichtung, zweiteiliger Schalvorhang, mit Einzel- oder Gruppenbetätigung durch Tauspanner	Bruno Ewald Hosse, Warschauer Straße 18, Berlin
1399	**RL3-42/181J**	LS-Verdunklungspapier für Rollvorhänge, Güteklasse II, gekreppt, beiderseits schwarz, 282 g/m²	Strepp & Co. KG, Hochkoppelmühle
1400	**RL3-42/182**	LS-Verdunklungsvorrichtung „Luba-Schnürharmonika Nr.9", aus Verdunklungspapier, mit seitlichem Schnurzug	Heinrich Bull, Naunheim
1401	**RL3-42/183S**	Verdunklungsstoff „Qualität V.S.Z." für Rollhänge, Güteklasse Ia, Zellwollgewebe, beiderseits glatt, schwarz gestrichen, 325 g/m²	Eduard Keffel AG, Augustusplatz 1, Leipzig

Fachgruppe 3: Bauwesen / Tarnung / Verdunklung

	Kenn-Nr.	Beschreibung	Hersteller
1402	**RL3-42/184S**	Verdunklungsstoff „Qualität V.S.P." für Rollhänge, Güteklasse II, Papiergewebe, beiderseits glatt, schwarz gestrichen, 560 g/m²	Eduard Keffel AG, Augustusplatz 1, Leipzig
1403	**RL3-42/185**	LS-Verdunklungsvorrichtung, zweiteiliger Schalvorhang, mit Einzel- oder Gruppenbetätigung	Ernst Philippbaar, Neue Promenade 6, Berlin
1404	**RL3-42/186**	LS-Raffverdunkler aus Verdunklungsstoff an Tragdrähten, mit Einzel- oder Gruppenbetätigung durch Drahtseilzug	Ernst Philippbaar, Neue Promenade 6, Berlin
1405	**RL3-42/187J**	LS-Verdunklungsstoff „Qualität Nr. 1417", Güteklasse Ia, Papiergarn-Reißspinnstoffgewebe, schwarz gefärbt, einseitig gerauht, 510 g/m²	Gebr. Brunner, Hochneukirch
1406	**RL3-42/188J**	LS-Verdunklungspapier „Qualität A 12a", Güteklasse III, maschinenglatt, beiderseits schwarz, 160 g/m²	Nettingdorfer Papierfabrik AG, Nettingdorf
1407	**RL3-42/189J**	LS-Verdunklungspapier „Qualität A 9", Güteklasse III, maschinenglatt, beiderseits schwarz, 140 g/m²	Nettingdorfer Papierfabrik AG, Nettingdorf
1408	**RL3-42/190J**	LS-Verdunklungsstoff „Qualität Nr. 1832", Güteklasse Ib, Papiergarn-Reißspinnstoffgewebe, schwarz gefärbt, einseitig gerauht, 515 g/m²	Rheinische Textilfabriken AG Neumann & Meyer, Wuppertal-Elberfeld
1409	**RL3-42/191S**	Verdunklungs-Holzdrahtgewebe „Qualität V 115" für Rollhänge, Güteklasse Ia, hinterklebt mit Papyrolin und Kunstleder, naturfarbig/ schwarz, 1055 g/m²	Geyer & Klemt, Neurode / Eulengebirge
1410	**RL3-42/192S**	Verdunklungs-Holzdrahtgewebe „Qualität V 62" für Rollhänge, Güteklasse Ia, hinterklebt mit Papyrolin und Kunstleder, hellblau/schwarz, 1247 g/m²	Geyer & Klemt, Neurode / Eulengebirge
1411	**RL3-42/193**	Verdunklungs-Holzdrahtgewebe „Qualität VL 115" für Rollhänge, Güteklasse Ia, hinterklebt mit Papyrolin und Kunstleder, naturfarbig/ schwarz, 1020 g/m²	Geyer & Klemt, Neurode / Eulengebirge

Fachgruppe 3: Bauwesen / Tarnung / Verdunklung			
	Kenn-Nr.	**Beschreibung**	**Hersteller**
1412	**RL3-42/194J**	LS-Verdunklungsstoff für Schal- und Faltvorhänge, Güteklasse Ia, Papiergarn- Reißspinnstoffgewebe, schwarz gefärbt, einseitig gerauht, 545 g/m²	Gebr. Mattern, Rumburg / Sudeten
1413	**RL3-42/195J**	LS-Verdunklungspapier „Qualität Original ADT Nr. 13" für einfache Verdunklungsblenden und Rollhänge unter 3 m² Größe, Güteklasse III, einseitig geglättet, beiderseits schwarz, 170 g/m²	Gebrüder Adt AG, Schwarzenacker
1414	**RL3-42/196J**	LS-Verdunklungspapier „Qualität Original ADT Nr. 12" für einfache Verdunklungsblenden und Rollhänge unter 3 m² Größe, Güteklasse III, einseitig geglättet, beiderseits schwarz, 180 g/m²	Gebrüder Adt AG, Schwarzenacker
1415	**RL3-42/197J**	Verdunklungspapier „Qualität Kreppack V, IV" für einfache Verdunklungsblenden und Rollhänge unter 3 m² Größe, Güteklasse III, beiderseits schwarz, 270 g/m²	Papierfabrik A. Otto Schmidt oHG, Leutenberg
1416	**RL3-42/198J**	LS-Verdunklungsstoff „Qual. V 13½" für Schal- und Faltvorhänge, Güteklasse Ib, Papiergarn-Reißspinnstoffgewebe, schwarz gefärbt, einseitig gerauht, 525 g/m²	Chora Textil-GmbH, Hindenburgstraße 21, Süchteln
1417	**RL3-42/199**	Luftschutzzelle aus Stahlbeton, hergestellt im Rüttelverfahren	Bayerisches Beton- u. Eisenbetonwerk GmbH, Deisenhofener Straße 61/71, München
1418	**RL3-42/200**	LS-Raffverdunkler aus Verdunklungsstoff an Tragdrähten, mit Einzel- oder Gruppenbetätigung	Hans Weich & Ludwig Hammer, Loristraße 7, München
1419	**RL3-42/201**	LS-Drahtfaltenvohang „Drafavo" aus Verdunklungsstoff an Führungsdrähten, mit Einzel- oder Gruppenbetätigung	Herbert Scheld, Schillerstraße 28, Frankfurt / M.
1420	**RL3-42/202**	LS-Raffverdunkler aus Verdunklungsstoff an Tragdrähten, mit Einzel- oder Gruppenbetätigung	Rolf Heyne KG, Memhardstraße 6, Berlin

Fachgruppe 3: Bauwesen / Tarnung / Verdunklung			
	Kenn-Nr.	**Beschreibung**	**Hersteller**
1421	**RL3-42/203**	LS-Raffverdunkler aus Verdunklungsstoff an Tragdrähten, mit Einzel- oder Gruppenbetätigung durch Seilzug	Felix Makowski, Schönhauser Allee 4, Berlin
1422	**RL3-42/204**	LS-Raffverdunkler aus Verdunklungsstoff an Tragdrähten, mit Einzel- oder Gruppenbetätigung	W. Reimsfeld & Co., Landsberger Straße 78, Berlin
1423	**RL3-42/205J**	LS-Verdunklungspapier „Qualität A 11/II" für einfache Verdunklungsblenden und Rollhänge unter 3 m² Größe, Güteklasse III, einseitig geglättet, beiderseits schwarz, 155 g/m²	Germann & Jacobsen, Czulow
1424	**RL3-42/206J**	LS-Verdunklungspapier „Qualität A 12a/I" für Rollhänge, Güteklasse II, einseitig geglättet, beiderseits schwarz, 140 g/m²	Germann & Jacobsen, Czulow
1425	**RL3-42/207J**	LS-Verdunklungsstoff „Qualität 910/74", Güteklasse Ib, schwarz gefärbt, einseitig gerauht, 510 g/m²	J. Klinger, Oberhennersdorf
1426	**RL3-42/208**	Lüftungsklappe (einwandig, gassicher, aus 2,5 mm Stahlblech mit Winkelstahlzarge)	Bruno Albus, Albus Stahltürenwerk, Glückaufstraße 52, Dortmund
1427	**RL3-42/209**	Luftschutzzelle aus Stahlbeton, hergestellt im Rüttelverfahren	Westermann & Co., Betonwerk, Heinrichstraße 36, Hannover
1428	**RL3-42/210**	Notek-P-Scheinwerfer „Universalleuchte Nr. 480", 40 W, 110/125/220 V, mit Dreistiftsockel und einsetzbarer Luftschutzblende, zur Beleuchtung größerer Arbeitsstellen	Nova-Technik GmbH (Notek), Freimannerstraße 227, München
1429	**RL3-42/211S**	LS-Verdunklungsstoff „Qualität 2462 P", Güteklasse Ia, Papiergewebe, beiderseits grün gestrichen, 645 g/m²	Christian Dierig AG, Langenbielau
1430	**RL3-42/212J**	Verdunklungsstoff „Qualität Nr. 811" für Schal- und Faltvorhänge, Güteklasse Ib, Papiergarn- Reißspinnstoff-Gewebe, schwarz gefärbt, einseitig gerauht, 500 g/m²	C. E. Baumgärtel & Sohn, Lengenfeld

Fachgruppe 3: Bauwesen / Tarnung / Verdunklung			
	Kenn-Nr.	**Beschreibung**	**Hersteller**
1431	**RL3-42/213**	LS-Faltvorhang aus Verdunklungspapier, an Tragdrähten, mit Einzel- oder Gruppenbetätigung durch Drahtseilzug	Hermann Schein, August-Eckart-Straße 1, Friedrichroda
1432	**RL3-42/214**	LS-Verdunklungsvorrichtung, Zugrollhang aus Holzdrahtgewebe, mit Einzel- oder Gruppenbetätigung	Erich Haseleu, Joachim-Friedrich-Straße 37/38, Berlin-Halensee
1433	**RL3-42/215**	LS-Raffverdunkler aus Verdunklungsstoff an Tragdrähten, mit Einzel- oder Gruppenbetätigung durch Drahtseilzug mit Handkettenwinde	Karl Haase, Friedrichstraße 131b, Berlin
1434	**RL3-42/216**	LS-Faltvorhang aus Verdunklungspapier an Tragdrähten, mit Einzel- oder Gruppenbetätigung durch Drahtseilzug	Dr.-Ing. Otto Wertheimer, Reflex-Vertrieb, Elsasser Straße 17, Breslau
1435	**RL3-42/217**	LS-Faltvorhang aus Verdunklungspapier an Tragdrähten, mit Einzel- oder Gruppenbetätigung durch Drahtseilzug	Rudolf Werner Trebel, Barbarossastraße 53, Berlin
1436	**RL3-42/218**	LS-Faltvorhang aus Verdunklungspapier an Tragdrähten, mit Einzel- oder Gruppenbetätigung durch Drahtseilzug	Knecht & Weidner, Mühlengrund 8, Königsberg
1437	**RL3-42/219**	LS-Faltvorhang aus Verdunklungspapier an Tragdrähten, mit Einzel- oder Gruppenbetätigung durch Seilzug	Klett & Co. KG, Perlacher Straße 19, München
1438	**RL3-42/220J**	LS-Verdunklungspapier für einfache Verdunklungsblenden und Rollhänge unter 3 m^2 Größe, Güteklasse III, beiderseits glatt und schwarz, 195 g/m^2	Felix Heinr. Schoeller, Reflex-Papier-Fabrik, Düren
1439	**RL3-42/221J**	LS-Verdunklungspapier „Qualität Nr. 47/42" für Rollhänge, Güteklasse Ia, maschinenglatt, beiderseits schwarz, 150 g/m^2	Jacob Oechelhäuser, Papierfabrik GmbH, Siegen

Fachgruppe 3: Bauwesen / Tarnung / Verdunklung			
	Kenn-Nr.	**Beschreibung**	**Hersteller**
1440	**RL3-42/222J**	LS-Verdunklungspapier „Qualität Nr. 48/42" für Rollhänge, Güteklasse II, maschinenglatt, beiderseits schwarz, 140 g/m²	Jacob Oechelhäuser, Papierfabrik GmbH, Siegen
1441	**RL3-42/223S**	Verdunklungs-Holzdrahtgewebe „Qualität Nr.108" für Rollhänge, Güteklasse Ia, hinterklebt mit Papyrolin und Kunstleder, naturfarbig/ schwarz, 1030 g/m²	Carl Götze, Rollofabrik, Belle-Alliance-Straße 92, Berlin
1442	**RL3-42/224**	Blaulicht-Luftschutz-Lampe Reihe Z (Lichtstrom 0,02 - 0,08 Hlm)	Julius Pintsch KG, Glühlampenfabrik, Andreasstraße 70/73, Berlin
1443	**RL3-42/225**	LS-Verdunklungsvorrichtung, zweiteiliger Schalvorhang mit Einzel- oder Gruppenbetätigung	Erich Spaarschuh, Flughafenstraße 46, Berlin-Neukölln
1444	**RL3-42/226**	LS-Verdunklungsvorrichtung, Faltvorhang aus Verdunklungsstoff an rostfreien Tragdrähten, mit Einzel- oder Gruppenbetätigung	Erich Spaarschuh, Flughafenstraße 46, Berlin-Neukölln
1445	**RL3-42/227**	LS-Verdunklungsvorrichtung, Rollhang aus Holzdrahtgewebe, auf Tragrahmen abgerollt, mit Federwelle, mit Einzel- oder Gruppenbetätigung	Erich Spaarschuh, Flughafenstraße 46, Berlin-Neukölln
1446	**RL3-42/228J**	LS-Verdunklungspapier „Qualität I A 13a Fbr.-Nr. 260" für einfache Verdunklungsblenden und Rollhänge unter 3 m² Größe, Güteklasse III, maschinenglatt, beiderseits schwarz, 185 g/m²	Guggenbacher Papier- und Zellstoff-Fabriken Dr. Adolf Sandner, Hansenstraße 4, Wien
1447	**RL3-42/229J**	LS-Verdunklungspapier „Qualität I A 13a Fbr.-Nr. 3106" für einfache Verdunklungsblenden und Rollhänge unter 3 m² Größe, Güteklasse III, gekreppt, beiderseits schwarz, 185 g/m²	Guggenbacher Papier- und Zellstoff-Fabriken Dr. Adolf Sandner, Hansenstraße 4, Wien
1448	**RL3-42/230J**	LS-Verdunklungspapier „Qualität I A 13a Fbr.-Nr. 261" für einfache Verdunklungsblenden und Rollhänge unter 3 m² Größe, Güteklasse III, maschinenglatt, beiderseits schwarz, 185 g/m²	Guggenbacher Papier- und Zellstoff-Fabriken Dr. Adolf Sandner, Hansenstraße 4, Wien

Fachgruppe 3: Bauwesen / Tarnung / Verdunklung			
	Kenn-Nr.	**Beschreibung**	**Hersteller**
1449	**RL3-42/231**	Lüftungsklappe (einwandig, gassicher, aus 2,5 mm Stahlblech, mit L-Stahlblechzarge)	Th. Möhle, Inh. J. Flüchter, Uellendahler Straße 468, Wuppertal-Elberfeld
1450	**RL3-42/232**	Luftschutzzelle aus Stahlbeton	H. Lüning & Sohn, Hemelingerstraße 40, Bremen
1451	**RL3-42/233**	Schutzraumblende (gassicher, aus 27 mm Holzkern, beiderseits belegt mit 4 mm Holzfaserstoffplatten mit Holzzarge)	Essener Metallwerkstätten L. Leiner GmbH, Essen
1452	**RL3-42/234S**	Verdunklungsstoff „Qualität Ro 017" für Rollhänge, Güteklasse Ia, Zellwollgewebe, beiderseits glatt und schwarz gestrichen, 505 g/m²	Kötizer Ledertuch- und Wachstuch-Werke AG, Coswig
1453	**RL3-42/235J**	Verdunklungsstoff „Qualität P 6824" für Schal- und Faltvorhänge, Güteklasse Ib, Papiergarn- Reißspinnstoff-Gewebe, schwarz gefärbt, einseitig gerauht, 455 g/m²	E. W. Breuer, Reichenau / Sachsen
1454	**RL3-42/236**	Luftschutzzelle aus Stahlbeton	TEAN - Gesellschaft für technische Anlagen, Colloredegasse 20, Wien
1455	**RL3-42/237**	LS-Verdunklungsvorrichtung, zweiteiliger Schalvorhang, mit Einzel- oder Gruppenbetätigung durch Drahtseilzug	Sigismund Steinbauer, Neue Schweidnitzer Straße 16/17, Breslau
1456	**RL3-42/238**	LS-Faltvorhang aus Verdunklungspapier an Tragdrähten, mit Einzel- oder Gruppenbetätigung durch Drahtseilzug	Heinrich Fritsch, Kirchengasse 43, Wien
1457	**RL3-42/239**	Luftschutzzelle aus Stahlbeton, hergestellt im Rüttelverfahren	Gebr. Menk OHG, Westerburg
1458	**RL3-42/240**	Rundschlauchdichtung für Schutzraumabschlüsse „Qualität Mat. 105", 15 mm Außendurchmesser, Wanddicke 2 mm	Rheinische Gummi- und Celluloid-Fabrik, Mannheim-Neckarau
1459	**RL3-42/241S**	Verdunklungs-Holzdrahtgewebe „Qualität B" für Rollhänge, Güteklasse Ia, hinterklebt mit Papyrolin und Stoff, naturfarbig/schwarz, 955 g/m²	A. Boeck & Co., Brandenburgstraße 72/73, Berlin

Fachgruppe 3: Bauwesen / Tarnung / Verdunklung			
	Kenn-Nr.	**Beschreibung**	**Hersteller**
1460	**RL3-42/242J**	Verdunklungsstoff für Schal- und Faltvorhänge, Güteklasse Ib, Papiergarn-Reißspinnstoffgewebe, beiderseits schwarz, einseitig gerauht, 480 g/m²	Otto Krebs, Katscher
1461	**RL3-42/243J**	Verdunklungsstoff für Schal- und Faltvorhänge, Güteklasse Ib, Papiergarn-Reißspinnstoffgewebe, schwarz gefärbt, einseitig gerauht, 505 g/m²	Noß & Lukas, Wuppertal-Elberfeld
1462	**RL3-42/244J**	LS-Verdunklungspapier für einfache Verdunklungsblenden und Rollhänge unter 3 m² Größe, Güteklasse III, einseitig glatt, beiderseits schwarz, 185 g/m²	Cellulose-Fabrik Hann.-Münden Höttler & Co., Hann.-Münden
1463	**RL3-42/245J**	LS-Verdunklungspapier „Hydroloid H 811/925" für Rollhänge, Güteklasse Ia, maschinenglatt, beiderseits schwarz, 150 g/m²	Schleipen & Erkens AG & Co., Jülich
1464	**RL3-42/246**	LS-Verdunklungsvorrichtung „Luba-Schnürharmonika Nr. 9", aus Verdunklungspapier, mit seitlichem Schnurzug	Möbus-Werkstätten, Taunusstraße 5, Wiesbaden
1465	**RL3-42/247**	Tungsram-Luftschutz-Blaulicht-Glühlampe Reihe Z (Lichtstrom 0,02 - 0,08 Hlm)	Watt Glühlampen- und Elektrizitäts-AG, Dresdner Straße 57, Wien
1466	**RL3-42/248**	Blaulicht-Luftschutz-Lampe Reihe Z (Lichtstrom 0,02 - 0,08 Hlm)	Radium Elektrizitäts-GmbH, Wipperfürth
1467	**RL3-42/249J**	Verdunklungsstoff „Qualität V 65" für Schal- und Faltvorhänge, Güteklasse Ib, Papiergarn- Reißspinnstoff-Gewebe, schwarz gefärbt, einseitig gerauht, 535 g/m²	Joh. Max Walther, Dresdner Straße 34, Chemnitz
1468	**RL3-42/250J**	LS-Verdunklungspapier „Qualität A 9" für Rollhänge, Güteklasse Ia, maschinenglatt, beiderseits schwarz, 180 g/m²	Lenzinger Zellwolle- und Papierfabrik AG, Lenzing-Agerzell

Fachgruppe 3: Bauwesen / Tarnung / Verdunklung			
	Kenn-Nr.	**Beschreibung**	**Hersteller**
1469	**RL3-42/251J**	Verdunklungsstoff „Qualität 6694" für Schal- und Faltvorhänge, Güteklasse Ib, Papiergarn- Reißspinnstoff-Gewebe, schwarz gefärbt, einseitig gerauht, 545 g/m²	Gebr. Schoeller, Düren
1470	**RL3-42/252S**	Verdunklungs-Holzdrahtgewebe „Qualität I C" für Rollhänge, Güteklasse II, hinterklebt mit Leinenpapier (Papyrolin), naturfarbig/ schwarz, 720 g/m²	Alb. Fritz Ebert, Elsbethstraße 7 u. 12, Leipzig
1471	**RL3-42/253**	LS-Faltvorhang aus Verdunklungspapier an Tragdrähten, mit Einzel- oder Gruppenbetätigung durch Drahtseilzug	E. Münster, Paulsborner Straße 1, Berlin-Halensee
1472	**RL3-43/1**	Rundschlauchdichtung für Schutzraumabschlüsse „Qualität 128 schwarz", 15 mm Außendurchmesser, Wanddicke 2 mm	Hansens Gummi- und Packungswerke Paul u. John Hansen, Hannover-Wülfel
1473	**RL3-43/2**	Schutzraumtür (gassicher, aus 27 mm Holzkern, beiderseits belegt mit 4 mm Hartholzfaserplatten, mit Holzzarge)	Paul Steinau, Stahltüren- und Fensterbau, Neheim / Ruhr
1474	**RL3-43/3**	Aktenschrank (splittersicher, aus 15 cm bewehrten Kiesbetonplatten, hergestellt im Rüttelverfahren)	Dr.-Ing. Werner Scheibe, Böhmersweg 23, Hamburg
1475	**RL3-43/4**	LS-Zugrollhang aus Holzdrahtgewebe mit seitlichen Führungsschienen, mit Einzel- oder Gruppenbetätigung	A. Boeck & Co., Brandenburgstraße 72/73, Berlin
1476	**RL3-43/5**	LS-Rollhang mit Federwelle aus Holzdrahtgewebe mit seitlichen Führungsschienen, mit Einzel- oder Gruppenantrieb	A. Boeck & Co., Brandenburgstraße 72/73, Berlin
1477	**RL3-43/6**	LS-Raffverdunkler aus Verdunklungsstoff an Tragdrähten, mit Einzel- oder Gruppenbetätigung	A. Boeck & Co., Brandenburgstraße 72/73, Berlin
1478	**RL3-43/7**	Luftschutzzelle aus Stahlbeton, splittersicher	Nordwestdeutscher Betonbau Otto Höhne, Ostertorsteinweg 51, Bremen

Fachgruppe 3: Bauwesen / Tarnung / Verdunklung			
	Kenn-Nr.	**Beschreibung**	**Hersteller**
1479	**RL3-43/8**	Luftschutzzelle aus 15 cm dicken bewehrten Kiesbetonsteinen, hergestellt im Rüttelverfahren	Betonwerk F. Wiemann, Inh. Dr. Kurt Schrader, Hafen Trotha, Halle / S.
1480	**RL3-43/9**	Schutzraumtür „Fortis-Trutz" (gassicher, aus Stahlbeton mit Winkelstahlzarge, hergestellt im Rüttelverfahren)	Fortis GmbH, Händelallee 12, Berlin
1481	**RL3-43/10**	Fortis-Profildichtung für Schutzraumabschlüsse „Qualität 324", Fußbreite 20 mm, Höhe 7 mm	Degufra - Deutsche Gummiwarenfabrik, Franz Au & von der Halben, Gustav-Adolf-Straße 115, Berlin-Weißensee
1482	**RL3-43/11**	Luftschutz-Kleinstzelle aus Stahlbeton, hergestellt im Rüttelverfahren	Dyckerhoff & Widmann KG, Dresdener Straße 40, Cossebaude
1483	**RL3-43/12**	Schutzraumtür (einwandig, gassicher, aus 2,5 mm Stahlblech, mit Winkelstahlzarge)	Bruno Albus, Albus Stahltürenwerk, Glückaufstraße 52, Dortmund
1484	**RL3-43/13**	Luftschutzzelle aus Stampfbeton	Dyckerhoff & Widmann KG, Dresdener Straße 40, Cossebaude
1485	**RL3-43/14**	Schutzraumtür (gassicher, aus 35 mm Mineral-Holzplatten mit Zarge aus Mineralholz)	Ewald Berninghaus, Duisburg
1486	**RL3-43/15**	LS-Verdunklungsvorrichtung „Luba-Schnürharmonika Nr.9", aus Verdunklungspapier, mit seitlichem Schnurzug	Carl August Stolte, Kriegerheimstraße 5, Berlin-Friedrichsfelde
1487	**RL3-43/17**	Schutzraumtür (gassicher, aus 25 mm Holzleistenkern, beiderseits belegt mit 5mm Hartpappenplatten, in umlaufender Hartholzleiste mit Holzzarge)	Willy Bartolomäus, Gschwenda
1488	**RL3-43/18**	Luftschutzzelle aus Stahlbeton, hergestellt im Rüttelverfahren	H. Lindemann, Im grünen Winkel 12, Ulm
1489	**RL3-43/19**	LS-Verdunklungsvorrichtung, zweiteiliger Schalvorhang, mit Einzel- oder Gruppenbetätigung durch Drahtseilzug mit Handkurbelgewinde	Litega, Linoleum-Teppiche-Gardinen-AG, Eitelbergergasse 18, Wien

Fachgruppe 3: Bauwesen / Tarnung / Verdunklung			
	Kenn-Nr.	**Beschreibung**	**Hersteller**
1490	**RL3-43/20**	LS-Raffverdunkler aus Verdunklungsstoff an Tragdrähten, mit Einzel- oder Gruppenbetätigung durch endlosen Drahtseilzug	Steegmüller & Söhne, Königstraße 16, Stuttgart
1491	**RL3-43/21S**	LS-Verdunklungsstoff „Vpg grün" für Rollhänge, Güteklasse Ia, Papiergewebe, beiderseits glatt und grün gestrichen, 495 g/m²	Deutsche Kunstlederwerke Wolfgang GmbH, Wolfgang
1492	**RL3-43/22**	Transformator-Sparlampe „Spara Modell 3" mit mattierter Zwerg-Glühlampe 6 V 0,3 A, festklemmbare Lichtschürze aus Preßspan, zur Beleuchtung von Räumen gemäß Hauptklasse I Unterklasse 2	Thelta Elektro-Apparate Melzer & Seipp, Zella-Mehlis
1493	**RL3-43/23S**	Verdunklungsstoff „Qualität Nr. 42/219/3" nur für Rollhänge, Güteklasse Ia, Zellwollgewebe, beiderseits glatt, schwarz gestrichen, 335 g/m²	Ernst Ferd. Waentig, Großenhain
1494	**RL3-43/24**	Luftschutzzelle aus Stahlbeton, hergestellt im Rüttelverfahren	Spezialbau und Steinholz Wilhelm Beetz, Planufer 92d, Berlin
1495	**RL3-43/25**	Luftschutzzelle aus Stampfbeton	Spezialbau und Steinholz Wilhelm Beetz, Planufer 92d, Berlin
1496	**RL3-43/26**	Luftschutzzelle aus Stahlbeton, hergestellt im Rüttelverfahren	Seb. Pöttinger, Prinz-Otto-Straße 15, München-Ottobrunn
1497	**RL3-43/27**	Schutzraumtür (gassicher, aus 33 mm dicker „Thoma-Panzerplatte Siwi" mit Holzstabarmierung in umlaufendem U-Stahlrahmen, Zarge aus U-Stahlrahmen, ausgefüllt mit steinholzartiger Masse)	Friedrich Schröder, Eisenwerk, Gneisenaustraße 35, München
1498	**RL3-43/28**	Rundschlauchdichtung für Schutzraumabschlüsse, 15 mm Außendurchmesser, Wanddicke 2 mm	Reinhold Hagen, Siegburg
1499	**RL3-43/29**	Rundschlauchdichtung für Schutzraumabschlüsse, 15 mm Außendurchmesser, Wanddicke 2 mm	C. Vollrath & Sohn KG, Bad Blankenburg

Fachgruppe 3: Bauwesen / Tarnung / Verdunklung			
	Kenn-Nr.	**Beschreibung**	**Hersteller**
1500	**RL3-43/30**	Rundschlauchdichtung für Schutzraumabschlüsse, 15 mm Außendurchmesser, Wanddicke 2 mm	Weinheimer Gummiwarenfabrik Weisbrot & Seifert GmbH, Weinheim
1501	**RL3-43/31**	Luftschutzzelle aus Stampfbeton, Wanddicke 40 cm dick, splittersicher	Klöckner-Werke AG, Osnabrück-Eversburg
1502	**RL3-43/32**	Luftschutzzelle aus Stahlbeton „System Brenner", hergestellt im Rüttelverfahren	Bayerisches Beton- u. Eisenbetonwerk GmbH, Deisenhofener Straße 61/71, München
1503	**RL3-43/33S**	LS-Verdunklungsstoff „Qualität 1265 (V 497)" nur für Rollhänge, Güteklasse Ia, Papiergewebe, beiderseits glatt grün gestrichen, 530 g/m²	J. H. Benecke, Hannoversche Wachstuch- und Ledertuch-Fabrik, Vinnhorst
1504	**RL3-43/34**	LS-Verdunklungs-Fallrollhang, mit Hand- oder Schnuraufrollung, für senkrechte Einzelfenster normaler Größe	Josef Hollmann, Holzrollladen und Fensterrollofabrik, Kattestraße 19, Prag-Straschnitz
1505	**RL3-43/35**	Disko-VV-Luftschutz-Vielfachblende BV 530 zur Anbringung an Flach-, Tief- und offenen Glockenbreitstrahlern	Dr.-Ing. Schneider & Co., Rebstöckerstraße 55, Frankfurt / M.
1506	**RL3-43/36J**	LS-Verdunklungsstoff „Qualität P 170", Güteklasse Ia, Papiergarn-Reißspinnstoffgewebe, schwarz gefärbt, einseitig gerauht, 560 g/m²	Eduard Aretz, Matthiasstraße 51, Mönchen-Gladbach
1507	**RL3-43/37J**	LS-Verdunklungspapier „Qualität Nr. P 859/4" für Rollhänge, Güteklasse II, maschinenglatt, beiderseits schwarz, 180 g/m²	Zellstoffabrik Waldhof, Taubenstraße 42, Berlin
1508	**RL3-43/38**	Dichtungsband „Isofort-Profildichtung" aus Moosgummi für Schutzraumabschlüsse	Rekord Gummifabrik Herbert Lindemann & Co., Schwiebus
1509	**RL3-43/39**	Luftschutzzelle aus Stampfbeton	Preußag-Züblin-Schleuderbetonrohr GmbH, Schönebeck / Elbe
1510	**RL3-43/40**	Luftschutzzelle aus 25 cm dickem Stahlbeton, splittersicher	Carl Grab, Friesenheimer Str. 6, Ludwigshafen
1511	**RL3-43/41**	Luftschutzzelle aus 25 cm dickem Stahlbeton, splittersicher	Klöckner-Werke AG, Osnabrück-Eversburg

Fachgruppe 3: Bauwesen / Tarnung / Verdunklung			
	Kenn-Nr.	**Beschreibung**	**Hersteller**
1512	**RL3-43/42**	Luftschutzzelle aus Stahlbeton, hergestellt im Rüttelverfahren	Dietelgesellschaft mbH, Schwarzenbergplatz 8, Wien
1513	**RL3-43/44J**	Verdunklungs-Holzdrahtgewebe „Qualität 1 LP“ für Rollhänge, Güteklasse Ia, hinterfüttert mit einseitigem Leinenpapier und einem Verdunklungspapier der Güteklasse II, naturfarbig/ schwarz, 912 g/m²	Alb. Fritz Ebert, Elsbethstraße 7 u. 12, Leipzig
1514	**RL3-43/45J**	Verdunklungsstoff „Qualität LK 33“ nur für Rollhänge, Güteklasse II, Papiergewebe, beiderseits glatt schwarz gestrichen, 450 g/m²	Bleicherei, Färberei und Appretur-Anstalt Uhingen AG, Uhingen
1515	**RL3-43/46**	Verdunklungspapier „Hydroloid H 972“ für Roll- und Faltvorhänge, Güteklasse Ia, maschinenglatt, beiderseits schwarz, 195 g/m²	Schleipen & Erkens AG & Co., Jülich
1516	**RL3-43/48**	Lüftungsklappe mit Lüftungsrohr (gassicher)	Joh. Militor, Inh. Hans Militor, Gottliebstraße 73, Duisburg-Hamborn
1517	**RL3-43/49**	Lüftungsklappe (gassicher, aus 2 miteinander verleimten 4 mm Hartfaserplatten, mit Stahlblechzarge und Rundschlauchdichtung)	Th. Möhle, Inh. J. Flüchter, Uellendahler Straße 468, Wuppertal-Elberfeld
1518	**RL3-43/50J**	Verdunklungs-Holzdrahtgewebe „Qual. Muster Nr. 5“ für Rollhänge, Güteklasse Ia, hinterklebt mit Papyrolin (RL3-42/141J), naturfarbig/ schwarz, 970 g/m²	J. u. E. Glück KG, vorm. Gebr. Glück, Waldsassen
1519	**RL3-43/51J**	Verdunklungspapier „Qualität Nr. 5642“, für Rollhänge, Güteklasse II, maschinenglatt, beiderseits schwarz, 190 g/m²	Jagenberg & Cie., Solinger Papierfabrik, Solingen
1520	**RL3-43/52J**	Verdunklungsstoff für Schal- und Faltvorhänge, Güteklasse Ib, Papiergarn-Reißspinnstoffgewebe, schwarz gefärbt, einseitig gerauht, 535 g/m²	Kley & van Delden, Plauen
1521	**RL3-43/53**	Lüftungsklappe (gassicher, aus Stahlblech mit Winkelstahlzarge)	Dietelgesellschaft mbH, Schwarzenbergplatz 8, Wien

Fachgruppe 3: Bauwesen / Tarnung / Verdunklung			
	Kenn-Nr.	**Beschreibung**	**Hersteller**
1522	**RL3-43/54**	Schutzraumtür (gassicher, aus 27 mm starkem Holzkern, beiderseits belegt mit je einer 4 mm und 1,5 mm dicken Holzplatte, mit Holzzarge)	Dietelgesellschaft mbH, Ulmenallee 11, Berlin-Charlottenburg
1523	**RL3-43/56J**	Verdunklungspapier „Qual. Nr. 2852", Güteklasse III, beiderseits schwarz, gekreppt, 210 g/m²	Otto Günther, Papierfabrik, Greiz
1524	**RL3-43/57J**	Verdunklungspapier „Qual. Nr. 2851", Güteklasse II, schwarz/grün, gekreppt, 200 g/m²	Otto Günther, Papierfabrik, Greiz
1525	**RL3-43/58J**	Verdunklungs-Holzdrahtgewebe „Qual. VS 12" für Rollhänge, Güteklasse Ia, hinterfüttert mit Papyrolin, naturfarbig/schwarz, 765 g/m²	Erich Spaarschuh, Flughafenstraße 46, Berlin-Neukölln
1526	**RL3-43/60**	Schutzraumtür (gassicher, aus 25 mm dicker Baustoffplatte „Fabrikat Egas" in umlaufenden U-Stahl – oder Holzrahmen mit Holzzarge)	Th. Möhle, Inh. J. Flüchter, Uellendahler Straße 468, Wuppertal-Elberfeld
1527	**RL3-43/61**	Schutzraumblende (gassicher, aus 25 mm Baustoffplatte „Fabrikat Egas" in umlaufendem U-Stahl- oder Holzrahmen, mit Holzzarge)	Th. Möhle, Inh. J. Flüchter, Uellendahler Straße 468, Wuppertal-Elberfeld
1528	**RL3-43/62**	LS-Faltvorhang aus Verdunklungspapier an Tragdrähten, mit Einzel- oder Gruppenbetätigung durch Drahtseilzug	Fritz Massung, Westliche Ringstraße 19, Frankenthal
1529	**RL3-43/63**	LS-Faltvorhang aus Verdunklungspapier an Tragdrähten, mit Einzel- oder Gruppenbetätigung durch Drahtseilzug	Ing. Alfred Kostyrko, Adolf-Hitler-Straße 238, Litzmannstadt
1530	**RL3-43/65**	LS-Verdunklungsvorrichtung, zweiteiliger Schalvorhang mit Einzel- oder Gruppenbetätigung durch Doppelzug mit Kettengewinde	Gustav Vargende KG, Kaiserdamm 3, Berlin-Charlottenburg
1531	**RL3-43/66**	LS-Raffverdunkler aus Verdunklungsstoff an Tragdrähten, mit Einzel- oder Gruppenbetätigung durch Drahtseilzug mit Kurbelgewinde	Gustav Vargende KG, Kaiserdamm 3, Berlin-Charlottenburg

Fachgruppe 3: Bauwesen / Tarnung / Verdunklung			
	Kenn-Nr.	**Beschreibung**	**Hersteller**
1532	**RL3-43/67**	Lüftungsklappe (gassicher, aus Stahlbeton, mit Stahlbetonzarge)	Fortis GmbH, Händelallee 12, Berlin
1533	**RL3-43/68**	Schutzraumtür „Fortis-Trutz" (gassicher, aus Stahlbeton mit Stahlbetonzarge, hergestellt im Rüttelverfahren)	Fortis GmbH, Händelallee 12, Berlin
1534	**RL3-43/69**	Lüftungsklappe (gassicher, aus 1,5 mm Stahlblech mit 2,5 mm dicker Stahlblechzarge)	Erwin Auert, Fabrik für Feineisenkonstruktionen, Franz-Joseph-Straße 9-11, Berlin-Weißensee
1535	**RL3-43/70**	Lüftungsklappe (gassicher, aus 2,5 mm dickem Stahlblech mit Stahlblechzarge)	Hermann Vogel KG, Fensterwerk und Eisenbau, Schweinfurt
1536	**RL3-43/71**	Schutzraumtür (einwandig, gassicher, aus 2,5 mm dickem Stahlblech mit Winkelstahlzarge)	Mannesmann Stahlblechbau AG, Schicklerstraße 7, Berlin
1537	**RL3-43/80J**	Verdunklungsstoff „Qualität 8443 DZ", Güteklasse Ia, Zellwollgewebe, beiderseits glatt schwarz bestrichen, 215 g/m^2	Christian Dierig AG, Langenbielau
1538	**RL3-43/81**	Lüftungsverschluß (gassicher, aus Durnat-Baustoff, mit Rundschlauchdichtung)	Dietelgesellschaft mbH, Ulmenallee 11, Berlin-Charlottenburg
1539	**RL3-43/82J**	Verdunklungs-Holzdrahtgewebe „Qualität Dessin Nr. 102", Güteklasse Ia (Hinterklebung: Verdunklungspapyrolin RL3-42/141J), 835 g/m^2	Veltrup-Werke KG, Jülicher Straße 342, Aachen
1540	**RL3-43/83S**	Verdunklungspapiere a) „Qual. Dufix Bi 22/22" schwarz/schwarz, 265 g/m^2, b) „Qual. Dufix Bi 29/22", schwarz/braun, 260 g/m^2, Güteklasse II	Wiener Linoleum- und Wachstuchwerke Richard Holtkott, Renngasse 13, Wien
1541	**RL3-43/84J**	LS-Verdunklungsstoff „Qual. Nr. 0047", Güteklasse Ib, Papiergarn-Reißspinnstoffgewebe, schwarz gefärbt, einseitig gerauht, 470 g/m^2	Arnold Rock, Borghorst

Fachgruppe 3: Bauwesen / Tarnung / Verdunklung			
	Kenn-Nr.	**Beschreibung**	**Hersteller**
1542	**RL3-43/85J**	Verdunklungs-Holzdrahtgewebe „Qual. Dessin Nr.103“, Güteklasse II, 665 g/m²	Veltrup-Werke KG, Jülicher Straße 342, Aachen
1543	**RL3-43/86J**	Verdunklungs-Holzdrahtgewebe „Qual. V 63“, Güteklasse Ia, 1120 g/m²	Geyer & Klemt, Neurode / Eulengebirge
1544	**RL3-43/87S**	LS-Verdunklungsstoff „Qual. Nr. 529“, Güteklasse Ib, Papiergewebe, beiderseits schwarz bestrichen, 555 g/m²	Braunauer Kaliko und Kunstleder-fabrik Websky & Co. Werk Ober-Mohren, Braunau (Sudeten)
1545	**RL3-43/88S**	LS-Verdunklungsstoff „Qual. RPA 19“, Güteklasse Ia, Papiergewebe, Leinwand-bindung, beiderseits schwarz bestrichen, 495 g/m²	Ernst Ferd. Waentig, Großenhain
1546	**RL3-43/89**	Schutzraumtür (gassicher, aus 21 mm Holzleistenkern, beiderseits belegt mit 4 mm Holzfaserplatten, belegt mit Moosgummidichtung)	Mauser KG, Marienstraße 28-30, Köln-Ehrenfeld
1547	**RL3-43/90S**	Verdunklungspapier „Qual. Nr. 3193“, Güteklasse III, Papierstoff A 9/12, gekreppt, beiderseits schwarz, 175 g/m²	Guggenbacher Papier- und Zellstoff-Fabriken Dr. Adolf Sandner, Hansenstraße 4, Wien
1548	**RL3-43/92S**	LS-Verdunklungs-Farbe „Tränk- und Färbemittel 236 N“ zum Streichen oder Bespritzen von Holz, Holzfaser-platten, Pappen, Papier oder Holz-drahtgeweben mit Ausnahme von Textilien	Dr. Paul Stock GmbH, Starnberg-München
1549	**RL3-43/93**	Profildichtung für Schutzraum-abschlüsse, Qualität PLZ 24	Continental Gummiwerke AG / Continental Caoutchouc-Compagnie GmbH, Hannover
1550	**RL3-43/94**	Rundschlauchdichtung für Schutz-raumabschlüsse „Qualität GO 11343“, 15 mm Außendurch-messer, Wanddicke 2 mm	Gummiwerk Odenwald Willy Kraus, Kaiserstraße 33, Frankfurt / M.
1551	**RL3-43/95S**	LS-Verdunklungsstoff „Qualität Nr. 1283“, Güteklasse Ia, Papierge-webe, Leinenbindung, beiderseits grün bestrichen, 650 g/m²	J. H. Benecke, Hannoversche Wachstuch- und Ledertuch-Fabrik, Vinnhorst

Fachgruppe 3: Bauwesen / Tarnung / Verdunklung			
	Kenn-Nr.	**Beschreibung**	**Hersteller**
1552	**RL3-43/96S**	Verdunklungsstoff „Kunstleder Dufix“, Güteklasse Ia, Papiergewebe, beiderseits schwarz bestrichen, 540 g/m²	Wiener Linoleum- und Wachstuchwerke Richard Holtkott, Renngasse 13, Wien
1553	**RL3-43/97S**	LS-Verdunklungsstoff „Qual.33 W“, Güteklasse Ia, Papiergewebe, beiderseits schwarz bestrichen, 531 g/m²	Bleicherei, Färberei und Appretur-Anstalt Uhingen AG, Uhingen
1554	**RL3-43/98S**	LS-Verdunklungsstoff „Qual.33 WH“, Güteklasse Ia, Papiergewebe, beiderseits schwarz bestrichen, 500 g/m²	Bleicherei, Färberei und Appretur-Anstalt Uhingen AG, Uhingen
1555	**RL3-43/99J**	Verdunklungs-Holzdrahtgewebe „Muster 108 A“, Güteklasse II, Hinterklebung: Verdunklungspapier (Kenn-Nr.RL3-42/155J) und Kalikopapier, 980 g/m²	Carl Götze, Rollofabrik, Belle-Alliance-Straße 92, Berlin
1556	**RL3-43/100J**	Verdunklungs-Holzdrahtgewebe „Muster 108 B“, Güteklasse Ia, Hinterklebung: Verdunklungspapyrolin (Kenn-Nr. RL3-42/141J) und Kalikopapier, 950 g/m²	Carl Götze, Rollofabrik, Belle-Alliance-Straße 92, Berlin
1557	**RL3-43/101J**	Verdunklungs-Holzdrahtgewebe „Qualität V. S. 12a“, Güteklasse Ia, Hinterklebung: Verdunklungspapyrolin (Kenn-Nr. RL3-42/141J), 795 g/m²	Erich Spaarschuh, Flughafenstraße 46, Berlin-Neukölln
1558	**RL3-43/102J**	Verdunklungsstoff „Qualität 1300“, Güteklasse Ia, Zellstoffgewebe, beiderseits schwarz bestrichen, 280 g/m²	J. H. Benecke, Hannoversche Wachstuch- und Ledertuch-Fabrik, Vinnhorst
1559	**RL3-43/103**	Verdunklungsstoff „Qualität 1300“, Güteklasse Ia, Zellstoffgewebe, beiderseits schwarz bestrichen, 270 g/m²	J. H. Benecke, Hannoversche Wachstuch- und Ledertuch-Fabrik, Vinnhorst
1560	**RL3-43/106**	LS-Fensterscheibenschutz „Köln“	Draht- und Metallwarenfabrik Hans Vormbäumen & Co., Iburg
1561	**RL3-43/107**	LS-Fensterscheibenschutz „Favorit“	Max Borchert, Schlesische Straße 42, Berlin

Fachgruppe 3: Bauwesen / Tarnung / Verdunklung			
	Kenn-Nr.	**Beschreibung**	**Hersteller**
1562	**RL3-43/108S**	LS-Verdunklungsstoff für Roll-, Schal- und Raffvorhänge, Güteklasse Ia, Zellwollgewebe, beiderseits schwarz bestrichen, 425 g/m^2	Schlieper & Baum AG, Wuppertal-Elberfeld
1563	**RL3-43/109**	Schutzraumblende (gassicher, aus Stahlbeton, hergestellt im Rüttelverfahren, mit Winkelstahlzarge)	Fortis GmbH, Händelallee 12, Berlin
1564	**RL3-44/1a**	Sammel-Kennummer für LS-Splitterschutzzellen, die nach den Richtlinien vom Sep. 1943 gebaut wurden	Verschiedene
1565	**RL3-44/4JF**	Verdunklungsstoff „Qual. ST I", Güteklasse Ia, Papiergarn-Reißspinnstoffgewebe, imprägniert mit Feuerschutzmittel „Locron", Atlasbindung, schwarz gefärbt, einseitig gerauht, 585 g/m^2, zu Schal- und Raffvorhängen	Samtfabrik Paul Gerhus, Warnsdorf / Sudeten
1566	**RL3-44/5**	Schutzraumtür (einwandig, gassicher, aus 2,5 mm Stahlblech mit Winkelstahlzarge und Profildichtung)	Hazet-Werkstätten, Erich Haack-Werke, Rittergutstraße 121-124, Berlin-Lichtenberg
1567	**RL3-44/7J**	Verdunklungs-Holzdrahtgewebe „Dessin 108", Güteklasse Ia, Hinterfütterung: schwarzes Papyrolin (Kenn-Nr. RL3-42/141J), 810 g/m^2, zu Rollhängen und Abrollvorrichtungen	Ewald Friederichs, Friedrichroda

Teilweise wurden die RL-Nummern auf Baumuster und an Industrie- und Handwerksverbände vergeben oder an andere / weitere Hersteller übertragen, so dass auch andere als der hier angegebene Hersteller auftreten können.

Widerruf von Vertriebsgenehmigungen

Die vor dem 1. März 1942 gemäß § 8 des Luftschutzgesetzes erteilten Genehmigungen zum Vertrieb von folgenden LS.-Verdunklungsmitteln:

1. Luftschutz-Verdunklungsstoffe
2. Luftschutz-Verdunklungspapiere
3. Sonstige Luftschutz-Verdunklungsmittel (Holzdrahtgewebe, Verdunklungs-Kunststoffe)

sind mit Wirkung vom 1. März 1942 widerrufen.

Der Widerruf erfolgt, da die Gütevorschriften für Luftschutz-Verdunklungsmittel vom 10. Juli 1941 durch Erlaß des Herrn R.d.L.u.Ob.d.L. Vom 12. Januar 1942 durch Vorschriften über das Färben und Kennzeichnen der LS.-Verdunklungsmittel erweitert wurden.
Die hiernach gültigen Vertriebsgenehmigungen für LS.-Verdunklungsmittel sind dadurch kenntlich, daß an die Kennummer jeweils ein J oder S angehängt ist.

Berlin, den 10. August 1942

Reichsanstalt der Luftwaffe für Luftschutz.

I.A.: Lukaseder, Oberst

Stempelungen nach der neuen Verordnung vom 12.1.1942

Fachgruppe 4: Fernmelde- und Alarmwesen			
	Kenn-Nr.	**Beschreibung**	**Hersteller**
1	**RL4-37/1**	Luftschutz-Motorsirene, Form L 334	Sachsenwerk Licht- und Kraft AG, Niedersedlitz
2	**RL4-37/2**	Luftschutz-Motorsirene, Form L 934	Sachsenwerk Licht- und Kraft AG, Niedersedlitz
3	**RL4-37/3**	Luftschutz-Motorsirene, Form L 135	Siemens & Halske AG, Berlin-Siemensstadt
4	**RL4-37/4**	Luftschutz-Motorsirene, Form L 235	Siemens & Halske AG, Berlin-Siemensstadt
5	**RL4-37/5**	Luftschutz-Motorsirene, Form L 335	Elbtalwerk, Heidenau
6	**RL4-37/6**	Luftschutz-Motorsirene, Form L 435	Elbtalwerk, Heidenau
7	**RL4-37/7**	Luftschutz-Motorsirene, Form L 735	Elektror Karl W. Müller & Co., Richard-Hirschmann-Straße 12, Eßlingen
8	**RL4-37/8**	Luftschutz-Motorsirene, Form L 136	Hagener Elektrizitäts-Industrie GmbH (Helin), Hagen
9	**RL4-37/10**	Luftschutz-Motorsirene, Form L 137	Hagener Elektrizitäts-Industrie GmbH (Helin), Hagen
10	**RL4-37/11**	Luftschutz-Motorsirene, Form L 237	Jurk-Sirenenfabrik Rupert Rauch, Radeberg
11	**RL4-37/12**	Luftschutz-Motorsirene, Form L 337	Elektror Karl W. Müller & Co., Richard-Hirschmann-Straße 12, Eßlingen
12	**RL4-37/26**	Luftschutz-Motorsirene, Form L 437, 5 kW	Sachsenwerk Licht- und Kraft AG, Niedersedlitz
13	**RL4-37/28**	Steuergerät Form St 337 für Luftschutz-Großalarmanlagen	AEG - Allgemeine Elektrizitäts-Gesellschaft, Berlin
14	**RL4-37/29**	Luftschutz-Motorsirene, Form L 537	Siemens & Halske AG, Berlin-Siemensstadt
15	**RL4-37/30**	Luftschutz-Motorsirene, Form L 637	Siemens & Halske AG, Berlin-Siemensstadt
16	**RL4-37/31**	Luftschutz-Motorsirene, Form L 737, 5 kW, ohne tiefen Ton	Siemens & Halske AG, Berlin-Siemensstadt

Fachgruppe 4: Fernmelde- und Alarmwesen			
	Kenn-Nr.	**Beschreibung**	**Hersteller**
17	**RL4-37/32**	Luftschutz-Motorsirene, Form L 837, 5 kW, ohne tiefen Ton	Siemens & Halske AG, Berlin-Siemensstadt
18	**RL4-37/33**	Luftschutz-Motorsirene, Form L 937	Sachsenwerk Licht- und Kraft AG, Niedersedlitz
19	**RL4-37/34**	Luftschutz-Motorsirene, Form L 1037	Sachsenwerk Licht- und Kraft AG, Niedersedlitz
20	**RL4-37/35**	Elektror Großalarm-Sirenenaggregat L 1137, Drehstromausführung	Elektror Karl W. Müller & Co., Richard-Hirschmann-Straße 12, Esslingen
21	**RL4-37/36**	Elektror Großalarm-Sirenenaggregat L 1237, Gleichstromausführung	Elektror Karl W. Müller & Co., Richard-Hirschmann-Straße 12, Esslingen
22	**RL4-37/37**	Luftschutz-Alarmsirene L1, Form L 1337, Drehstromausführung, 5 kW, ohne tiefen Ton	Elektror Karl W. Müller & Co., Richard-Hirschmann-Straße 12, Esslingen
23	**RL4-37/38**	Luftschutz-Alarmsirene L1, Form L 1437, Gleichstromausführung, 5 kW, ohne tiefen Ton	Elektror Karl W. Müller & Co., Richard-Hirschmann-Straße 12, Esslingen
24	**RL4-37/39**	Luftschutz-Motorsirene, Form L 1537	Elbtalwerk, Heidenau
25	**RL4-37/40**	Luftschutz-Motorsirene, Form L 1637	Elbtalwerk, Heidenau
26	**RL4-37/41**	Luftschutz-Motorsirene, Form L 1737, 5 kW, ohne tiefen Ton	Elbtalwerk, Heidenau
27	**RL4-37/42**	Luftschutz-Motorsirene, Form L 1837, 5 kW, ohne tiefen Ton	Elbtalwerk, Heidenau
28	**RL4-37/43**	Luftschutz-Motorsirene, Form L 1937	Hagener Elektrizitäts-Industrie GmbH (Helin), Hagen
29	**RL4-37/44**	Luftschutz-Motorsirene, Form L 2037	Hagener Elektrizitäts-Industrie GmbH (Helin), Hagen
30	**RL4-37/45**	Luftschutz-Motorsirene, Form L 2137	Jurk-Sirenenfabrik Rupert Rauch, Radeberg
31	**RL4-37/46**	Luftschutz-Motorsirene, Form L 2237, 5 kW, ohne tiefen Ton	Jurk-Sirenenfabrik Rupert Rauch, Radeberg

Fachgruppe 4: Fernmelde- und Alarmwesen			
	Kenn-Nr.	**Beschreibung**	**Hersteller**
32	**RL4-37/47**	Steuergerät Form St 437 (Wechselstrom) für LS-Großalarmanlagen mit Steuerung über Feuermeldeleitungen	Telefonbau und Normalzeit GmbH, Mainzer Landstraße 134-142, Frankfurt / M.
33	**RL4-37/48**	Steuergerät Form St 537 (Gleichstrom) für LS-Großalarmanlagen mit Steuerung über Feuermeldeleitungen	Telefonbau und Normalzeit GmbH, Mainzer Landstraße 134-142, Frankfurt / M.
34	**RL4-37/49**	Alarmplatte To 3052 als Behelfsalarmmittel	Tonographie GmbH, Kantstraße 54, Berlin-Charlottenburg
35	**RL4-37/51**	Marsiana-Sirene für Handbetrieb	Mars-Werke AG, Nürnberg-Doos
36	**RL4-37/53**	Steuergerät Form St 637 (Impulssystem, Wechselstrom) für LS-Großalarmanlagen mit Steuerung über Feuermeldeleitungen	Telefonbau und Normalzeit GmbH, Mainzer Landstraße 134-142, Frankfurt / M.
37	**RL4-37/54**	Steuergerät Form St 737 (Impulssystem, Wechselstrom) für LS-Großalarmanlagen mit Steuerung über Feuermeldeleitungen	Telefonbau und Normalzeit GmbH, Mainzer Landstraße 134-142, Frankfurt / M.
38	**RL4-37/55**	LS-Handsirene HSM 7	Elektror Karl W. Müller & Co., Richard-Hirschmann-Straße 12, Esslingen
39	**RL4-38/2**	Überdruckventil	Drägerwerk, Heinr. u. Bernh. Dräger, Moislinger Allee 53-55, Lübeck
40	**RL4-38/3**	Absperrventil mit Flanschanschluß	Drägerwerk, Heinr. u. Bernh. Dräger, Moislinger Allee 53-55, Lübeck
41	**RL4-38/4**	Belüftungsventil mit Flanschanschluß	Drägerwerk, Heinr. u. Bernh. Dräger, Moislinger Allee 53-55, Lübeck
42	**RL4-38/5**	Zusatzsteuergerät St 738	Sachsenwerk Licht- und Kraft AG, Niedersedlitz
43	**RL4-38/6**	Raumfilter Typ 2054-2055 (0,6 m^3/min.)	Drägerwerk, Heinr. u. Bernh. Dräger, Moislinger Allee 53-55, Lübeck
44	**RL4-38/7**	Raumfilter Typ 2058-2059 (1,2 m^3/min.)	Drägerwerk, Heinr. u. Bernh. Dräger, Moislinger Allee 53-55, Lübeck
45	**RL4-38/8**	Raumfilter Typ 2032-2033 (2,4 m^3/min.)	Drägerwerk, Heinr. u. Bernh. Dräger, Moislinger Allee 53-55, Lübeck

Fachgruppe 4: Fernmelde- und Alarmwesen			
	Kenn-Nr.	**Beschreibung**	**Hersteller**
46	**RL4-38/9**	Schaltgerät, Form S 138	Metzenauer & Jung, Wuppertal-Elberfeld
47	**RL4-38/10**	Luftförderer MR 2400 (2,4 m³/min.) nach Zeichnung Nr. 809 Z, mit Handantrieb oder Handantrieb und elektrischem Antrieb	Auergesellschaft AG, Berlin, Werk Oranienburg
48	**RL4-38/11**	Luftförderer M 2400 (2,4 m³/min.) nach Zeichnung Nr. 886, mit Handantrieb oder Handantrieb und elektrischem Antrieb	Auergesellschaft AG, Berlin, Werk Oranienburg
49	**RL4-38/12**	Überdruckventil nach Zeichnung G S 30	Maschinenfabr. Rheinwerk Heinen & Co., Wuppertal-Oberbarmen
50	**RL4-38/13**	Belüftungsventil mit Rohranschluß und Luftaustrittsöffnung, 100mm Durchmesser	Drägerwerk, Heinr. u. Bernh. Dräger, Moislinger Allee 53-55, Lübeck
51	**RL4-38/14**	Belüftungsventil mit Rohranschluß und Luftaustrittsöffnung, 150mm Durchmesser	Drägerwerk, Heinr. u. Bernh. Dräger, Moislinger Allee 53-55, Lübeck
52	**RL4-38/15**	Luftförderer für Schutzräume Nr. 12a (1,2 m³/min.)	Drägerwerk, Heinr. u. Bernh. Dräger, Moislinger Allee 53-55, Lübeck
53	**RL4-38/16**	Luftförderer für Schutzräume Nr. 24 (2,4 m³/min.)	Drägerwerk, Heinr. u. Bernh. Dräger, Moislinger Allee 53-55, Lübeck
54	**RL4-38/17**	Transkommandosender A	AEG - Allgemeine Elektrizitäts-Gesellschaft, Berlin
55	**RL4-38/19**	Steuergerät Form St 338 (Wechselstrom) für Luftschutz-Großalarmanlagen mit Steuerung über Feuermeldeleitungen	Mix & Genest AG, Berlin-Schöneberg
56	**RL4-38/20**	Steuergerät Form St 138 (Wechselstrom) für Luftschutz-Großalarmanlagen mit Steuerung über Feuermeldeleitungen	C. Lorenz AG, Lorenzweg, Berlin-Tempelhof
57	**RL4-38/21**	Steuergerät Form St 238 (Gleichstrom) für Luftschutz-Großalarmanlagen mit Steuerung über Feuermeldeleitungen	C. Lorenz AG, Lorenzweg, Berlin-Tempelhof
58	**RL4-38/25**	Luftförderer für Schutzräume LS3 (1,2 m³/min.)	Maschinenfabr. Rheinwerk Heinen & Co., Wuppertal-Oberbarmen

Fachgruppe 4: Fernmelde- und Alarmwesen			
	Kenn-Nr.	**Beschreibung**	**Hersteller**
59	**RL4-38/26**	Luftförderer für Schutzräume LS4 (2,4 m³/min.) nach Zeichnung Nr. GS-400 für Handantrieb oder Hand- und elektromotorischen Antrieb	Maschinenfabr. Rheinwerk Heinen & Co., Wuppertal-Oberbarmen
60	**RL4-38/27**	Steuergerät Form St 638 (Wechselstrom) für LS-Großalarmanlagen mit Steuerung über Feuermeldeleitungen (Kabelnetze)	Siemens & Halske AG, Berlin-Siemensstadt
61	**RL4-38/28**	Steuergerät Form St 838 (Gleichstrom) für LS-Großalarmanlagen mit Steuerung über Feuermeldeleitungen (Kabelnetze)	Siemens & Halske AG, Berlin-Siemensstadt
62	**RL4-38/29**	Luftförderer für Schutzräume Nr. 14a (2,4 m³/min. und 5 m³/min.)	Drägerwerk, Heinr. u. Bernh. Dräger, Moislinger Allee 53-55, Lübeck
63	**RL4-38/30**	Luftförderer für Schutzräume Nr. 16 (7,5 m³/min.)	Anton Piller KG, Maschinenfabrik, Osterode / Harz
64	**RL4-38/31**	Luftförderer	Anton Piller KG, Maschinenfabrik, Osterode / Harz
65	**RL4-38/32**	Luftförderer	Anton Piller KG, Maschinenfabrik, Osterode / Harz
66	**RL4-38/33**	Luftförderer	Anton Piller KG, Maschinenfabrik, Osterode / Harz
67	**RL4-38/34**	Luftförderer	Anton Piller KG, Maschinenfabrik, Osterode / Harz
68	**RL4-38/35**	Luftförderer	Anton Piller KG, Maschinenfabrik, Osterode / Harz
69	**RL4-38/38**	Handalarm-Sirene Type III, mit Bremse als Behelfsalarmgerät	BKD - Bruno Knittel, Dresden
70	**RL4-38/40**	Steuergerät Form St 1138 (Gleichstrom) für Luftschutz-Großalarmanlagen mit Steuerung über Feuermeldeleitungen	Mix & Genest AG, Berlin-Schöneberg
71	**RL4-38/41**	Fernsprecher für Luftschutzzwecke, tragbar	Friedrich Reiner, Jahnstraße 38, München
72	**RL4-38/43**	Schnellverschlußklappe nach Zeichnung GS 15a für Luftschutzraum-Belüftungsanlagen	Maschinenfabr. Rheinwerk Heinen & Co., Wuppertal-Oberbarmen

Fachgruppe 4: Fernmelde- und Alarmwesen			
	Kenn-Nr.	**Beschreibung**	**Hersteller**
73	**RL4-38/44**	Raumfilter R 300 (0,3 m³/min.)	Auergesellschaft AG, Friedrich-Krause-Ufer 24, Berlin-Tiergarten
74	**RL4-38/45**	Raumfilter R 600 (0,6 m³/min.)	Auergesellschaft AG, Friedrich-Krause-Ufer 24, Berlin-Tiergarten
75	**RL4-38/46**	Raumfilter R 1200 (1,2 m³/min.)	Auergesellschaft AG, Friedrich-Krause-Ufer 24, Berlin-Tiergarten
76	**RL4-38/47**	Raumfilter R 2400 (2,4 m³/min., Schwebstoff- und Gasfilter)	Auergesellschaft AG, Berlin, Werk Oranienburg
77	**RL4-38/48**	Steuergerät St 538, hand-automatisch arbeitend	Walther-Werke Ferdinand Walther, Grimma
78	**RL4-38/49**	Schaltgerät S 338, für 1 kW-Luftschutz-Motorsirenen	Walther-Werke Ferdinand Walther, Grimma
79	**RL4-38/50**	Schaltgerät S 238 a, b, c und d, für 5 kW-Luftschutz-Motorsirenen	Walther-Werke Ferdinand Walther, Grimma
80	**RL4-38/51**	Schaltsteuergerät SSt 138, für 1 kW-Luftschutz-Motosirenen	Walther-Werke Ferdinand Walther, Grimma
81	**RL4-38/52**	Sirenen-Mittel-Aggregat, Form L 138, 1 kW	Elektror Karl W. Müller & Co., Richard-Hirschmann-Straße 12, Esslingen
82	**RL4-38/53**	Steuergestell mit Gleichstrom-Ferntastung zur Fernsteuerung von Luftschutz-Sirenen über Feuermeldeleitungen mittels Tonfrequenz	Telefonbau und Normalzeit GmbH, Mainzer Landstraße 134-142, Frankfurt / M.
83	**RL4-38/55**	Handsirene HSM 7 (?)	Elektror Karl W. Müller & Co., Richard-Hirschmann-Straße 12, Esslingen
84	**RL4-38/56**	Schutzraumbelüfter PWL 6 (0,6 m³/min.)	Anton Piller KG, Maschinenfabrik, Osterode / Harz
85	**RL4-38/57**	Schutzraumbelüfter PWL 12 (1,2 m³/min.)	Anton Piller KG, Maschinenfabrik, Osterode / Harz
86	**RL4-38/58**	Schutzraumbelüfter PWL 24 (2,4 m³/min.)	Anton Piller KG, Maschinenfabrik, Osterode / Harz

Fachgruppe 4: Fernmelde- und Alarmwesen			
	Kenn-Nr.	**Beschreibung**	**Hersteller**
87	**RL4-38/59**	BKD-Handalarmsirene I	BKD – Bruno Knittel, Dresden
88	**RL4-38/60**	BKD-Handalarmsirene II	BKD – Bruno Knittel, Dresden
89	**RL4-38/61**	Luftschutz-Motorsirene, Form L 2337	Jurk-Sirenenfabrik Rupert Rauch, Radeberg
90	**RL4-38/62**	Überdruckventil nach Zeichnung Ü V 702	Joh. Casp. Post Söhne, Hagen
91	**RL4-38/63**	150 W-Doppelsirene als Behelfsalarmmittel	Jurk-Sirenenfabrik Rupert Rauch, Radeberg
92	**RL4-38/64**	Überdruckventil Typ Um24	Auergesellschaft AG, Friedrich-Krause-Ufer 24, Berlin-Tiergarten
93	**RL4-38/65**	Abluftventil Typ As	Auergesellschaft AG, Friedrich-Krause-Ufer 24, Berlin-Tiergarten
94	**RL4-38/71**	Steuergestell mit örtlicher Auslösung zur Fernsteuerung von Luftschutz-Sirenen über Feuermeldeleitungen mittels Tonfrequenz	Siemens & Halske AG, Berlin-Siemensstadt
95	**RL4-38/72**	Ferntastgerät Form Ft 1	Siemens & Halske AG, Berlin-Siemensstadt
96	**RL4-38/74**	Steuergerät Form St 1038 (Gleichstrom) für LS-Großalarmanlagen mit Steuerung über Feuermeldeleitungen (Freileitungsnetze)	Siemens & Halske AG, Berlin-Siemensstadt
97	**RL4-38/75**	Luftförderer Bauart II Hd (1,2 m^3/min), Größe 12, nach Zeichnung Nr. 12-001	Franke und Skeide, Dievenower Straße 4, Breslau-Schmiedefeld
98	**RL4-38/76**	Luftförderer Type DS 1 (0,6 m^3/min.)	H. Spelleken Nachf. KG, Wuppertal-Oberbarmen
99	**RL4-38/77**	Abluftventil Type Af 75 nach Zeichnung Nr. 933 Z	Auergesellschaft AG, Friedrich-Krause-Ufer 24, Berlin-Tiergarten
100	**RL4-38/78**	Überdruckventil Umg 24 (2,4 m^3/min.) nach Zeichnung Nr. 876 AZ	Auergesellschaft AG, Berlin, Werk Oranienburg

Fachgruppe 4: Fernmelde- und Alarmwesen			
	Kenn-Nr.	**Beschreibung**	**Hersteller**
101	**RL4-38/79**	Haupt-Steuergestell mit Gleichstrom-Ferntastung zur Fernsteuerung von Luftschutz-Sirenen sowie zur Fernauslösung von Unter-Steuergestellen über Feuermeldeleitungen mittels Tonfrequenz	Siemens & Halske AG, Berlin-Siemensstadt
102	**RL4-38/80**	Unter-Steuergestell mit Tonfrequenz-Fernauslösung zur Fernsteuerung von Luftschutz-Sirenen über Feuermeldeleitungen mittels Tonfrequenz	Siemens & Halske AG, Berlin-Siemensstadt
103	**RL4-38/81**	Steuergestell mit Gleichstrom-Ferntastung zur Fernsteuerung von Luftschutz-Sirenen über Feuermeldeleitungen mittels Tonfrequenz	Siemens & Halske AG, Berlin-Siemensstadt
104	**RL4-38/82**	Luftförderer Bauart I Hd (0,6 m^3/min), Größe 6, nach Zeichnung Nr. 6-001	Franke und Skeide, Dievenower Straße 4, Breslau-Schmiedefeld
105	**RL4-38/83**	Unter-Steuergestell (Impuls-System) mit Tonfrequenz-Fernauslösung zur Fernsteuerung von Luftschutz-Sirenen über Feuermeldeleitungen mittels Tonfrequenz	Telefonbau und Normalzeit GmbH, Mainzer Landstraße 134-142, Frankfurt / M.
106	**RL4-38/84**	Luftschutz-Motorsirene, Form L 238, 1 kW	Hagener Elektrizitäts-Industrie GmbH (Helin), Hagen
107	**RL4-38/86**	Überdruckmesser für Luftschutzräume, mit Ausgleichsgefäß und Mundstück, nach Skizze Nr.18136 und Zeichnung Nr. 18999	Dreyer, Rosenkranz & Droop AG, Hannover
108	**RL4-38/87**	Handantriebssirene N 3 H als Behelfsalarmgerät	Luz-Sirene Peter Beißel, Berlin
109	**RL4-39/1**	Handsteuergerät Form St 139	Telefonbau und Normalzeit GmbH, Mainzer Landstraße 134-142, Frankfurt / M.
110	**RL4-39/2**	Luftförderer	Anton Kaeser, Hamburg
111	**RL4-39/4**	Signalanlage für den Werkluftschutz mit fester Kommandoform	Siemens & Halske AG, Berlin-Siemensstadt
112	**RL4-39/5**	Luftförderer (1,2 m^3/min.) nach Zeichnung LUm 101-0	Niessen-Werke KG, Linzer Straße 221, Wien

Fachgruppe 4: Fernmelde- und Alarmwesen			
	Kenn-Nr.	**Beschreibung**	**Hersteller**
113	**RL4-39/6**	Klein-Sirene US 50, 100 Watt, als Innenraum-Behelfsalarmgerät	Sachsenwerk Licht- und Kraft AG, Niedersedlitz
114	**RL4-39/7**	Klein-Sirene DUS 40, 100 Watt, als Innenraum-Behelfsalarmgerät	Sachsenwerk Licht- und Kraft AG, Niedersedlitz
115	**RL4-39/8**	Klein-Sirene DUS 150, 300 Watt, als Innenraum-Behelfsalarmgerät	Sachsenwerk Licht- und Kraft AG, Niedersedlitz
116	**RL4-39/9**	Abluftventil nach Zeichnung Nr. J 439317	Siemens-Schuckertwerke AG, Berlin-Siemensstadt
117	**RL4-39/13**	Fernsteuerzentrale zur Fernsteuerung von Luftschutz-Sirenen über Feuermeldeleitungen mittels Tonfrequenz	Siemens & Halske AG, Berlin-Siemensstadt
118	**RL4-39/14**	Ferntast-Empfangssatz für Fernsteuerzentralen zur Fernsteuerung von Luftschutz-Sirenen	Siemens & Halske AG, Berlin-Siemensstadt
119	**RL4-39/15**	Ferntastgerät Form Ft 2	Telefonbau und Normalzeit GmbH, Mainzer Landstraße 134-142, Frankfurt / M.
120	**RL4-39/16**	Luftförderer (0,6 m^3/min.) nach Zeichnung Nr. 1	Harry Noack, Neue Gasse 27, Breslau
121	**RL4-39/17**	Steuerzentrale zur Fernsteuerung von Luftschutz-Sirenen über freie Fernsprechleitungen mittels Gleichstromes	Siemens & Halske AG, Berlin-Siemensstadt
122	**RL4-39/18**	Steuergerät Form St 939 zur Fernsteuerung von Luftschutzsirenen über freie Fernsprechleitungen mittels Gleichstromes	Siemens & Halske AG, Berlin-Siemensstadt
123	**RL4-39/19**	Gleichstrom-Auslösegerät zur Fernauslösung von Luftschutz-Sirenen-Steuerzentralen über freie Fernsprechleitungen	Siemens & Halske AG, Berlin-Siemensstadt
124	**RL4-39/22**	Unter-Steuergestell mit Tonfrequenz-Fernauslösung zur Fernsteuerung von Luftschutz-Sirenen über Fernsprechleitungen mittels Tonfrequenz	Siemens & Halske AG, Berlin-Siemensstadt
125	**RL4-39/23**	Steuergestell mit Gleichstrom-Ferntastung zur Fernsteuerung von Luftschutz-Sirenen über Fernsprechleitungen mittels Tonfrequenz	Siemens & Halske AG, Berlin-Siemensstadt

Fachgruppe 4: Fernmelde- und Alarmwesen			
	Kenn-Nr.	**Beschreibung**	**Hersteller**
126	**RL4-39/24**	Steuergerät Form St 339 (Wechselstrom) für Luftschutz-Großalarmanlagen mit Steuerung über Fernsprechleitungen	Siemens & Halske AG, Berlin-Siemensstadt
127	**RL4-39/25**	Steuergerät Form St 439 (Gleichstrom) für Luftschutz-Großalarmanlagen mit Steuerung über Fernsprechleitungen	Siemens & Halske AG, Berlin-Siemensstadt
128	**RL4-39/27**	Hand-Steuergerät Form St 539	Telefonbau und Normalzeit GmbH, Mainzer Landstraße 134-142, Frankfurt / M.
129	**RL4-39/28**	Transkommandosender B für Starkstromnetze für Postleitungen	AEG - Allgemeine Elektrizitäts-Gesellschaft, Berlin
130	**RL4-39/29**	Steuergerät Form St 839 (Wechselstrom) für Luftschutz-Großalarmanlagen mit Steuerung über freie Fernsprechleitungen	C. Lorenz AG, Lorenzweg, Berlin-Tempelhof
131	**RL4-39/31**	Steuergestell mit Gleichstrom-Ferntastung zur Fernsteuerung von Luftschutz-Sirenen über Feuermeldeleitungen mittels Tonfrequenz	Mix & Genest AG, Berlin-Schöneberg
132	**RL4-39/33**	Ferntastgerät Form Ft 3	AEG - Allgemeine Elektrizitäts-Gesellschaft, Berlin
133	**RL4-39/34**	Transkommandosender B für Postleitungen mit Wechselstrombetrieb	AEG - Allgemeine Elektrizitäts-Gesellschaft, Berlin
134	**RL4-39/35**	Transkommandosender B für Postleitungen mit Gleichstrombetrieb	AEG - Allgemeine Elektrizitäts-Gesellschaft, Berlin
135	**RL4-39/36**	Ferntastgerät Form Ft 4	Mix & Genest AG, Berlin-Schöneberg
136	**RL4-39/37**	Steuergerät Form St 1039	Siemens & Halske AG, Berlin-Siemensstadt
137	**RL4-39/38**	Steuergerät Form St 1139	Buttermann & Schmidt, Steinmetzstraße 45, Berlin-Neukölln
138	**RL4-39/39**	Steuergerät Form St 1239	Buttermann & Schmidt, Steinmetzstraße 45, Berlin-Neukölln
139	**RL4-39/40**	Steuergerät Form St 1339	Buttermann & Schmidt, Steinmetzstraße 45, Berlin-Neukölln

Fachgruppe 4: Fernmelde- und Alarmwesen			
	Kenn-Nr.	**Beschreibung**	**Hersteller**
140	**RL4-39/41**	Steuergerät Form St 1439	Buttermann & Schmidt, Steinmetzstraße 45, Berlin-Neukölln
141	**RL4-39/42**	Transkommandosender C (Notsender)	AEG - Allgemeine Elektrizitäts-Gesellschaft, Berlin
142	**RL4-39/43**	Transkommandosender A (Standschrank)	AEG - Allgemeine Elektrizitäts-Gesellschaft, Berlin
143	**RL4-39/44**	Kraftfahrsirene Form K Si 137 Bauart Siemens als Behelfsalarmgerät	Hagener Elektrizitäts-Industrie GmbH (Helin), Hagen
144	**RL4-39/45**	Luftschutz-Motorsirene, Form L 139, 1 kW	Jurk-Sirenenfabrik Rupert Rauch, Radeberg
145	**RL4-39/46**	Luftschutz-Motorsirene, Form L 239, 1 kW	Siemens & Halske AG, Berlin-Siemensstadt
146	**RL4-39/47**	Ferntastgerät Form Ft 5	C. Lorenz AG, Lorenzweg, Berlin-Tempelhof
147	**RL4-39/48**	Luftschutz-Motorsirene, Form L 439, 100 Watt	Siemens & Halske AG, Berlin-Siemensstadt
148	**RL4-39/49**	Luftschutz-Motorsirene, Form L 339, 100 Watt, ohne tiefen Ton	Siemens-Schuckert, Berlin
149	**RL4-39/50**	Luftschutz-Motorsirene, Form L 539, 1000 Watt, ohne tiefen Ton	Siemens & Halske AG, Berlin-Siemensstadt
150	**RL4-39/82**	Steuergestell mit Gleichstrom-Ferntastung zur Fernsteuerung von Luftschutz-Sirenen über Feuermeldeleitungen mittels Tonfrequenz	C. Lorenz AG, Lorenzweg, Berlin-Tempelhof
151	**RL4-40/1**	Sirenensteuergerät, Typ S140 (220V, 60A)	
152	**RL4-40/3**	Steuerzentrale zur Fernsteuerung von Luftschutz-Sirenen über freie Fernsprechleitungen mittels Gleichstromes	Telefonbau und Normalzeit GmbH, Mainzer Landstraße 134-142, Frankfurt / M.
153	**RL4-40/4**	Steuerzentrale zur Fernsteuerung von Luftschutz-Sirenen über freie Fernsprechleitungen mittels Gleichstromes	Telefonbau und Normalzeit GmbH, Mainzer Landstraße 134-142, Frankfurt / M.
154	**RL4-40/5**	Steuergerät Form St 140 zur Fernsteuerung von Luftschutz-Sirenen über freie Fernsprechleitungen mittels Gleichstromes	Telefonbau und Normalzeit GmbH, Mainzer Landstraße 134-142, Frankfurt / M.

Fachgruppe 4: Fernmelde- und Alarmwesen			
	Kenn-Nr.	**Beschreibung**	**Hersteller**
155	**RL4-40/6**	Gleichstrom-Auslösegerät zur Fernauslösung von Luftschutz-Sirenen-Steuerzentralen über freie Fernsprechleitungen	Telefonbau und Normalzeit GmbH, Mainzer Landstraße 134-142, Frankfurt / M.
156	**RL4-40/8**	Steuergerät Form St 240	C. Lorenz AG, Lorenzweg, Berlin-Tempelhof
157	**RL4-40/9**	Steuergerät Form St 340	C. Lorenz AG, Lorenzweg, Berlin-Tempelhof
158	**RL4-40/11**	Alarmplatte T 70017 mit den Signalen „Heulton" und „Hoher Dauerton"	Telefunkenplatte GmbH, Berlin-Tempelhof
159	**RL4-40/12**	Steuergerät Form St 440 für Industrie-Luftschutz-Sirenen	C. Lorenz AG, Lorenzweg, Berlin-Tempelhof
160	**RL4-40/13**	Übertragersatz für Steuergeräte für Industrie-Luftschutz-Sirenen	C. Lorenz AG, Lorenzweg, Berlin-Tempelhof
161	**RL4-40/14**	Zusatzgerät zum Handsteuergerät St 539	Telefonbau und Normalzeit GmbH, Mainzer Landstraße 134-142, Frankfurt / M.
162	**RL4-40/15**	Zusatzgerät zum Handsteuergerät St 539	Telefonbau und Normalzeit GmbH, Mainzer Landstraße 134-142, Frankfurt / M.
163	**RL4-40/19**	Steuergerät Form St 740 zur Fernsteuerung von Luftschutz-Sirenen über Starkstromnetze	AEG - Allgemeine Elektrizitäts-Gesellschaft, Berlin
164	**RL4-40/20**	Handsteuergerät Form St 540	Telefonbau und Normalzeit GmbH, Mainzer Landstraße 134-142, Frankfurt / M.
165	**RL4-40/22**	Steuergestell (Impuls-System Telenorm II) zur Fernsteuerung von Luftschutz-Sirenen über Feuermeldeleitungen mittels Tonfrequenz	Telefonbau und Normalzeit GmbH, Mainzer Landstraße 134-142, Frankfurt / M.
166	**RL4-40/30**	Steuergerät Form St 1140	Siemens & Halske AG, Berlin-Siemensstadt
167	**RL4-40/31**	Steuergerät Form St 1140	Siemens & Halske AG, Berlin-Siemensstadt
168	**RL4-40/32**	Steuergerät Form St 1240	Siemens & Halske AG, Berlin-Siemensstadt

Fachgruppe 4: Fernmelde- und Alarmwesen			
	Kenn-Nr.	**Beschreibung**	**Hersteller**
169	**RL4-40/33**	Steuergerät Form St 1340	Siemens & Halske AG, Berlin-Siemensstadt
170	**RL4-40/34**	Steuergerät Form St 1440	Siemens & Halske AG, Berlin-Siemensstadt
171	**RL4-40/35**	Steuergerät Form St 1540	Siemens & Halske AG, Berlin-Siemensstadt
172	**RL4-40/36**	Steuergerät Form St 1640	Siemens & Halske AG, Berlin-Siemensstadt
173	**RL4-40/43**	Luftförderer für Luftschutzräume	Harry Noack, Neue Gasse 27, Breslau
174	**RL4-41/1**	Einheits-Luftschutz-Motorsirene, Form L 141, 5 kW, Drehstrom	Elektror Karl W. Müller & Co., Richard-Hirschmann-Straße 12, Esslingen
175	**RL4-41/2**	Kleine Einheitssirene, Form L241	Elektror Karl W. Müller & Co., Richard-Hirschmann-Straße 12, Esslingen
176	**RL4-41/3**	Schaltgerät S 340	Metzenauer & Jung, Wuppertal-Elberfeld
177	**RL4-41/4**	Einheits-Luftschutz-Motorsirene, Form L 141, 5 kW, Drehstrom	Hagener Elektrizitäts-Industrie GmbH (Helin), Hagen
178	**RL4-41/5**	Einheits-Luftschutz-Motorsirene, Form L 141, 5 kW, Drehstrom	Siemens & Halske AG, Berlin-Siemensstadt
179	**RL4-41/7**	Steuerzentrale zur Fernsteuerung von Luftschutz-Sirenen über Feuermeldeleitungen mittels Tonfrequenz (Normal-System, 2 Schleifen, 20 VA-Maschine)	Telefonbau und Normalzeit GmbH, Mainzer Landstraße 134-142, Frankfurt / M.
180	**RL4-41/8**	Gleichstrom-Auslösegerät zur Fernauslösung von LS-Sirenen-Steuerzentralen mit Tonfrequenz-Rückkontrolle	Telefonbau und Normalzeit GmbH, Mainzer Landstraße 134-142, Frankfurt / M.
181	**RL4-41/9**	Steuerzentrale zur Fernsteuerung von Luftschutz-Sirenen über freie Fernsprechleitungen mittels Gleichstromes (2 Signale)	Siemens & Halske AG, Berlin-Siemensstadt
182	**RL4-41/10**	Handsteuergerät Form St 640 (Starkstrom-Ausführung, 2 Signale)	Telefonbau und Normalzeit GmbH, Mainzer Landstraße 134-142, Frankfurt / M.

Fachgruppe 4: Fernmelde- und Alarmwesen			
	Kenn-Nr.	**Beschreibung**	**Hersteller**
183	**RL4-41/11**	Gleichstrom-Auslösegerät zur Fernauslösung von LS-Sirenen-Steuerzentralen (2 Signale)	Siemens & Halske AG, Berlin-Siemensstadt
184	**RL4-41/12**	Starkstromschalterrelais für Großalarmanlagen, Form St 141 (Einbautype)	C. Lorenz AG, Lorenzweg, Berlin-Tempelhof
185	**RL4-41/14**	Ferntast-Empfangssatz für Transkommandosender B	AEG - Allgemeine Elektrizitäts-Gesellschaft, Berlin
186	**RL4-41/15**	Einheits-Luftschutz-Motorsirene, Form L 141, 5 kW, Drehstrom	Elbtalwerk, Heidenau
187	**RL4-42/1**	Steuergerät Form St 142 (Wechselstrom) für LS-Großalarmanlagen mit Steuerung über Feuermeldeleitungen (Freileitungsnetze)	Siemens & Halske AG, Berlin-Siemensstadt
188	**RL4-42/2**	Steuergerät Form St 242 (Gleichstrom) für LS-Großalarmanlagen mit Steuerung über Feuermeldeleitungen (Freileitungsnetze)	Siemens & Halske AG, Berlin-Siemensstadt
189	**RL4-42/3**	Steuergerät Form St 342 (Wechselstrom) für LS-Großalarmanlagen mit Steuerung über Feuermeldeleitungen (Kabelnetze)	Siemens & Halske AG, Berlin-Siemensstadt
190	**RL4-42/4**	Steuergerät Form St 442 (Gleichstrom) für LS-Großalarmanlagen mit Steuerung über Feuermeldeleitungen (Kabelnetze)	Siemens & Halske AG, Berlin-Siemensstadt
191	**RL4-42/5**	Steuergerät Form St 542 (Wechselstrom) für LS-Großalarmanlagen mit Steuerung über freie Fernsprechleitungen	Siemens & Halske AG, Berlin-Siemensstadt
192	**RL4-42/6**	Steuergerät Form St 642 (Gleichstrom-Netzanschluß) für LS-Großalarmanlagen mit Steuerung über freie Fernsprechleitungen	Siemens & Halske AG, Berlin-Siemensstadt
193	**RL4-42/7**	Schaltgerät Form S 142 (Gleichstrom-Ausführung mit Vorwiderstand für einmotorige Sirenen)	Metzenauer & Jung, Wuppertal-Elberfeld

Fachgruppe 4: Fernmelde- und Alarmwesen			
	Kenn-Nr.	**Beschreibung**	**Hersteller**
194	**RL4-42/8**	Steuergestell zur Fernsteuerung von Luftschutzsirenen über freie Fernsprechleitungen mit Gleichstrom-Impulsen (50 Anschlüsse)	C. Lorenz AG, Lorenzweg, Berlin-Tempelhof
195	**RL4-42/9**	Steuergerät Form St 742 (Starkstrom-Netzanschluß) für LS-Großalarmanlagen mit Steuerung über freie Fernsprechleitungen, Einbautyp	Siemens & Halske AG, Berlin-Siemensstadt
196	**RL4-42/10**	Steuergerät für Großalarmanlagen mit Steuerung über freie Fernsprechleitungen mittels Gleichstrom, Form 842 (Starkstromanschalte-Relais, Gußgehäusetyp)	Telefonbau und Normalzeit GmbH, Mainzer Landstraße 134-142, Frankfurt / M.
197	**RL4-42/11**	Steuergerät für Großalarmanlagen mit Steuerung über freie Fernsprechleitungen mittels Gleichstrom, Form 942 (Starkstromanschalte-Relais, Einbautyp)	Telefonbau und Normalzeit GmbH, Mainzer Landstraße 134-142, Frankfurt / M.
198	**RL4-42/12**	Steuerzentrale zur Fernsteuerung von Luftschutz-Sirenen über freie Fernsprechleitungen mittels Gleichstromes	Telefonbau und Normalzeit GmbH, Mainzer Landstraße 134-142, Frankfurt / M.
199	**RL4-42/13**	Steuergerät Form St 1042 (Wechselstrom-Netzanschluß) für LS-Großalarmanlagen mit Steuerung über freie Fernsprechleitungen (Tonfrequenz-Normalsystem)	Telefonbau und Normalzeit GmbH, Mainzer Landstraße 134-142, Frankfurt / M.
200	**RL4-42/14**	Steuergerät Form St 1142 (Gleichstrom-Netzanschluß) für LS-Großalarmanlagen mit Steuerung über freie Fernsprechleitungen (Tonfrequenz-Normalsystem)	Telefonbau und Normalzeit GmbH, Mainzer Landstraße 134-142, Frankfurt / M.
201	**RL4-42/15**	Steuergerät Form St 1242 (Wechselstrom-Netzanschluß) für LS-Großalarmanlagen mit Steuerung über freie Fernsprechleitungen (Tonfrequenz-Impulssystem)	Telefonbau und Normalzeit GmbH, Mainzer Landstraße 134-142, Frankfurt / M.
202	**RL4-42/16**	Steuergerät Form St 1342 (Starkstromanschalterrelais in Preßstoffgehäuse) für LS-Großalarmanlagen mit Steuerung über freie Fernsprechleitungen mittels Gleichstroms	C. Lorenz AG, Lorenzweg, Berlin-Tempelhof

Fachgruppe 4: Fernmelde- und Alarmwesen			
	Kenn-Nr.	**Beschreibung**	**Hersteller**
203	**RL4-43/1**	Alarmsignalgeber Ela T 201/1	Telefunken Gesellschaft für drahtlose Telegraphie mbH, Hallesches Ufer 30, Berlin
204	**RL4-43/2**	Alarmplatte To 5200/01 mit den Signalen „Fliegeralarm", „Öffentliche Luftwarnung" und „Entwarnung"	Tonographie GmbH, Kantstraße 54, Berlin-Charlottenburg
Teilweise wurden die RL-Nummern auf Baumuster und an Industrie- und Handwerksverbände vergeben oder an andere / weitere Hersteller übertragen, so dass auch andere als der hier angegebene Hersteller auftreten können.			

Fachgruppe 5: Luftschutzsanitäts- und Veterinärwesen			
	Kenn-Nr.	**Beschreibung**	**Hersteller**
1	**RL5-36/1**	Gestell der Luftschutz-Krankentrage DIN Fanok 25	Gerätebau Dipl.-Ing. F. Born
2	**RL5-36/2**	Luftschutz-Krankentrage DIN Fanok 25	Autofix Mertiny KG, Kitzingstraße 1, Berlin-Marienfelde
3	**RL5-36/3**	Luftschutz-Krankentrage DIN Fanok 25	Wilhelm Neye, Liberdastraße 14, Berlin-Neukölln
4	**RL5-36/4**	Luftschutz-Krankentrage DIN Fanok 25	Adolf Schmidt, Markstraße 17/18, Berlin-Reinickendorf
5	**RL5-36/5**	Luftschutz-Krankentrage DIN Fanok 25	J. Otto Schulz, Oranienburger Straße 50, Berlin
6	**RL5-36/6**	Luftschutz-Krankentrage DIN Fanok 25	Stollenwerk GmbH, Fabrik für Krankentransportgeräte, Babelsberg
7	**RL5-36/8**	Luftschutz-Hausapotheke	Alfred Kipping KG, Kyffhäuserstraße 27, Dresden
8	**RL5-36/9**	Luftschutz-Hausapotheke	Lohmann KG, Verbandstoff- und Pflasterfabriken, Fahr am Rhein
9	**RL5-36/10**	Luftschutz-Gastasche	Alfred Kipping KG, Kyffhäuserstraße 27, Dresden
10	**RL5-36/11**	Luftschutz-Hausapotheke	W. Söhngen & Co., Fabriken für Verbandstoffe und Sanitätsausrüstungen, Waldstraße 25, Wiesbaden
11	**RL5-36/13**	Luftschutz-Hausapotheke	Pharmazeutische Handelsges. Rosenberger, Stettin
12	**RL5-36/15**	Luftschutz-Hausapotheke	Hausen & Co., Trier
13	**RL5-36/17**	Luftschutz-Hausapotheke	Chemnitzer Verbandstoff-Fabrik Theodor Schuffenhauer, Frauenstraße 5-7, Chemnitz
14	**RL5-36/18**	Luftschutz-Hausapotheke	Verbandstoff-Fabrik Albert Koerner, Heusteigstraße 86b, Stuttgart
15	**RL5-36/23**	Luftschutz-Hausapotheke	Paul Hartmann AG, Heidenheim / Brenz
16	**RL5-36/29**	Luftschutz-Hausapotheke (Blechkasten)	

Fachgruppe 5: Luftschutzsanitäts- und Veterinärwesen			
	Kenn-Nr.	**Beschreibung**	**Hersteller**
17	**RL5-36/32**	Luftschutz-Hausapotheke	Capsel- und Verbandstoff-Fabrik "Breca" GmbH, Gartenstraße 3, Breslau
18	**RL5-36/33**	Luftschutz-Hausapotheke	Max Kermes, Fabrik medizinischer Verbandstoffe, Hainichen
19	**RL5-36/36**	Luftschutz-Hausapotheke	Dr. Hermann Rohrbeck Nachf. GmbH, Albrechtstraße 15, Berlin
20	**RL5-36/41**	Luftschutz-Verbandkasten	Lohmann KG, Verbandstoff- und Pflasterfabriken, Fahr am Rhein
21	**RL5-36/44**	Luftschutz-Sanitätstasche	Lohmann KG, Verbandstoff- und Pflasterfabriken, Fahr am Rhein
22	**RL5-36/46**	Luftschutz-Hausapotheke	Hazet-Werkstätten Erich Haack, Reinickendorfer Straße 41, Berlin-Wedding
23	**RL5-37/(?)**	Luftschutz-Hausapotheke (Blechkasten)	H. W. Barlen, Verbandstoff-Fabrik, Alexandrinenstraße 27, Berlin-Charlottenburg
24	**RL5-37/2**	Luftschutz-Sanitätstasche	Dr. Hermann Rohrbeck Nachf. GmbH, Albrechtstraße 15, Berlin
25	**RL5-37/3**	Luftschutz-Gastasche	Dr. Hermann Rohrbeck Nachf. GmbH, Albrechtstraße 15, Berlin
26	**RL5-37/4**	Luftschutz-Sanitätstasche	
27	**RL5-37/8**	Luftschutz-Sanitätstasche	Alfred Kipping KG, Kyffhäuserstraße 27, Dresden
28	**RL5-37/9**	Luftschutz-Verbandkasten	Dr. Hermann Rohrbeck Nachf. GmbH, Albrechtstraße 15, Berlin
29	**RL5-37/10**	Luftschutz-Hausapotheke	Hageda AG (Handelsgesellschaft Deutscher Apotheker AG), Dortmunder Straße 12, Berlin
30	**RL5-37/11**	Luftschutz-Verbandkasten	Dr. Degen & Kuth, Düren
31	**RL5-37/12**	Luftschutz-Verbandkasten	Paul Hartmann AG, Heidenheim / Brenz
32	**RL3-37/13**	Luftschutz-Sanitätstasche	Paul Hartmann AG, Heidenheim / Brenz

Fachgruppe 5: Luftschutzsanitäts- und Veterinärwesen			
	Kenn-Nr.	**Beschreibung**	**Hersteller**
33	**RL5-37/15**	Luftschutz-Gastasche für Ärzte	Alfred Kipping KG, Kyffhäuserstraße 27, Dresden
34	**RL5-37/16**	Luftschutz-Gastasche	Alfred Kipping KG, Kyffhäuserstraße 27, Dresden
35	**RL5-37/18**	Luftschutz-Sanitätstasche	W. Söhngen & Co., Fabriken für Verbandstoffe und Sanitätsausrüstungen, Waldstraße 25, Wiesbaden
36	**RL5-37/19**	Luftschutz-Gastasche	W. Söhngen & Co., Fabriken für Verbandstoffe und Sanitätsausrüstungen, Waldstraße 25, Wiesbaden
37	**RL5-37/20**	Luftschutz-Verbandkasten	W. Söhngen & Co., Fabriken für Verbandstoffe und Sanitätsausrüstungen, Waldstraße 25, Wiesbaden
38	**RL5-37/22**	Luftschutz-Gastasche	Vereinigte Laborbedarfs- und Glaslieferungs GmbH, Lausitzer Straße 10, Berlin
39	**RL5-37/23**	Luftschutz-Verbandkasten	
40	**RL5-37/24**	Luftschutz-Gastasche für Ärzte	Dr. Hermann Rohrbeck Nachf. GmbH, Albrechtstraße 15, Berlin
41	**RL5-37/25**	Luftschutz-Gastasche	Dr. Degen & Kuth, Düren
42	**RL5-37/26**	Luftschutz-Gastasche	Paul Hartmann AG, Heidenheim / Brenz
43	**RL5-37/34**	Luftschutz-Krankentrage DIN Fanok 25	Rana-Werke, Klardorf
44	**RL5-37/35**	Luftschutz-Krankentrage DIN Fanok 25	Rieth & Sohn, Drontheimer Straße 30/31, Berlin
45	**RL5-37/36**	Luftschutz-Krankentrage DIN Fanok 25	Carl Friedrich Schauer & Co., Breite Straße 29, Berlin
46	**RL5-37/37**	Luftschutz-Krankentrage DIN Fanok 25	J. G. Bursche & Co. GmbH, Pulsnitz
47	**RL5-37/38**	Luftschutz-Krankentrage DIN Fanok 25	Ferd. Bethäuser, Fürther Straße 310-312, Nürnberg
48	**RL5-37/39**	Luftschutz-Krankentrage DIN Fanok 25	L. & C. Arnold, Stendal

Fachgruppe 5: Luftschutzsanitäts- und Veterinärwesen

	Kenn-Nr.	Beschreibung	Hersteller
49	**RL5-37/40**	Luftschutz-Krankentrage DIN Fanok 25	Brüder Fuchs, Maikowskistraße 30, Berlin-Charlottenburg
50	**RL5-37/41**	Luftschutz-Krankentrage DIN Fanok 25	Vereinigte Fabriken C. Maquet, Rastatt
51	**RL5-37/42**	Luftschutz-Krankentrage DIN Fanok 25	Waggon- und Maschinenbau AG (WUMAG), Görlitz
52	**RL5-37/43**	Luftschutz-Krankentrage DIN Fanok 25	Julius Dietrich & Hannak, Straße der SA 100, Chemnitz
53	**RL5-37/44**	Luftschutz-Krankentrage DIN Fanok 25	Rud. Hausherr & Söhne, Sprockhövel
54	**RL5-37/45**	Luftschutz-Krankentrage DIN Fanok 25	Johann Stiegelmeyer & Co. GmbH, Herford
55	**RL5-37/46**	Luftschutz-Krankentrage DIN Fanok 25	Gustav Markus, Metallwarenfabrik, Westenhellweg, Soest
56	**RL5-37/48**	Luftschutz-Verbandkasten	F. & C. Achenbach, Mainzer Landstraße 195/217, Frankfurt
57	**RL5-37/49**	Luftschutz-Krankentrage DIN Fanok 25	Hermann Siegrist, Friedberger Landstraße 298, Frankfurt / M.
58	**RL5-37/58**	Luftschutz-Sanitätstasche	Richter & Co., Berlin-Charlottenburg
59	**RL5-37/60**	Luftschutz-Verbandkasten	Richter & Co., Berlin-Charlottenburg
60	**RL5-37/62**	Luftschutz-Gastasche	Bollmann, Tuttlingen
61	**RL5-37/82**	Luftschutz-Krankentrage DIN Fanok 25	Metallbettenfabrik Noris, Greller & Weber, Nürnberg-Feucht
62	**RL5-37/83**	Luftschutz-Krankentrage DIN Fanok 25	Michael Kiefer & Co., Blutenburgstraße, München
63	**RL5-37/83**	Luftschutz-Gastasche	Hageda AG (Handelsgesellschaft Deutscher Apotheker AG), Dortmunder Straße 12, Berlin
64	**RL5-37/84**	Luftschutz-Sanitätstasche	Paul Klopfer, Berlin
65	**RL5-37/85**	Luftschutz-Gastasche	Paul Klopfer, Berlin

Fachgruppe 5: Luftschutzsanitäts- und Veterinärwesen			
	Kenn-Nr.	**Beschreibung**	**Hersteller**
66	**RL5-37/87**	Luftschutz-Gastasche für Ärzte	Alfred Kipping KG, Kyffhäuserstraße 27, Dresden
67	**RL5-37/90**	Luftschutz-Sanitätstasche	Evens & Pistor, Helsa bei Kassel
68	**RL5-37/91**	Luftschutz-Gastasche	Evens & Pistor (?), Helsa bei Kassel (?)
69	**RL5-37/92**	Luftschutz-Verbandkasten	Evens & Pistor, Helsa bei Kassel
70	**RL5-37/93**	Luftschutz-Hausapotheke	Evens & Pistor (?), Helsa bei Kassel (?)
71	**RL5-37/102**	Luftschutz-Krankentrage DIN Fanok 25	Bremshey & Co., Solingen
72	**RL5-37/103**	Luftschutz-Krankentrage DIN Fanok 25	Köhler & Cie., Heidelberg
73	**RL5-37/109**	Luftschutz-Gastasche	Danielzick & Berger, Mittweida
74	**RL5-38/1**	Luftschutz-Sanitätstasche	E. Nolde & Co. GmbH, General-Litzmann-Straße 72, Königsberg
75	**RL5-38/2**	Luftschutz-Gastasche	E. Nolde & Co. GmbH, General-Litzmann-Straße 72, Königsberg
76	**RL5-38/3**	Luftschutz-Verbandkasten	E. Nolde & Co. GmbH, General-Litzmann-Straße 72, Königsberg
77	**RL5-38/7**	Luftschutz-Sanitätstasche	Günther Wilke, Halberstädter Straße 3, Magdeburg
78	**RL5-38/8**	Luftschutz-Verbandkasten	Günther Wilke, Halberstädter Straße 3, Magdeburg
79	**RL5-38/9**	Luftschutz-Hausapotheke	Günther Wilke, Halberstädter Straße 3, Magdeburg
80	**RL5-38/15**	Luftschutz-Gastasche für Ärzte	Dr. Degen & Kuth, Düren
81	**RL5-38/16**	Luftschutz-Verbandkasten	Dr. Gutzeit & Braun, Steindamm 173, Königsberg

Fachgruppe 5: Luftschutzsanitäts- und Veterinärwesen			
	Kenn-Nr.	**Beschreibung**	**Hersteller**
82	**RL5-38/17**	Luftschutz-Gastasche	Ludwig Sebode, Gartenstraße 19 , Breslau
83	**RL5-38/18**	Luftschutz-Gastasche für Ärzte	W. Söhngen & Co., Fabriken für Verbandstoffe und Sanitätsausrüstungen, Waldstraße 25, Wiesbaden
84	**RL5-38/19**	Luftschutz-Gastasche	Sauer & Co., Schiebestraße 32, Leipzig
85	**RL5-38/20**	Luftschutz-Verbandkasten	Sauer & Co., Schiebestraße 32, Leipzig
86	**RL5-38/21**	Luftschutz-Gastasche für Ärzte	Vereinigte Laborbedarfs- und Glaslieferungs GmbH, Lausitzer Straße 10, Berlin
87	**RL5-38/22**	Luftschutz-Verbandkasten	Günther Wilke, Halberstädter Straße 3, Magdeburg
88	**RL5-38/23**	Luftschutz-Verbandkasten	Dr. Bader & Schluckwerder, Chemnitz
89	**RL5-38/24**	Luftschutz-Hausapotheke	E. Pohl & Co., Forsmannstraße 26/30, Hamburg-Winterhude
90	**RL5-38/25**	Luftschutz-Verbandkasten	E. Pohl & Co., Forsmannstraße 26/30, Hamburg-Winterhude
91	**RL5-38/26**	Luftschutz-Hausapotheke	Gebr. Koch, Aegidiistraße 65, Münster/Westf.
92	**RL5-38/33**	Luftschutz-Sanitätstasche	Sauer & Co., Schiebestraße 32, Leipzig
93	**RL5-38/34**	Luftschutz-Sanitätstasche	Cosack & Cie., Duisburger Str. 19-19a, Düsseldorf
94	**RL5-38/35**	Luftschutz-Gastasche	Cosack & Cie., Duisburger Str. 19-19a, Düsseldorf
95	**RL5-38/36**	Luftschutz-Gastasche	Gebr. Koch, Aegidiistraße 65, Münster/Westf.
96	**RL5-38/37**	Luftschutz-Hausapotheke (Blechkasten)	Hermann Junghanns, Beierfeld / Erzgebirge
97	**RL5-38/38**	Luftschutz-Hausapotheke (Blechkasten)	WESCO (M. Westermann & Co. GmbH), Neheim / Ruhr

Fachgruppe 5: Luftschutzsanitäts- und Veterinärwesen			
	Kenn-Nr.	**Beschreibung**	**Hersteller**
98	**RL5-38/39**	Luftschutz-Hausapotheke (Blechkasten)	Anton Reiche AG, Dresden
99	**RL5-38/40**	Luftschutz-Sanitätstasche	Dr. Bader & Schluckwerder, Chemnitz
100	**RL5-38/41**	Luftschutz-Gastasche	Dr. Bader & Schluckwerder, Chemnitz
101	**RL5-38/42**	Luftschutz-Hausapotheke (Blechkasten)	Rudolf Lötzsch, Crottendorf / Erzgebirge
102	**RL5-38/43**	Luftschutz-Hausapotheke (Blechkasten)	Gebr. Gräbner, Crottendorf / Erzgebirge
103	**RL5-38/46**	Luftschutz-Hausapotheke	Vereinigte Laborbedarfs- und Glaslieferungs GmbH, Lausitzer Straße 10, Berlin
104	**RL5-39/1**	Luftschutz-Hausapotheke (Blechkasten)	Blechwarenfabrik Aubach Herm. Buchholtz, Aubach bei Neuwied
105	**RL5-39/2**	Werkluftschutz-Zusatzverbandkasten	Alfred Kipping KG, Kyffhäuserstraße 27, Dresden
106	**RL5-39/3**	Werkluftschutz-Zusatzverbandkasten	Vereinigte Laborbedarfs- und Glaslieferungs GmbH, Lausitzer Straße 10, Berlin
107	**RL5-39/4**	Luftschutz-Hausapotheke (Blechkasten)	C. Herrmann Groß, Grünhain / Sachsen
108	**RL5-39/7**	Werkluftschutz-Zusatzverbandkasten (für Betriebe bis 50 Angestellte)	W. Söhngen & Co., Fabriken für Verbandstoffe und Sanitätsausrüstungen, Waldstraße 25, Wiesbaden
109	**RL5-39/16**	Luftschutz-Hausapotheke	Camillo Schreiber, Blech- und Aluminiumwarenfabrik, Crottendorf / Erzgebirge
110	**RL5-39/21**	Luftschutz-Hausapotheke (Blechkasten)	Richard Geidel, Schwarzenberg / Erzgebirge
111	**RL5-39/24**	Luftschutz-Gastasche	Capsel- und Verbandstoff-Fabrik „Breca“ GmbH, Gartenstraße 3, Breslau
112	**RL5-39/25**	Luftschutz-Gastasche für Ärzte	Capsel- und Verbandstoff-Fabrik „Breca“ GmbH, Gartenstraße 3, Breslau

Fachgruppe 5: Luftschutzsanitäts- und Veterinärwesen			
	Kenn-Nr.	**Beschreibung**	**Hersteller**
113	**RL5-39/26**	Luftschutz-Gastasche für Ärzte	Sauer & Co., Schiebestraße 32, Leipzig
114	**RL5-39/27**	Luftschutz-Hausapotheke (Blechkasten)	Johann Breitenstein, Metallwarenfabrik, Emmerich
115	**RL5-39/28**	Werkluftschutz-Zusatzverbandkasten	Dr. Gutzeit & Braun, Steindamm 173, Königsberg
116	**RL5-39/29**	Luftschutz-Sanitätstasche	Verbandstoff-Fabrik G. W. Knöchel, Karolinenstraße 24, Essen
117	**RL5-39/30**	Gestell der Luftschutz-Krankentrage DIN Fanok 25	Rosenkaimer & Cie., Leichlingen
118	**RL5-39/31**	Luftschutz-Sanitätstasche	Verbandstoff-Fabrik Albert Koerner, Heusteigstraße 86b, Stuttgart
119	**RL5-39/32**	Werkluftschutz-Zusatzverbandkasten	Verbandstoff-Fabrik Lindner & Co., Beckerstraße 19, Chemnitz
120	**RL5-39/33**	Werkluftschutz-Zusatzverbandkasten	Verbandstoff-Fabrik Hansen & Co., Stiftstraße 9, Trier
121	**RL5-39/34**	Luftschutz-Hausapotheke (Blechkasten)	Metallwarenfabrik Johannes Großfuß, Döbeln
122	**RL5-39/36**	Werkluftschutz-Zusatzverbandkasten	Max Kermes, Fabrik medizinischer Verbandstoffe, Hainichen
123	**RL5-39/37**	Gestell der Luftschutz-Krankentrage DIN Fanok 25	V.M. Werke Vincent Wiederholt, Holzwickede
124	**RL5-39/38**	Luftschutz-Sanitätstasche	Bartsch, Quilitz & Co., Döberitzer Straße 3-4, Berlin
125	**RL5-39/39**	Luftschutz-Gastasche	Bartsch, Quilitz & Co., Döberitzer Straße 3-4, Berlin
126	**RL5-39/40**	Luftschutz-Verbandkasten	Bartsch, Quilitz & Co., Döberitzer Straße 3-4, Berlin
127	**RL5-39/41**	Luftschutz-Hausapotheke (Blechkasten)	Ernst Hecker, Aue
128	**RL5-39/42**	Luftschutz-Sanitätstasche	Rauscher & Co., Schottenfeldgasse 78, Wien
129	**RL5-39/43**	Luftschutz-Gastasche	Rauscher & Co., Schottenfeldgasse 78, Wien

Fachgruppe 5: Luftschutzsanitäts- und Veterinärwesen			
	Kenn-Nr.	**Beschreibung**	**Hersteller**
130	**RL5-39/44**	Luftschutz-Verbandkasten	Rauscher & Co., Schottenfeldgasse 78, Wien
131	**RL5-39/45**	Luftschutz-Hausapotheke	Rauscher & Co., Schottenfeldgasse 78, Wien
132	**RL5-39/46**	Luftschutz-Gastasche für Ärzte	Rauscher & Co., Schottenfeldgasse 78, Wien
133	**RL5-39/47**	Werkluftschutz-Zusatzverbandkasten	Paul Hartmann AG, Heidenheim / Brenz
134	**RL5-39/48**	Werkluftschutz-Zusatzverbandkasten	Verbandstoff-Fabrik Alfred Lutz- mann, Berlin
135	**RL5-39/49**	Luftschutz-Hausapotheke (Blechkasten)	Ehrhardt & Günther, Schmiedefeld
136	**RL5-39/50**	Luftschutz-Hausapotheke	Bartsch, Quilitz & Co., Döberitzer Straße 3-4, Berlin
137	**RL5-39/51**	Luftschutz-Sanitätstasche	Emil Kober jun., Wilhelmstraße 8, Chemnitz
138	**RL5-39/52**	Luftschutz-Gastasche	Emil Kober jun., Wilhelmstraße 8, Chemnitz
139	**RL5-39/53**	Luftschutz-Hausapotheke	Emil Kober jun., Wilhelmstraße 8, Chemnitz
140	**RL5-39/54**	Luftschutz-Sanitätstasche	Capsel- und Verbandstoff-Fabrik „Breca“ GmbH, Gartenstraße 3, Breslau
141	**RL5-39/55**	Werkluftschutz-Zusatzverbandkasten	Verbandstoff-Industrie GmbH, Elsasser Straße 59, Berlin
142	**RL5-39/55**	Luftschutz-Verbandkasten	Capsel- und Verbandstoff-Fabrik „Breca“ GmbH, Gartenstraße 3, Breslau
143	**RL5-39/56**	Werkluftschutz-Zusatzverbandkasten	M. Pech, Sanitärer Bedarf und Hygiene, Am Karlsbad 15, Berlin
144	**RL3-39/57**	Luftschutz-Verbandkasten	Emil Kober jun., Wilhelmstraße 8, Chemnitz
145	**RL5-39/64**	Chloramin-Puder „Heyden“ in Glas- flaschen mit Bakelitschraubverschluß zu 100 g	Chemische Fabrik von Heyden AG, Radebeul

Fachgruppe 5: Luftschutzsanitäts- und Veterinärwesen			
	Kenn-Nr.	**Beschreibung**	**Hersteller**
146	**RL5-39/65**	Chloramin-Puder „Heyden" in Glasflaschen mit Bakelitschraubverschluß zu 50 g	Chemische Fabrik von Heyden AG, Radebeul
147	**RL5-39/66**	Chloramin-Puder „Heyden" in Aluminiumröhre zu 20 g	Chemische Fabrik von Heyden AG, Radebeul
148	**RL5-39/67**	Werkluftschutz-Zusatzverbandkasten	Dr. Bader & Schluckwerder, Chemnitz
149	**RL5-39/68**	Werkluftschutz-Zusatzverbandkasten	Capsel- und Verbandstoff-Fabrik „Breca" GmbH, Gartenstraße 3, Breslau
150	**RL5-39/69**	Werkluftschutz-Zusatzverbandkasten	E. Pohl & Co., Forsmannstraße 26/30, Hamburg-Winterhude
151	**RL5-39/70**	Gestell der Luftschutz-Krankentrage DIN Fanok 25	Brüder Wüster, Wien
152	**RL5-39/71**	Werkluftschutz-Zusatzverbandkasten	Bach & Riedel, Alexandrinenstraße 56-58, Berlin
153	**RL5-39/72**	Werkluftschutz-Zusatzverbandkasten	Bartsch, Quilitz & Co., Döberitzer Straße 3-4, Berlin
154	**RL5-39/73**	Werkluftschutz-Zusatzverbandkasten	H. W. Barlen, Verbandstoff-Fabrik, Alexandrinenstraße 27, Berlin-Charlottenburg
155	**RL5-39/74**	Luftschutz-Gastasche für Ärzte	H. W. Barlen, Verbandstoff-Fabrik, Alexandrinenstraße 27, Berlin-Charlottenburg
156	**RL5-39/75**	Werkluftschutz-Zusatzverbandkasten	Chemnitzer Verbandstoff-Fabrik Theodor Schuffenhauer, Frauenstraße 5-7, Chemnitz
157	**RL5-39/76**	Luftschutz-Gastasche für Ärzte	E. Pohl & Co., Forsmannstraße 26/30, Hamburg-Winterhude
158	**RL5-39/77**	Kleine LS-Hausapotheke (Pappkoffer)	Moritz Mädler, Grimmaische Straße 16, Leipzig
159	**RL5-39/78**	Werkluftschutz-Zusatzverbandkasten	Emil Kober jun., Wilhelmstraße 8, Chemnitz
160	**RL5-39/79**	Bezug der Luftschutz-Krankentrage DIN Fanok 25	D. R. Halemeyer Nachf., Retzowstraße 22, Potsdam

Fachgruppe 5: Luftschutzsanitäts- und Veterinärwesen			
	Kenn-Nr.	**Beschreibung**	**Hersteller**
161	**RL5-39/80**	Chloraminpuder in Glasflaschen mit Bakelitschraubdeckel zu 100 g und 50 g Inhalt	Teinmler-Werke, Vereinigte Chemische Fabriken, Berlin-Johannisthal
162	**RL5-39/81**	Luftschutz-Hausapotheke (Blechkasten)	Gustav Krech, Metallwaren-Fabrik, Gartenstraße 64, Berlin
163	**RL5-39/82**	Chloraminpuder „Marienfelde" in Glasflaschen mit Kunststoffschraubdeckel zu 1000 g Inhalt	Chemische Fabrik Marienfelde GmbH, Neuerwall 10, Hamburg
164	**RL5-39/83**	Luftschutz-Hausapotheke (Blechkasten)	Willy R. Meyer, Hoffmanndamm 59/61, Berlin
165	**RL5-40/1**	Luftschutz-Sanitätstasche	Oscar Mielentz, Lübeck
166	**RL5-40/2**	Luftschutz-Gastasche	Oscar Mielentz, Lübeck
167	**RL5-40/3**	Luftschutz-Verbandkasten	Oscar Mielentz, Lübeck
168	**RL5-40/4**	Luftschutz-Hausapotheke (Blechkasten)	Ernst Häberlein, Metallwarenfabrik, Crottendorf / Erzgeb.
169	**RL5-40/5**	Kleine LS-Hausapotheke	Dr. Hermann Rohrbeck Nachf. GmbH, Albrechtstraße 15, Berlin
170	**RL5-40/6**	Kleine LS-Hausapotheke	Lohmann KG, Verbandstoff- und Pflasterfabriken, Fahr am Rhein
171	**RL5-40/7**	Kleine LS-Hausapotheke	W. Söhngen & Co., Fabriken für Verbandstoffe und Sanitätsausrüstungen, Waldstraße 25, Wiesbaden
172	**RL5-40/8**	Kleine LS-Hausapotheke	Bach & Riedel, Alexandrinenstraße 56-58, Berlin
173	**RL5-40/9**	Kleine LS-Hausapotheke	Hageda AG (Handelsgesellschaft Deutscher Apotheker AG), Dortmunder Straße 12, Berlin
174	**RL5-40/10**	Kleine LS-Hausapotheke	Evens & Pistor, Helsa bei Kassel
175	**RL5-40/11**	Kleine LS-Hausapotheke	M. Pech, Sanitärer Bedarf und Hygiene, Am Karlsbad 15, Berlin
176	**RL5-40/12**	Kleine LS-Hausapotheke	Alfred Kipping KG, Kyffhäuserstraße 27, Dresden

Fachgruppe 5: Luftschutzsanitäts- und Veterinärwesen

	Kenn-Nr.	Beschreibung	Hersteller
177	**RL5-40/13**	Luftschutz-Sanitätstasche	Sanitäts-Werkstätten GmbH, Dircksenstraße 47, Berlin
178	**RL5-40/14**	Luftschutz-Gastasche	Sanitäts-Werkstätten GmbH, Dircksenstraße 47, Berlin
179	**RL5-40/15**	Luftschutz-Verbandkasten	Sanitäts-Werkstätten GmbH, Dircksenstraße 47, Berlin
180	**RL5-40/16**	Luftschutz-Hausapotheke	Hazet-Werkstätten, Reinickendorfer Straße 41, Berlin-Wedding
181	**RL5-40/17**	Kleine LS-Hausapotheke	E. Pohl & Co., Forsmannstraße 26/30, Hamburg-Winterhude
182	**RL5-40/18**	Luftschutz-Hausapotheke (Blechkasten)	Paul Krämer, Karlstraße 2, Hainichen
183	**RL5-40/19**	Chloraminpuder „Fahlberg"	Fahlberg-List AG, Magdeburg
184	**RL5-40/20**	Luftschutz-Verbandkasten	H. Kurt Schnidt & Co. KG, Dachauer Straße 112, München
185	**RL5-40/21**	Bezug der Luftschutz-Krankentrage DIN Fanok 25	Utila Gerätebau, Aachener Straße 261, Köln-Lindenthal
186	**RL5-40/22**	Kleine LS-Hausapotheke (Pappkoffer)	Timmermann & Wollet, Wieblinger Weg 10-11, Heidelberg
187	**RL5-40/23**	Gestell der Luftschutz-Krankentrage DIN Fanok 25	Autofix Mertiny KG, Kitzingstraße 1, Berlin-Marienfelde
188	**RL5-40/24**	Bezug der Luftschutz-Krankentrage DIN Fanok 25	Autofix Mertiny KG, Kitzingstraße 1, Berlin-Marienfelde
189	**RL5-40/25**	Gestell der Luftschutz-Krankentrage DIN Fanok 25	Stollenwerk GmbH, Fabrik für Krankentransportgeräte, Babelsberg
190	**RL5-40/26**	Bezug der Luftschutz-Krankentrage DIN Fanok 25	Stollenwerk GmbH, Fabrik für Krankentransportgeräte, Babelsberg
191	**RL5-40/27**	Luftschutz-Hausapotheke (Blechkasten)	Ernst Rick, Metallwarenfabrik, Lotharstraße 14-18, Köln-Sülz
192	**RL5-40/28**	Gestell der Luftschutz-Krankentrage DIN Fanok 25	L. & C. Arnold, Stendal

Fachgruppe 5: Luftschutzsanitäts- und Veterinärwesen			
	Kenn-Nr.	**Beschreibung**	**Hersteller**
193	**RL5-40/29**	Kleine LS-Hausapotheke	Verbandstoff- und Pharmazeutische Fabrik Ulm, Hermann-Göring-Straße 21, Ulm
194	**RL5-40/30**	Kleine LS-Hausapotheke	Paul Hartmann AG, Heidenheim / Brenz
195	**RL5-40/41**	Gestell der Luftschutz-Krankentrage DIN Fanok 25	Rana-Werke, Klardorf
196	**RL5-40/42**	Gestell der Luftschutz-Krankentrage DIN Fanok 25	Rieth & Sohn, Drontheimer Straße 30/31, Berlin
197	**RL5-40/43**	Gestell der Luftschutz-Krankentrage DIN Fanok 25	Hermann Siegrist, Friedberger Landstraße 298, Frankfurt / M.
198	**RL5-40/44**	Gestell der Luftschutz-Krankentrage DIN Fanok 25	Adolf Schmidt, Markstraße 17/18, Berlin-Reinickendorf
199	**RL5-40/45**	Gestell der Luftschutz-Krankentrage DIN Fanok 25	J. Otto Schulz, Oranienburger Straße 50, Berlin
200	**RL5-40/46**	Gestell der Luftschutz-Krankentrage DIN Fanok 25	Johann Stiegelmeyer & Co. GmbH, Herford
201	**RL5-40/47**	Gestell der Luftschutz-Krankentrage DIN Fanok 25	Waggon- und Maschinenbau AG (WUMAG), Görlitz
202	**RL5-40/48**	Kleine LS-Hausapotheke	Dr. Degen & Kuth, Düren
203	**RL5-40/49**	Luftschutz-Hausapotheke (Blechkasten)	Albert Küppersbusch, Velbert
204	**RL5-40/50**	Kleine LS-Hausapotheke	Verbandstoff-Industrie GmbH, Elsasser Straße 59, Berlin
205	**RL5-40/51**	Kleine LS-Hausapotheke	Capsel- und Verbandstoff-Fabrik „Breca" GmbH, Gartenstraße 3, Breslau
206	**RL5-40/52**	Kleine LS-Hausapotheke	Sauer & Co., Schiebestraße 32, Leipzig
207	**RL5-40/53**	Kleine LS-Hausapotheke	Casack & Cie., Duisburger Str. 19-19a, Düsseldorf
208	**RL5-40/54**	Kleine LS-Hausapotheke	Danielzick & Berger, Mittweida

Fachgruppe 5: Luftschutzsanitäts- und Veterinärwesen			
	Kenn-Nr.	**Beschreibung**	**Hersteller**
209	**RL5-40/55**	Kleine LS-Hausapotheke	Chemnitzer Verbandstoff-Fabrik Theodor Schuffenhauer, Frauenstraße 5-7, Chemnitz
210	**RL5-40/56**	Bezug der Luftschutz-Krankentrage DIN Fanok 25	Adolf Schmidt, Markstraße 17/18, Berlin-Reinickendorf
211	**RL5-40/57**	Kleine LS-Hausapotheke	Max Arnold, Chemnitz
212	**RL5-40/58**	Kleine LS-Hausapotheke	Münchener Verbandstoff-Fabrik A. Aubry AG, Belfortstraße 6-8, München
213	**RL5-40/59**	Luftschutz-Hausapotheke (Blechkasten)	Paul Wolff, Zittau
214	**RL5-40/60**	Tier-Luftschutzkasten 39	Chemische Fabrik Marienfelde GmbH, Neuerwall 10, Hamburg
215	**RL5-40/61**	Kleine LS-Hausapotheke (Pappkoffer)	Alfred Stütz GmbH, Mainz-Kostheim
216	**RL5-40/62**	Werkluftschutz-Zusatzverbandkasten	Evens & Pistor, Helsa bei Kassel
217	**RL5-40/63**	Kleine LS-Hausapotheke	Vereinigte Laborbedarfs- und Glaslieferungs GmbH, Lausitzer Straße 10, Berlin
218	**RL5-40/64**	Luftschutz-Hausapotheke (Blechkasten)	Heinz Herzog, Bernsbach
219	**RL5-40/65**	Luftschutz-Hausapotheke (Blechkasten)	Heinz Herzog, Bernsbach / Erzgebirge
220	**RL5-40/66**	Kleine LS-Hausapotheke (Pappkoffer)	Lohmann-Werke AG, Bielefeld
221	**RL5-40/67**	Chloraminpuder	Curla & Co. GmbH, Berlin
222	**RL5-40/68**	Kleine LS-Hausapotheke	Verbandstoff-Fabrik Albert Koerner, Heusteigstraße 86b, Stuttgart
223	**RL5-40/69**	Kleine LS-Hausapotheke (Pappkoffer)	Vermas, Fürth
224	**RL5-40/70**	Kleine LS-Hausapotheke	Dr. Ausbüttel & Co., Johannesstraße 10, Dortmund

Fachgruppe 5: Luftschutzsanitäts- und Veterinärwesen			
	Kenn-Nr.	**Beschreibung**	**Hersteller**
225	**RL5-40/71**	Werkluftschutz-Zusatzverbandkasten	Ludwig Sebode, Gartenstraße 19 , Breslau
226	**RL5-40/72**	Luftschutz-Hausapotheke (Blechkasten)	Gustav Rudolph, Stanz-, Preß- und Ziehwerk, Oberpfannenstiel bei Aue
227	**RL5-40/73**	Kleine LS-Hausapotheke	Emil Kober jun., Wilhelmstraße 8, Chemnitz
228	**RL5-40/74**	Kleine LS-Hausapotheke	F. & C. Achenbach, Mainzer Landstraße 195/217, Frankfurt
229	**RL5-40/75**	Tier-Luftschutzkasten 39	Münchener Verbandstoff-Fabrik A. Aubry AG, Belfortstraße 6-8, München
230	**RL5-40/76**	Kleine LS-Hausapotheke	Pharmazeutische Handelsges. Rosenberger, Stettin
231	**RL5-40/77**	Kleine LS-Hausapotheke	Dr. Gutzeit & Braun, Steindamm 173, Königsberg
232	**RL5-40/78**	Kleine LS-Hausapotheke	Verbandstoff-Fabrik Alfred Lutzmann, Berlin
233	**RL5-40/79**	Luftschutz-Hausapotheke (Blechkasten)	Nüchtern's Söhne, Elben bei Betzdorf
234	**RL5-40/80**	Tier-Luftschutzkasten 39	W. Söhngen & Co., Fabriken für Verbandstoffe und Sanitätsausrüstungen, Waldstraße 25, Wiesbaden
235	**RL5-40/81**	Tier-Luftschutzkasten 39	Lohmann KG, Verbandstoff- und Pflasterfabriken, Fahr am Rhein
236	**RL5-40/82**	Tier-Luftschutzkasten 39	Danielzick & Berger, Mittweida
237	**RL5-40/83**	Tier-Luftschutzkasten 39	Hageda AG (Handelsgesellschaft Deutscher Apotheker AG), Dortmunder Straße 12, Berlin
238	**RL5-40/84**	Luftschutz-Hausapotheke	Bremer Verbandstoff-Fabrik Johann Osmers KG, Bremen
239	**RL5-40/86**	Bezug der Luftschutz-Krankentrage DIN Fanok 25	Förster & Kufs, Cottbus
240	**RL5-40/88**	Tier-Luftschutzkasten 39	Max Arnold, Chemnitz

Fachgruppe 5: Luftschutzsanitäts- und Veterinärwesen			
	Kenn-Nr.	**Beschreibung**	**Hersteller**
241	**RL5-40/89**	Tier-Luftschutzkasten 39	Paul Hartmann AG, Heidenheim / Brenz
242	**RL5-40/90**	Kleine LS-Hausapotheke	Verbandstoff-Fabrik Lindner & Co., Beckerstraße 19, Chemnitz
243	**RL5-40/91**	Tier-Luftschutzkasten 39	E. Pohl & Co., Forsmannstraße 26/30, Hamburg-Winterhude
244	**RL5-41/1**	Chloramin-Puder	Oderberger Chemische Werke AG, Neu-Oderberg / Oberschlesien
245	**RL5-41/2**	Tier-Luftschutzkasten 39	Evens & Pistor, Helsa bei Kassel
246	**RL5-41/3**	Tier-Luftschutzkasten 39	Vereinigte Laborbedarfs- und Glaslieferungs GmbH, Lausitzer Straße 10, Berlin
247	**RL5-41/4**	Tier-Luftschutzkasten 39	E. Nolde & Co. GmbH, General-Litzmann-Straße 72, Königsberg
248	**RL5-41/5**	Luftschutz-Hausapotheke (Blechkasten)	Zimmermann & Ihle, Olbernhau
249	**RL5-41/6**	Tier-Luftschutzkasten 39	Verbandstoff- und Pharmazeutische Fabrik Ulm, Hermann-Göring-Straße 21, Ulm
250	**RL5-41/7**	Kleine LS-Hausapotheke	Sanitäts-Werkstätten GmbH, Dirksenstraße 47, Berlin
251	**RL5-41/8**	Kleine LS-Hausapotheke	Pfälzische Verbandstoff-Fabrik Karl Mayer, Kaiserslautern
252	**RL5-42/1**	Luftschutz-Hausapotheke	Verbandstoffabrik „Eswa" Fischer & Co., Novaragasse 29, Wien
253	**RL5-42/1A**	Chloramin-Puder „Heyden"	Chemische Fabrik von Heyden AG, Radebeul
254	**RL5-42/3**	Kleine LS-Hausapotheke	Verbandstoffabrik „Eswa" Fischer & Co., Novaragasse 29, Wien
255	**RL5-42/5**	Hautentgiftungssalbe in Glasflaschen zu 100 cm^3 und 200 cm^3	Sunlicht Gesellschaft AG, Kleinol-Werk, Mittelbuschweg 10/12, Berlin-Neukölln
256	**RL5-42/6**	Luftschutz-Hausapotheke	August Rudert Nachfolger, Bahnhofstraße 41/43, Falkenstein

Fachgruppe 5: Luftschutzsanitäts- und Veterinärwesen			
	Kenn-Nr.	**Beschreibung**	**Hersteller**
257	**RL5-42/7**	Luftschutz-Hausapotheke	Gebr. Bandekow, Belle-Alliance-Platz 7/8, Berlin
258	**RL5-42/8**	Kleine LS-Hausapotheke	Gebr. Bandekow, Belle-Alliance-Platz 7/8, Berlin
259	**RL5-43/1**	Luftschutz-Hausapotheke (Blechkasten)	Meteor Metallmöbel, Sennheim / Ober-Elsaß
260	**RL5-43/3**	Luftschutz-Hausapotheke	Rácek AG, Brünn
Teilweise wurden die RL-Nummern auf Baumuster und an Industrie- und Handwerksverbände vergeben oder an andere / weitere Hersteller übertragen, so daß auch andere als der hier angegebene Hersteller auftreten können.			

Fachgruppe 6: Veterinärwesen (?)			
	Kenn-Nr.	**Beschreibung**	**Hersteller**
1	**RL6-41/2**	Luftschutz-Veterinärkasten II/41	Münchener Verbandstoff-Fabrik A. Aubry AG, Belfortstraße 6-8, München
2	**RL6-41/3**	Luftschutz-Veterinärkasten III/41	Münchener Verbandstoff-Fabrik A. Aubry AG, Belfortstraße 6-8, München
3	**RL6-42/1**	Tier-Luftschutzkasten 39	
4	**RL6-42/2**	LS-Schlachtgerät	H. Hauptner, Luisenstraße 53, Berlin
Teilweise wurden die RL-Nummern auf Baumuster und an Industrie- und Handwerksverbände vergeben oder an andere / weitere Hersteller übertragen, so daß auch andere als der hier angegebene Hersteller auftreten können.			

Fachgruppe 7: unbekannte Bezeichnung			
	Kenn-Nr.	**Beschreibung**	**Hersteller**
1	**RL7-37/3**	Einsatztafel „Lumeko W“	J.W. von Berg KG, Badestraße 43, Hamburg
2	**RL7-39/1**	LS-Markierungsgerät „Do-Hi“	Eduard Zeller, Ausrüstungen, Monbijouplatz 1, Berlin
3	**RL7-39/2**	Markierungsscheiben zur maßstäblichen Darstellung von Bombentreffern bei Planspielen	J. W. von Berg KG, Badestraße 43, Hamburg
4	**RL7-42/506**	LS-Tarnmatte	Berthold Hell KG, Potsdamer Straße 72, Berlin
5	**RL7-42/508**	LS-Tarnmatte	Berthold Hell KG, Potsdamer Straße 72, Berlin
6	**RL7-42/511**	LS-Tarnmatte	Berthold Hell KG, Potsdamer Straße 72, Berlin
7	**RL7-42/513S**	Schilfrohrtarnmatte, Musterbezeichnung B 4a (halbdicht)	Fachabteilung Rohr- und Holzstabgewebe-Industrie, Schlüterstr. 48, Berlin-Charlottenburg
8	**RL7-42/514S**	Schilfrohrtarnmatte, Musterbezeichnung B 4b (dicht)	Fachabteilung Rohr- und Holzstabgewebe-Industrie, Schlüterstr. 48, Berlin-Charlottenburg
9	**RL7-42/515S**	Schilfrohrtarnmatte, Musterbezeichnung B 4c (stabil)	Fachabteilung Rohr- und Holzstabgewebe-Industrie, Schlüterstr. 48, Berlin-Charlottenburg
10	**RL7-42/516S**	Papiergarn-Tarnmatte, Musterbezeichnung B 6 (engmaschig, naturfarben oder einfarbig oder mehrfarbig)	Fachuntergruppe Kokosindustrie, Kronenstraße 21, Berlin
11	**RL7-42/517S**	Papiergarn-Tarnmatte, Musterbezeichnung B 7 (weitmaschig, naturfarben oder einfarbig)	Fachuntergruppe Kokosindustrie, Kronenstraße 21, Berlin
Teilweise wurden die RL-Nummern auf Baumuster und an Industrie- und Handwerksverbände vergeben oder an andere / weitere Hersteller übertragen, so daß auch andere als der hier angegebene Hersteller auftreten können.			

Unvollständige RL-Nummern			
	Kenn-Nr.	**Beschreibung**	**Hersteller**
1	**RL1-__/___**	Überdruckventil für Luftschutzräume nach Zeichnung Nr. Luk 201-2 vom 24.5.1939	Niessen Werke KG, Wien
2	**RL1-__/___**	Sudanpapier	Hoffmann & Engelmann AG, Neustadt an der Weinstraße
3	**RL1-__/___**	Schnittmodell des Augenfensters der VM. 37	Auergesellschaft AG, Friedrich-Krause-Ufer 24, Berlin-Tiergarten
4	**RL1-__/___**	Tragetasche für die VM. 37 (nach Ullstein-Schnittmusterbogen)	Drägerwerk Heinr. & Bernh. Dräger, Moislinger Allee 53-55, Lübeck
5	**RL1-__/___**	Gasanzugstoff R 43 LZ	Radium Gummiwerke mbH, Köln-Dellbrück
6	**RL1-__/___**	Gasanzugstoff R 75 Z	Radium Gummiwerke mbH, Köln-Dellbrück
7	**RL1-__/___**	Tragetasche für die VM. 37 (Muster Lüning)	Werner Lüning, Knappenstraße 31, Gelsenkirchen
8	**RL1-__/___**	Tragetasche für die VM. 37 (Muster F)	Auergesellschaft AG, Friedrich-Krause-Ufer 24, Berlin-Tiergarten
9	**RL2-__/___**	Luftschutzhandspritze mit Saugeschlauch und 5 m Druckschlauch („Nekton PS")	Oskar Butter, Gartenwerkzeugfabrik, Strehlaer Straße 30, Bautzen
10	**RL2-__/___**	Luftschutzhandspritze mit 5 m Druckschlauch („Nekton P")	Oskar Butter, Gartenwerkzeugfabrik, Strehlaer Straße 30, Bautzen
11	**RL2-__/___**	Luftschutzhandspritze mit 5 m Druckschlauch („Luftschutzhandspritze Windeit")	Karl Windeit, Pumpenbau, Wiesenstraße 20, Leipzig
12	**RL3-__/___**	LS-Verdunklungsvorrichtung, Springrollo für Fensterflügel für senkrechte Einzelfenster und Türen	Willy Grafe, Eisenstuckstraße 37, Dresden
13	**RL3-__/___**	Schutzraumtür (einwandig, gassicher, aus 3 mm Stahlblech)	Hermann Bacher, Bau- und Kunstschlosserei, Weberstraße 51 A, Stuttgart
14	**RL3-__/___**	Schutzraumtür (einwandig, gassicher, splittersicher, aus 20 mm Stahlblech St37 bzw. 15 mm Stahlblech St52)	Prometheus-Werke AG, Gesellschaft für Apparatebau mbH, Hannover-Herrenhausen

Unvollständige RL-Nummern

	Kenn-Nr.	Beschreibung	Hersteller
15	**RL3-__/___**	LS-Verdunklungsvorrichtung „Wema-Ausziehblende“ aus Stahlblechlamellen zur Verdunklung senkrechter oder gegen die Senkrechte leicht geneigter Fensterflächen	J. Eberspächer, Abt. Glasdachbau, Eßlingen
16	**RL3-__/___**	LS-Verdunklungsvorrichtung „Wema-Schiebeplatte“ aus eingefaßten Leichtbauplatten zur Verdunklung waagerechter oder gegen die Waagerechte leicht geneigter Lichtöffnungen	J. Eberspächer, Abt. Glasdachbau, Eßlingen
17	**RL3-__/___**	Schutzraumtür (einwandig, gassicher, aus 20 mm Holzplatte mit beiderseits aufgeleimten 5 mm Hartfaserplatten in umlaufendem Winkelstahlrahmen, mit Winkeleisenzarge	Fenestra GmbH, Rather Straße 243, Düsseldorf
18	**RL3-3_/___**	Schutzraumtür (einwandig, gassicher, aus 2,5 mm Stahlblech)	Hermann Thiemann, Schlosserei, Cottbus
19	**RL3-3_/___**	Schutzraumtür (einwandig, gassicher, aus 3 mm Stahlblech)	Georg Adam und Friedr. Ludwig Pfaff, Schlosserei und Stahlbau, Neu-Isenburg
20	**RL3-37/10_**	Blende „Dula“, innen schwarz gehalten	Horst Meyer, Chemnitz
21	**RL3-37/11_**	Blende „Dula“, innen blau gehalten	Horst Meyer, Chemnitz
22	**RL3-37/11_**	Kugelgerät „Globus“	Horst Meyer, Chemnitz
23	**RL3-37/11_**	Verdunklungsabblenddose	Richard Greisselmeyer, Lersnerstraße 30a, Frankfurt / M.
24	**RL3-37/1__**	Verdunklungsblende „C.G.“	Carl Gebhard Nachf., Hilgert
25	**RL3-37/14_**	Abblendkappe „Steha“	Hermann Steiner, Neustadt bei Coburg
26	**RL3-37/1__**	Verdunklungs-Manschette I	Carl Hanf, Bahnhofstraße 22-24, Ohrdruf
27	**RL3-37/1__**	Verdunklungs-Manschette II	Carl Hanf, Bahnhofstraße 22-24, Ohrdruf

Unvollständige RL-Nummern			
	Kenn-Nr.	**Beschreibung**	**Hersteller**
28	**RL3-37/1__**	Verdunklungs-Manschette III	Carl Hanf, Bahnhofstraße 22-24, Ohrdruf
29	**RL3-37/1__**	Luftschutzhülle für Kugelleuchten	Oskar Törsel, Meißen
30	**RL3-37/2__**	Verdunklungsblende „Blendor“	Gustav Klippel, Hindenburgstraße 245, Bergzabern
31	**RL3-__/___**	LS-Verdunklungsstoff „V 536“, Gütegruppe II, Baumwollgewebe, Köperbindung, schwarz gefärbt, 258 g/m^2	Otto Hannemann, Mechanische Weberei, Asch / Sudeten
32	**RL3-__/___**	LS-Glühlampe, tiefstrahlend, ca. 15W, für senkrechte Brennlage	Glühlampenfabrik „Als“, Ing. Otto Radil, Rötzgergasse 8, Wien
33	**RL3-40/2__**	Schutzraumtür (gassicher, aus 33 mm „Thoma-Panzerplatte Siwi“ mit Holzstabarmierung in umlaufendem Z-Stahlrahmen, mit Winkelstahlzarge)	Friedrich Schröder, Eisenwerk, Gneisenaustraße 35, München
34	**RL3-40/2__**	Aussteigeluke (waagerecht, trümmersicher, in Verbindung mit einer unterseitig getrennt angebrachten gassicheren Blende)	Adalbert Klement & Sohn, Stahltürenwerk, Völckerstraße 14-16, Hamburg-Altona
35	**RL3-40/22_**	Schutzraumtür (zweiflüglig, einwandig, gassicher, aus 2,5 mm Stahlblech, mit Winkelstahlzarge)	Adalbert Klement & Sohn, Stahltürenwerk, Völckerstraße 14-16, Hamburg-Altona
36	**RL3-40/22_**	Schutzraumtür (einwandig, gassicher, aus 12 mm Holzleistenkern, beiderseits belegt mit 4 mm Holzfaserplatten in umlaufendem L-Stahlrahmen, mit Winkelstahlzarge)	Paul Steinau, Stahltüren- und Fensterbau, Neheim / Ruhr
37	**RL3-40/22_**	Schutzraumtür (einwandig, gassicher, aus 8 mm Holzleistenkern, beiderseits belegt mit 2 mm Sperrholzplatten und 4 mm Lignatplatten in umlaufendem L-Stahlrahmen, mit Winkelstahlzarge)	Paul Steinau, Stahltüren- und Fensterbau, Neheim / Ruhr
38	**RL3-40/22_**	LS-Verdunklungsstoff Nr. 796, Gütegruppe I, Zellwolle-Reißspinnstoff-Mischgewebe, Köperbindung, schwarz getränkt, 261 g/m^2	C. E. Baumgärtel & Sohn GmbH, Lengenfeld

Unvollständige RL-Nummern			
	Kenn-Nr.	**Beschreibung**	**Hersteller**
39	**RL3-40/22_**	LS-Verdunklungsvorrichtung, Schalvorhang, zweischalig, mit Schnurzug oder Schleuderbetätigung für senkrechte Einzelfenster	M. Pech, Am Karlsbad 15, Berlin
40	**RL3-40/22_**	LS-Verdunklungsvorrichtung, Schalvorhang, zweischalig, mit seitlichem Schnurzug für senkrechte Einzelfenster	Erich Spaarschuh, Rulofabrik, Neanderstraße 4, Berlin
41	**RL3-40/23_**	LS-Verdunklungsvorrichtung, Zugrollo mit seitlichem Gurtzug, Schutzkasten und allseitigen Führungsschienen, für senkrechte Einzelfenster	Erich Spaarschuh, Rulofabrik, Neanderstraße 4, Berlin
42	**RL3-40/32_**	LS-Verdunklungsvorrichtung, Fallrollo für senkrechte Einzelfenster bis zu 2,50 m Höhe über dem Fußboden	Hermann Steiner, Neustadt bei Coburg
43	**RL3-40/32_**	LS-Verdunklungsvorrichtung, Zugrollo mit seitlichem Schnurzug, für senkrechte Einzelfenster normaler Größe	Hermann Steiner, Neustadt bei Coburg
44	**RL3-40/32_**	LS-Verdunklungsvorrichtung, Schalvorhang, zweischalig, mit Schnurzug, für senkrechte Einzelfenster normaler Größe	Helmut L. F. Viereck, Hannover
45	**RL3-40/3__**	Schutzraumblende (gassicher, trümmersicher, aus 15 mm Stahlblech, mit Winkelstahlzarge)	August Filzamer, Sonnleithnergasse 24, Wien
46	**RL3-40/3__** (RL3-40/326?)	Schutzraumtür (einwandig, gassicher, aus 33 mm starken, dreilagigem Holzkern, beiderseits belegt mit 5 mm Sperrholzplatten, mit Holzzarge)	Otto Bergemann KG, Kirchhofstraße 25, Brandenburg / Havel
47	**RL3-40/3__** (RL3-40/327 ?)	Aussteigeluke (waagerecht, trümmersicher, aus Riffelblech oder Gitterrost mit einer unterseitig, getrennt angebrachten gassicheren Blende)	Otto Wöhr, Korntal-Stuttgart
48	**RL3-40/___**	LS-Verdunklungsvorrichtung, Fallrollo mit seitlichem Schnuraufzug für senkrechte Einzelfenster normaler Größe	Friedrich H. L. Berner, Stadthausbrücke 19-21, Hamburg
49	**RL3-40/___**	LS-Verdunklungsstoff, Gütegruppe II, Zellwoll-Reißspinnstoff-Gewebe, Köperbindung, schwarz gefärbt, gerauht, 370 g/m^2	Eduard Aretz, Mönchen-Gladbach

Unvollständige RL-Nummern

	Kenn-Nr.	Beschreibung	Hersteller
50	**RL3-40/___**	LS-Verdunklungsstoff Qualität 800, Gütegruppe I, Zellwoll-Reißspinnstoff-Gewebe, Köperbindung, schwarz gefärbt, gerauht, 390 g/m²	C. E. Baumgärtel & Sohn GmbH Lengenfeld
51	**RL3-40/___**	LS-Verdunklungsstoff Qualität K 335, Gütegruppe I, Zellwoll-Reißspinnstoff-Gewebe, Köperbindung, schwarz gefärbt, gerauht, 443 g/m²	F. A. Kreißig & Sohn, Lichtenstein-Callnberg
52	**RL3-40/___**	LS-Verdunklungsstoff Qualität 800, Gütegruppe II, Zellwoll-Reißspinnstoff-Gewebe, Köperbindung, schwarz gefärbt, gerauht, 356 g/m²	Carl Schmidt & Co., Lengenfeld
53	**RL3-37/33_** (RL3-37/334 ?)	Schutzraumtür Type „Mono G Z" (gassicher, aus Baustoffplatte (Xylotektplatte))	Deutsche Metalltürenwerke Aug. Schwarze AG, Brackwede

Für die hier aufgelisteten Objekte wurden RL-Nummern vergeben, die jedoch noch nicht vollständig ermittelt werden konnten. Die Einträge sind ungeordnet.

Hersteller von RL-Objekten, sortiert nach dem Sitz des Herstellers

Aachen

Veltrup-Werke KG	RL3-42/77 ;	RL3-42/78 ;	RL3-42/146 ;
	RL3-42/147 ;	RL3-43/82J ;	RL3-43/85J
Wilhelm Köpp, Zellkautschuk	RL3-41/29		

Aalen

OWA Ostertag-Werke	RL3-37/81 ;	RL3-37/82 ;	RL3-38/144

Albbruck

Papierfabrik Albbruck	RL3-40/351

Alfeld

Hann. Papierfabriken Alfeld-Gronau	RL3-38/255

Altdorf bei Nürnberg

Joh. Rupprecht & Sohn	RL3-38/111

Alzenau

Cellulosefabrik Alzenau	RL3-36/32 ;	RL3-38/241 ;	RL3-38/242 ;
	RL3-41/159		

Aschaffenburg

Buntpapierfabrik AG	RL1-40/15 (Zweiteintrag)

Aubach bei Neuwied

Blechwarenfabr. Aubach Herm. Buchholtz	RL5-39/1

Aue

Clemens Becker Söhne	RL3-38/82
Ernst Hecker	RL5-39/41

Augsburg

Walch & v. Hörmann	RL3-41/113

Aussig

Chem: Werke Aussig-Falkenau GmbH	RL1-39/88 ;	RL1-39/89 ;	RL1-41/31

Babelsberg

Stollenwerk GmbH	RL5-36/6 ;	RL5-40/25 ;	RL5-40/26

Bad Aachen

Jos. und Peter Beaujean, Eisenbau	RL3-41/19

Bad Blankenburg

C. Vollrath & Sohn KG	RL3-43/29		

Bad Dürrenberg

Kurt Kießling	RL3-40/313		

Bad Godesberg

Georg Gernhard, Eisenbauanstalt	RL3-42/44		

Baden-Baden

Photo-Kühn	RL3-40/268 ;	RL3-40/269	

Bärn / Sudeten (Moravský Beroun, Tschechien)

Granitol-Werke AG	RL3-40/303 ;	RL3-40/304	

Bautzen

Oskar Butter KG	RL2-39/27 ;	RL2-39/28 ;	RL2-40/3
Stahlfensterwerk R. Zimmermann GmbH	RL3-37/332 ;	RL3-38/94 ;	RL3-40/277

Beierfeld / Sachsen

August Zschiedrich, Metallwarenfabrik	RL1-40/20 ;	RL1-41/20	
Hermann Junghanns	RL5-38/37		

Bergisch-Gladbach

Papierfabrik C.F. Wachendorff	RL3-38/262 ;	RL3-38/263 ;	RL3-38/264

Berlin

A. Boeck & Co.	RL3-42/241S ;	RL3-43/4 ;	RL3-43/5 ;
	RL3-43/6		
Adler-Kittwerke	RL3-38/207		
AEG - Allgemeine Elektrizitäts-Ges.	RL3-40/233 ;	RL3-40/353 ;	RL4-37/28 ;
	RL4-38/17 ;	RL4-39/28 ;	RL4-39/33 ;
	RL4-39/34 ;	RL4-39/35 ;	RL4-39/42 ;
	RL4-39/43 ;	RL4-40/19 ;	RL4-41/14
AEG-Beleuchtungskörper GmbH	RL3-40/126 ;	RL3-40/127	
Aschaffenburger Zellstoffwerke AG	RL3-41/127 ;	RL3-41/128 ;	RL3-41/129 ;
	RL3-42/148J		
Auergesellschaft AG	RL1-38/3 ;	RL1-38/4 ;	RL1-38/17 ;
	RL1-39/21 ;	RL1-39/40 ;	RL1-39/47 ;
	RL1-39/49 ;	RL1-39/53 ;	RL1-39/86 ;
	RL1-40/54 ;	RL1-40/76 ;	RL1-40/77 ;
	RL1-44/2 ;	RL1-44/6 ;	RL4-38/10 ;
	RL4-38/11 ;	RL4-38/47 ;	RL4-38/78
Autogen-Gasaccumulator-AG	RL3-38/79		
B. Christensen	RL3-42/122		
Bach & Riedel	RL5-39/71 ;	RL5-40/8	

Bamag-Meguin AG	RL3-39/191 ;	RL3-40/13 ;	RL3-40/69 ;
	RL3-40/108 ;	RL3-40/234 ;	RL3-40/266
Bartsch, Quilitz & Co.	RL5-39/38 ;	RL5-39/39 ;	RL5-39/40 ;
	RL5-39/50 ;	RL5-39/72	
Berthold Hell KG	RL7-42/506 ;	RL7-42/508 ;	RL7-42/511
Bruno Ewald Hosse	RL3-42/180		
C. Pose	RL2-42/1		
Carl Friedrich Schauer & Co.	RL5-37/36		
Carl Gröger	RL3-41/111		
Carl Götze, Rollofabrik	RL3-40/172 ;	RL3-42/223S ;	RL3-43/99J ;
	RL3-43/100J		
Curla & Co. GmbH	RL5-40/67		
Degea AG (Auergesellschaft)	RL3-37/3 ;	RL3-37/4	
Deutsche Kabelwerke, Abt. Gummiwerk	RL1-39/9 ;	RL1-39/16	
Deutsche Mox-Brenner GmbH	RL1-37/42 ;	RL1-37/43 ;	RL1-37/44 ;
	RL1-38/9 ;	RL1-38/10 ;	RL1-38/15 ;
	RL1-38/37 ;	RL1-38/38 ;	RL1-39/63 ;
	RL1-39/64 ;	RL1-39/85 ;	RL2-38/1 ;
	RL2-38/2 ;	RL2-38/10 ;	RL2-43/1
Deutscher Verlag	RL1-38/101 ;	RL1-38/102	
Dr. Hermann Rohrbeck Nachf. GmbH	RL1-37/60 ;	RL1-38/92 ;	RL1-39/70 ;
	RL5-36/36 ;	RL5-37/2 ;	RL5-37/3 ;
	RL5-37/9 ;	RL5-37/24 ;	RL5-40/5
Dr. Kurt Bratring, Chem. Laboratorium	RL3-40/91		
E. Hosse	RL3-40/138		
Eduard Zeller, Ausrüstungen	RL7-39/1		
Ehrich & Graetz AG	RL3-40/104 ;	RL3-40/105 ;	RL3-40/280 ;
	RL3-40/281		
Erich Berkner	RL1-39/45		
Ernst Flohr & Co. GmbH	RL3-37/79 ;	RL3-38/11 ;	RL3-38/98 ;
	RL3-38/99		
Ernst Philippbaar	RL3-42/185 ;	RL3-42/186	
Eugen Suhl Nachf., Inh. Richard Kahl	RL1-39/55		
Fachgruppe Papierverarbeitende Industr.	RL3-41/13S ;	RL3-41/14S ;	RL3-41/15S ;
	RL3-41/16S		
Fachuntergruppe Kokosindustrie	RL7-42/516S ;	RL7-42/517S	
Felix Makowski	RL3-42/203		
Fortis GmbH	RL3-41/55 ;	RL3-43/9 ;	RL3-43/67 ;
	RL3-43/68 ;	RL3-43/109	
Friedr. Michaelis, Schutzraumbau	RL3-37/124 ;	RL3-40/144	
Friedrich Frommhagen	RL3-39/278		
Gebr. Bandekow	RL5-42/7 ;	RL5-42/8	
Gebr. Horn	RL3-42/117		
Gerd Ramm	RL3-41/118		
Gustav Krech, Metallwaren-Fabrik	RL5-39/81		
Görnitz & Stoik Leichtmetallbau	RL1-37/74 ;	RL1-38/1 ;	RL1-40/14
H. Becker & Co. GmbH, Ausrüstungen	RL2-38/30 ;	RL2-39/26	

H. Hauptner	RL6-42/2		
Hageda AG (Handelsges. Dt. Apotheker)	RL5-37/10 ;	RL5-37/83 ;	RL5-40/9 ;
	RL5-40/83		
Hans G. Schröder	RL3-40/166		
Hermann Tietjens KG	RL3-38/285		
IG Farbenindustrie AG	RL1-38/79		
Igraf GmbH	RL3-36/5		
J. Otto Schulz	RL5-36/5 ;	RL5-40/45	
Julius Pintsch KG, Glühlampenfabrik	RL3-39/222 ;	RL3-39/223 ;	RL3-39/224 ;
	RL3-41/88 ;	RL3-41/89 ;	RL3-41/90 ;
	RL3-41/91 ;	RL3-42/224	
Karl Haase	RL3-42/215		
Kehler & Stelling	RL1-38/8 ;	RL1-38/54 ;	RL1-38/86 ;
	RL1-39/41		
Krone & Co.	RL1-41/24		
Kurt Schröder	RL3-40/165		
Luz-Sirene Peter Beißel	RL4-38/87		
M. Pech, Sanitärer Bedarf und Hygiene	RL5-39/56 ;	RL5-40/11	
Mannesmann Stahlblechbau AG	RL3-36/64 ;	RL3-37/39 ;	RL3-37/96 ;
	RL3-38/44 ;	RL3-38/68 ;	RL3-38/199 ;
	RL3-38/281 ;	RL3-39/306 ;	RL3-39/307 ;
	RL3-40/242 ;	RL3-40/243 ;	RL3-42/96 ;
	RL3-42/97 ;	RL3-43/71	
Max Borchert	RL3-43/107		
Max Rieger, Bauschlosserei	RL3-37/182 ;	RL3-38/104 ;	RL3-38/105 ;
	RL3-42/93		
Max Schätzler	RL3-38/36 ;	RL3-38/37	
Methner & Bürger	RL2-39/15		
Mia Hildebrandt	RL3-42/135		
Neue Dt. Werkstoffe Fabr.- u. Vertr. GmbH	RL1-40/6 ;	RL1-40/7 ;	RL1-40/64
Oskar Fritz und Ko. GmbH	RL3-39/30		
Oskar Koppenburg & Co., Eisenwarenfabr.	RL3-37/294 (Zweiteintrag)		
Osram GmbH	RL3-37/283 ;	RL3-39/209 ;	RL3-39/210 ;
	RL3-39/211 ;	RL3-39/212 ;	RL3-39/213 ;
	RL3-39/214 ;	RL3-39/215 ;	RL3-39/216 ;
	RL3-39/217 ;	RL3-39/218 ;	RL3-39/219 ;
	RL3-39/237 ;	RL3-41/92 ;	RL3-41/105 ;
	RL3-42/145		
Otto Briefe, Geldschrank-Schlosserei	RL3-37/333		
Papiergefäß-Fabr. u. Verwertungsges.	RL1-41/42		
Paul Klopfer	RL5-37/84 ;	RL5-37/85	
Quantmeyer & Eicke	RL3-36/103 ;	RL3-40/219 ;	RL3-41/12 ;
	RL3-41/13		
Reichsinnungsverb. d. Schlosserhandw.	RL3-39/52 ;	RL3-39/53 ;	RL3-39/54 ;
	RL3-39/55 ;	RL3-39/56 ;	RL3-39/57 ;
	RL3-39/58 ;	RL3-39/59 ;	RL3-39/60 ;

	RL3-39/61 ;	RL3-39/62 ;	RL3-39/63 ;
	RL3-39/64 ;	RL3-39/129 ;	RL3-39/130 ;
	RL3-39/131 ;	RL3-39/132 ;	RL3-39/133 ;
	RL3-40/95		
Rieth & Sohn	RL5-37/35 ;	RL5-40/42	
Rolf Heyne KG	RL3-40/122 ;	RL3-40/123 ;	RL3-42/202
Ruberoidwerke AG	RL3-39/6		
Rudolf Werner Trebel	RL3-42/92 ;	RL3-42/217	
Sanitäts-Werkstätten GmbH	RL5-40/13 ;	RL5-40/14 ;	RL5-40/15 ;
	RL5-41/7		
Schering AG	RL1-39/17		
Semperit, Österr.-Amerik. Gummiwerke	RL3-41/66		
Siemens-Schuckert	RL4-39/49		
Spezialbau und Steinholz Wilhelm Beetz	RL3-43/24 ;	RL3-43/25	
Stritzke & Rothe	RL3-40/87		
Techno-Chemie KG, Keßler & Co.	RL3-40/341		
Telefunken Ges. f. drahtlose Telegraphie	RL4-43/1		
Tungsram GmbH	RL3-39/140 ;	RL3-39/141 ;	RL3-40/208 ;
	RL3-40/209 ;	RL3-40/210 ;	RL3-40/211
Venditor Kunststoffe-Verkaufsges. mbH	RL3-36/11 ;	RL3-37/216	
Verbandstoff-Fabrik Alfred Lutzmann	RL5-39/48 ;	RL5-40/78	
Verbandstoff-Industrie GmbH	RL5-39/55 ;	RL5-40/50	
Verein. Laborbed.-u. Glaslieferungs GmbH	RL5-37/22 ;	RL5-38/21 ;	RL5-38/46 ;
	RL5-39/3 ;	RL5-40/63 ;	RL5-41/3
Vereinigung Dt. Springrollo-Fabriken e.V.	RL3-36/65		
W. Reimsfeld & Co.	RL3-42/204		
Walter Callmann	RL3-37/294		
Willy R. Meyer	RL5-39/83		
Zellstoffabrik Waldhof	RL3-41/169 ;	RL3-41/170 ;	RL3-42/34 ;
	RL3-42/35 ;	RL3-42/128J ;	RL3-43/37J
Berlin-Britz			
Chemieprodukte KG	RL3-39/302 ;	RL3-41/1	
Riedel-de Haen AG	RL1-38/74 ;	RL1-38/75 ;	RL1-38/76 ;
	RL1-38/77		
Berlin-Charlottenburg			
Appel & Co. GmbH	RL3-40/140 ;	RL3-40/141 ;	RL3-40/142
Berliner Elektrizitäts-Ges. Otto Speck	RL1-42/2 ;	RL3-37/171 ;	RL3-40/342 ;
	RL3-41/21 ;	RL3-41/22	
Brüder Fuchs	RL5-37/40		
Cellon-Werke GmbH	RL3-36/3 ;	RL3-36/4	
Dietelgesellschaft mbH	RL3-42/139 ;	RL3-43/54 ;	RL3-43/81
Fachgruppe Rohr- u. Holzstabgewebe-Ind.	RL7-42/513S ;	RL7-42/514S ;	RL7-42/515S
Fachuntergruppe Bauzubehörindustrie	RL3-41/17S ;	RL3-41/18S ;	RL3-41/19S ;
	RL3-41/20S		
Ges. für neue Holz- u: Bauwerkstoffe mbH	RL3-39/12 ;	RL3-40/184 ;	RL3-40/345

Gustav Vargende KG	RL3-43/65 ;	RL3-43/66	
H. W. Barlen, Verbandstoff-Fabrik	RL5-37/? ;	RL5-39/73 ;	RL5-39/74
Hermetic Gesellschaft für Gebäudeschutz	RL3-37/92 ;	RL3-37/93 ;	RL3-37/94
Lincas Gummiwarenfabrik GmbH	RL3-36/21		
LUZ-Bau GmbH	RL3-39/113		
Ratron Elektrizitäts-Ges. Gebr. Richnow	RL3-39/147 ;	RL3-39/220 ;	RL3-39/221
Richter & Co.	RL1-37/71 ;	RL1-39/60 ;	RL5-37/58 ;
	RL5-37/60		
Tonographie GmbH	RL4-37/49 ;	RL4-43/2	
Berlin-Dahlem			
Dipl.-Ing. Karl Walter, Spezialbaugeschäft	RL3-39/128 ;	RL3-39/168 ;	RL3-39/169
Berlin-Friedenau			
Dr.-Ing. E. Jacobi	RL3-36/145 ;	RL3-36/149 ;	RL3-37/31 ;
	RL3-37/32 ;	RL3-37/33 ;	RL3-37/34
Georg Fligg	RL3-40/180		
Berlin-Friedrichsfelde			
Carl August Stolte	RL3-43/15		
Berlin-Grunewald			
Colas Kaltasphalt GmbH	RL3-40/336		
Berlin-Grünau			
Chem. Fabrik Grünau, Landshoff u. Meyer	RL3-38/115 ;	RL3-38/196 ;	RL3-38/197
Berlin-Halensee			
E. Münster	RL3-42/113 ;	RL3-42/253	
Erich Haseleu	RL3-40/176 ;	RL3-40/177 ;	RL3-40/178 ;
	RL3-42/214		
Berlin-Johannisthal			
Teinmler-Werke, Vereinigte Chem. Fabr.	RL5-39/80		
Berlin-Kreuzberg			
Apelt & Gernart	RL3-37/238		
Deutsche Pyrotechnische Fabriken GmbH	RL1-37/5		
Berlin-Köpenick			
Dr. Willy Thomas, Hirschhorn-Gasleuchten	RL3-37/322		
Berlin-Lichtenberg			
Hazet-Werkstätten, Erich Haack-Werke	RL3-36/42 ;	RL3-37/290 ;	RL3-39/157 ;
	RL3-39/203 ;	RL3-39/233 ;	RL3-39/234 ;

	RL3-39/256 ;	RL3-39/257 ;	RL3-39/261 ;
	RL3-39/303 ;	RL3-39/304 ;	RL3-39/312 ;
	RL3-40/284 ;	RL3-40/285 ;	RL3-40/286 ;
	RL3-40/287 ;	RL3-40/288 ;	RL3-40/337 ;
	RL3-41/36 ;	RL3-44/5	
Karl Groneberg, Feineisen- und Metallbau	RL3-38/56 ;	RL3-38/57 ;	RL3-39/37 ;
	RL3-39/38 ;	RL3-39/39 ;	RL3-39/162 ;
	RL3-39/163 ;	RL3-41/172	
Berlin-Lichtenrade			
Verlagsdruckerei Merkur	RL3-37/60 ;	RL3-37/78 ;	RL3-37/120 ;
	RL3-40/173 ;	RL3-41/69	
Berlin-Lichterfelde			
Nalfag – Wissenschaftl. Vereinigung für...	RL1-38/13 ;	RL1-39/3 ;	RL1-39/7 ;
	RL1-39/8		
Veritas Gummiwerke AG	RL1-37/4 ;	RL1-37/41 ;	RL1-40/31
Berlin-Marienfelde			
Autofix Mertiny KG	RL5-36/2 ;	RL5-40/23 ;	RL5-40/24
Berlin-Neukölln			
A. Wunderlich Nachf., Heeresausrüstung	RL2-39/1		
Buttermann & Schmidt	RL4-39/38 ;	RL4-39/39 ;	RL4-39/40 ;
	RL4-39/41		
Erich Spaarschuh	RL3-42/225 ;	RL3-42/226 ;	RL3-42/227 ;
	RL3-43/58J ;	RL3-43/101J	
G. Goliasch & Co. KG	RL2-39/31 ;	RL2-40/5	
Joerg-Reklame	RL3-40/292		
Sunlicht Gesellschaft AG, Kleinol-Werk	RL5-42/5		
Wilhelm Neye	RL5-36/3		
Berlin-Niederschöneweide			
Salzbergwerk Neu-Staßfurt	RL1-39/52		
Berlin-Oberschöneweide			
Brüder Beyer, Eisenbau	RL3-38/39		
Berlin-Plötzensee			
Chemische Werke Zimmer & Co.	RL3-39/167		
Berlin-Reinickendorf			
Adolf Schmidt	RL5-36/4 ;	RL5-40/44 ;	RL5-40/56
Heinrich Kleinbohm	RL3-39/185		

Berlin-Rudow
Fr. M. Daubitz Gummiwerke RL1-38/80 ; RL1-41/13 ; RL3-41/65

Berlin-Schmargendorf
August Stelling RL1-40/32 ; RL1-40/33 ; RL1-40/34

Berlin-Schöneberg
Ernst Herre, Isoliermaterialien GmbH RL3-38/113 ; RL3-41/117
Louis Gärtitz, Eisenkonstruktionswerk RL3-40/279
Marcus-Metallbau GmbH RL3-38/100 ; RL3-38/101 ; RL3-38/102 ; RL3-38/256
Mix & Genest AG RL4-38/19 ; RL4-38/40 ; RL4-39/31 ; RL4-39/36
Wirtschaftsgruppe Einzelhandel RL3-41/5S ; RL3-41/6S ; RL3-41/7S ; RL3-41/8S

Berlin-Siemensstadt
Siemens & Halske AG RL4-37/3 ; RL4-37/4 ; RL4-37/29 ; RL4-37/30 ; RL4-37/31 ; RL4-37/32 ; RL4-38/27 ; RL4-38/28 ; RL4-38/71 ; RL4-38/72 ; RL4-38/74 ; RL4-38/79 ; RL4-38/80 ; RL4-38/81 ; RL4-39/4 ; RL4-39/13 ; RL4-39/14 ; RL4-39/17 ; RL4-39/18 ; RL4-39/19 ; RL4-39/22 ; RL4-39/23 ; RL4-39/24 ; RL4-39/25 ; RL4-39/37 ; RL4-39/46 ; RL4-39/48 ; RL4-39/50 ; RL4-40/30 ; RL4-40/31 ; RL4-40/32 ; RL4-40/33 ; RL4-40/34 ; RL4-40/35 ; RL4-40/36 ; RL4-41/5 ; RL4-41/9 ; RL4-41/11 ; RL4-42/1 ; RL4-42/2 ; RL4-42/3 ; RL4-42/4 ; RL4-42/5 ; RL4-42/6 ; RL4-42/9
Siemens-Schuckertwerke AG RL1-39/80 ; RL3-39/172 ; RL3-39/173 ; RL4-39/9

Berlin-Spandau
Engel & Leonhardt, Betonwerk RL3-39/238 ; RL3-40/346 ; RL3-42/128 ; RL3-42/129
Pappenguß-Membranen, Dr. Kurt Müller RL1-40/52
Reinhold Wormstädt RL3-37/30 ; RL3-37/307 ; RL3-38/161

Berlin-Steglitz
Arthur Leverentz RL1-42/18
Dipl.-Ing. Kommoß & Brodthagen RL1-39/68 ; RL1-41/11 ; RL1-41/12 ; RL1-41/25 ; RL1-41/26 ; RL1-41/27
Feugas Schutzgesellschaft mbH RL3-36/41 ; RL3-36/43 ; RL3-36/49 ;

	RL3-37/100 ;	RL3-37/142 ;	RL3-37/143 ;
	RL3-37/144 ;	RL3-37/148	
Hugo Thoma	RL3-38/66		

Berlin-Tempelhof

Bertold Schroll, Fabr. f. Metallverarbeitung	RL3-41/75		
C. Lorenz AG	RL4-38/20 ;	RL4-38/21 ;	RL4-39/29 ;
	RL4-39/47 ;	RL4-39/82 ;	RL4-40/8 ;
	RL4-40/9 ;	RL4-40/12 ;	RL4-40/13 ;
	RL4-41/12 ;	RL4-42/8 ;	RL4-42/16
C. Puls & Co. GmbH, Fabr. f. Metallkonstr.	RL3-38/16 ;	RL3-39/8 ;	RL3-39/9 ;
	RL3-40/12 ;	RL3-40/93 ;	RL3-40/94
Telefunkenplatte GmbH	RL4-40/11		

Berlin-Tiergarten

Auergesellschaft AG	RL1-37/1 ;	RL1-37/12 ;	RL1-37/47 ;
	RL1-37/53 ;	RL1-37/55 ;	RL1-37/56 ;
	RL1-38/23 ;	RL1-38/24 ;	RL1-38/25 ;
	RL1-38/26 ;	RL1-38/27 ;	RL1-38/28 ;
	RL1-38/29 ;	RL1-38/30 ;	RL1-38/33 ;
	RL1-38/34 ;	RL1-38/57 ;	RL1-38/89 ;
	RL1-38/97 ;	RL1-39/10 ;	RL1-39/11 ;
	RL1-39/54 ;	RL1-39/56 ;	RL1-39/65 ;
	RL1-39/83 ;	RL1-39/89 ;	RL1-40/78 ;
	RL1-40/82 ;	RL1-41/2 ;	RL1-41/3 ;
	RL1-41/15 ;	RL1-41/16 ;	RL1-41/17 ;
	RL1-41/18 ;	RL1-41/19 ;	RL1-41/30 ;
	RL1-42/3 ;	RL4-38/44 ;	RL4-38/45 ;
	RL4-38/46 ;	RL4-38/64 ;	RL4-38/65 ;
	RL4-38/77		
Robert Lubstein, Mützen- u. Helmfabrik	RL2-39/12 ;	RL2-39/45	

Berlin-Wedding

Hazet-Werkstätten Erich Haack	RL3-36/86 ;	RL3-37/148 ;	RL3-37/266 ;
	RL3-37/267 ;	RL3-37/277 ;	RL3-37/291 ;
	RL3-38/15 ;	RL3-38/119 ;	RL3-38/120 ;
	RL3-39/156 ;	RL3-39/161 ;	RL5-36/46 ;
	RL5-40/16 ;		

Berlin-Weißensee

C. Müller, Gummiwarenfabrik AG	RL3-41/61		
Degufra - Deutsche Gummiwarenfabrik	RL3-41/49 ;	RL3-41/50 ;	RL3-42/49 ;
	RL3-43/10		
Erwin Auert, Fabrik für Feineisenkonstr.	RL3-37/155 ;	RL3-37/160 ;	RL3-37/323 ;
	RL3-38/49 ;	RL3-38/163 ;	RL3-39/5 ;

RL3-39/22 ; RL3-39/23 ; RL3-39/24 ; RL3-39/25 ; RL3-39/26 ; RL3-39/239 ; RL3-39/240 ; RL3-42/45 ; RL3-42/46 ; RL3-43/69

Ziehl-Abegg — RL4-38/61 (Zweiteintrag)

Berlin-Wilmersdorf

F. Brüsewitz — RL1-40/46
J. W. Rodenbach — RL3-39/43 ; RL3-39/44
Josef Lang, Betonwerk — RL3-41/130
Max Rieger, Bauschlosserei — RL3-37/1 ; RL3-38/177 ; RL3-41/27
Solostopp — RL3-36/9 ; RL3-36/10

Bernsbach

Heinz Herzog — RL5-40/64 ; RL5-40/65

Bielefeld

August Hörmann & Sohn — RL3-38/55 ; RL3-41/136
C. A. Delius & Söhne — RL3-42/140J
Carl Henkel — RL1-39/1A
Friedr. Bentlage, Abziehbilderfabrik — RL2-39/43
Gustav Peiniger, Abziehbilderfabrik — RL2-40/15
Lohmann-Werke AG — RL5-40/66

Bielefeld-Brackwede

Carl Buschkamp, Bielefelder Fahrradbau — RL3-38/245

Bietigheim

Deutsche Linoleum-Werke AG — RL3-40/118 ; RL3-42/158S

Birkigt / Sudeten

Hugo Burkert — RL3-42/1 ; RL3-42/2

Bitterfeld

Robert Max Adam — RL3-40/175

Blankenburg

Migua KG, Th. Hammerschmidt — RL1-38/95 ; RL1-40/80

Bleicherode

Transformatoren- und Apparatebau — RL3-37/108

Bochum

A. Ringelband — RL1-39/57
Heinrich Bodenhorn — RL3-39/78

Bochum-Riemke			
H. H. Schmitz Stahltürenbau	RL3-39/70		
Bonn			
Brenner & Co., Zementwarenfabrik	RL3-42/43		
Borghorst			
Arnold Rock	RL3-43/84J		
Brackwede			
Dt. Metalltürenwerke Aug. Schwarze AG	RL3-36/125 ;	RL3-36/126 ;	RL3-37/220 ;
	RL3-38/8 ;	RL3-38/9 ;	RL3-38/62 ;
	RL3-38/72 ;	RL3-38/136 ;	RL3-38/137 ;
	RL3-38/231 ;	RL3-38/232 ;	RL3-38/334 ;
	RL3-39/68 ;	RL3-39/82 ;	RL3-39/281 ;
	RL3-39/282 ;	RL3-40/84 ;	
Brand bei Aachen			
Mathias Braun	RL3-40/36 ;	RL3-40/37	
Brandenburg / Havel			
Otto Bergemann KG	RL3-40/326		
Rudolf Lang	RL1-41/8		
Braunau / Sudeten (Broumov, Tschechien)			
Braunauer Kaliko und Kunstlederfabrik	RL3-43/87S		
Hollmanns Rollo- und Jalousienfabrik	RL3-40/124 ;	RL3-41/4 ;	RL3-41/5 ;
	RL3-42/87 ;	RL3-42/88	
Braunschweig			
Teba-Ges. Friedrich Schünhoff & Co.	RL3-38/238		
Bremen			
Albert Diedrich Domeyer	RL1-37/70 ;	RL1-38/2 ;	RL1-38/40 ;
	RL1-38/41 ;	RL1-38/42 ;	RL1-38/96 ;
	RL1-39/42 ;	RL1-40/58 ;	RL2-39/20
Bremer Verbandstoff-Fabr. Joh. Osmers	RL5-40/84		
C. Holzgrefe, Rollofabrik	RL3-36/66		
Friedrich W. Govsmann	RL3-40/162 ;	RL3-40/163	
H. Lüning & Sohn	RL3-42/232		
Louis Willig	RL3-41/132		
Nordwestdeutscher Betonbau O. Höhne	RL3-43/7		
Breslau			
Bernhard Sommer	RL3-37/321		
Capsel- und Verbandstoff-Fabr. „Breca"	RL5-36/32 ;	RL5-39/24 ;	RL5-39/25 ;

	RL5-39/54 ;	RL5-39/68 ;	RL5-40/51
Carl Trippel, Fabrik für Eisenbau	RL3-38/7 ;	RL3-38/54 ;	RL3-38/121 ;
	RL3-38/148 ;	RL3-38/152 ;	RL3-38/266 ;
	RL3-38/268 ;	RL3-38/279 ;	RL3-38/282 ;
	RL3-39/21 ;	RL3-40/299	
Harry Noack	RL1-39/16 ;	RL4-39/16 ;	RL4-40/43
Illmer & Sohn, Isoliermittelfabrik	RL3-36/154		
Josef Million	RL3-37/99		
Karl Sprang, Eisen- und Bronzebau	RL3-39/158 ;	RL3-40/314	
Ludwig Sebode	RL5-38/17 ;	RL5-40/71	
Reflex-Vertrieb Dr.-Ing. Otto Wertheimer	RL3-41/112 ;	RL3-42/216	
Sigismund Steinbauer	RL3-42/237		
Breslau-Schmiedefeld			
Franke und Skeide	RL1-40/72 ;	RL4-38/75 ;	RL4-38/82
Bromberg			
Bromberger Papierfabrik AG	RL3-42/136J ;	RL3-42/137J	
Gummiwarenfabrik Bromberg	RL3-41/82		
Brückl / Kärnten			
Carbidwerk Deutsch-Matrei AG	RL1-39/84		
Brunkensen			
Brunkenser Maschinenfabrik	RL3-36/50 ;	RL3-37/105	
Brünn (Brno, Tschechien)			
Rácek AG	RL5-43/3		
Buchholz / Sachsen			
Albert Seeland, Weberei	RL3-41/153J ;	RL3-41/158J	
Chemnitz			
Alfred Uhlig & Co., Weberei	RL3-40/224		
Berthold & Otto	RL3-42/121J		
C. A. Speer	RL3-42/55J		
Chemnitzer Verbandstoff-Fabrik	RL5-36/17 ;	RL5-39/75 ;	RL5-40/55
Dr. Bader & Schluckwerder	RL5-38/23 ;	RL5-38/40 ;	RL5-38/41 ;
	RL5-39/67		
Eduard Kornick	RL3-42/58J		
Emil Kober jun.	RL5-39/78 ;	RL5-40/73	
Ernst Fischer junr. AG	RL3-38/265		
Fritz Kern & Co., Rollofabrik	RL3-40/57		
Georg Lanzenberger, Papierwarenfabrik	RL3-40/305		
Irdel, Rebling & Jähnig	RL3-42/22J		
Joh. Max Walther	RL3-42/249J		

Johann Janich RL3-38/73
Julius Dietrich & Hannak RL5-37/43
Max Arnold RL5-40/57 ; RL5-40/88
O.B. Knorr, Mechanische Weberei RL3-42/62J
R. Höfel & Co. RL3-42/100J
Verbandstoff-Fabrik Lindner & Co. RL5-39/32 ; RL5-40/90
Wilhelm Vogel RL3-42/56JF
Willy Uhde RL3-37/172

Coburg
Hans Jahn, Glühlampenfabrik RL3-40/191
Max Wittmann RL3-40/260 ; RL3-40/261 ; RL3-41/124 ; RL3-41/125

Cossebaude
Dyckerhoff & Widmann KG RL3-39/32 ; RL3-39/33 ; RL3-40/310 ; RL3-41/63 ; RL3-43/11 ; RL3-43/13

Coswig
Kötizer Ledertuch- u. Wachstuch-Werke RL3-36/16 ; RL3-42/171S ; RL3-42/234S

Cottbus
Förster & Kufs RL5-40/86
Hermann Thiemann, Schlosserei RL3-39/119 ; RL3-39/120

Crottendorf / Erzgebirge
Camillo Schreiber, Aluminiumwarenfarik RL5-39/16
Ernst Häberlein, Metallwarenfabrik RL5-40/4
Gebr. Gräbner RL2-40/2 ; RL5-38/43
Rudolf Lötzsch RL5-38/42

Czulow
Germann & Jacobsen RL3-42/205J ; RL3-42/206J

Danzig
Hans Meltz RL3-41/110

Darmstadt
Donges Stahlbau GmbH RL3-38/269
Henschel & Ropertz KG RL3-40/71 ; RL3-40/72
Stadian Riehl, Schlosserei und Eisenbau RL3-38/208

Doberlug-Kirchhain
Humerohr GmbH RL3-38/198 ; RL3-38/228 ; RL3-39/153

Dortmund
Albus Stahltürenwerk, Bruno Albus RL3-37/234 ; RL3-39/206 ; RL3-40/190 ;

	RL3-41/78 ;	RL3-42/208 ;	RL3-43/12
C. H. Jucho	RL3-37/224 ;	RL3-37/225 ;	RL3-38/258 ;
	RL3-38/259 ;	RL3-39/2 ;	RL3-40/192 ;
	RL3-41/20		
Dortmund-Hörder-Hüttenverein AG	RL3-38/153 ;	RL3-38/154	
Dr. Ausbüttel & Co.	RL5-40/70		
Industriebau Paul Zombeck	RL3-38/142 ;	RL3-39/114	
Paul Stratmann & Co.	RL1-37/48 ;	RL1-40/60	
W. Hanebeck	RL3-40/35		
Dortmund-Brackel			
Otto Wallwey	RL3-40/317 ;	RL3-40/318	
Dortmund-Derne			
Wilhelm Herzberg	RL3-37/11		
Dresden			
Alfred Kipping KG	RL5-36/8 ;	RL5-36/10 ;	RL5-37/8 ;
	RL5-37/15 ;	RL5-37/16 ;	RL5-39/2 ;
	RL5-40/12		
Alfred Landmann	RL2-40/12		
Anton Reiche AG	RL5-38/39		
Bath & Wagawa, Metallwarenfabrik	RL2-39/2		
BKD - Bruno Knittel	RL4-38/38 ;	RL4-38/59 ;	RL4-38/60
Emil Pötzsch und Willy Franz	RL3-41/11		
Ernst Urban	RL3-40/291		
Fritz Müller, Beleuchtungskörperfabrik	RL3-37/77 ;	RL3-39/143 ;	RL3-39/144 ;
	RL3-39/145 ;	RL3-39/146 ;	RL3-40/312
Gawadi Wetterschutz GmbH	RL1-38/7		
Georg Ehrlich	RL3-40/250		
Hellmuth Günther	RL3-38/251		
Hermann Hartrampf, Eisenkonstruktionen	RL3-38/53 ;	RL3-39/17 ;	RL3-39/47 ;
	RL3-39/260		
Kugler & Co.	RL3-36/25		
Max Gebhardt	RL3-39/123		
Paul Diener Metalldrückerei und Stanzerei	RL2-38/28		
Schmalzeder Erben	RL2-41/1		
W. Gellner, Möbelfabrik	RL3-40/355		
Duisburg			
Ewald Berninghaus	RL3-38/42 ;	RL3-38/260 ;	RL3-39/124 ;
	RL3-39/125 ;	RL3-39/126 ;	RL3-39/134 ;
	RL3-39/199 ;	RL3-39/200 ;	RL3-39/201 ;
	RL3-43/14		
Fa. L. Winkel & Co.	RL3-38/40 ;	RL3-39/152 ;	RL3-40/1 ;
	RL3-40/5		
Hermann Verlohr jun.	RL3-37/38		

Duisburg-Hamborn

Joh. Militor, Inh. Hans Militor	RL3-43/48		

Durmersheim

Sika GmbH, Chemische Fabrik	RL3-39/262		

Düren

Dr. Degen & Kuth	RL5-37/11 ;	RL5-37/25 ;	RL5-38/15 ;
	RL5-40/48		
Felix Heinr. Schoeller, Reflex-Papier-Fabrik	RL3-38/249 ;	RL3-42/220J	
Gebr. Schoeller	RL3-42/251J		
Renter-Belipa GmbH	RL3-37/316 ;	RL3-42/99S ;	RL3-42/141J
Wilhelm Krämer	RL3-42/116		

Düsseldorf

Casack & Cie.	RL5-38/34 ;	RL5-38/35 ;	RL5-40/53
Dietelgesellschaft mbH	RL3-40/214		
E. Liesegang, Fabrik für Projektionsapp.	RL3-36/19		
E. Purgold & Co.	RL3-39/100		
Fenestra GmbH	RL3-36/1 ;	RL3-36/2 ;	RL3-38/3 ;
	RL3-38/50 ;	RL3-38/51 ;	RL3-38/278 ;
	RL3-39/151 ;	RL3-39/297 ;	RL3-39/298 ;
	RL3-40/8 ;	RL3-40/9 ;	RL3-40/80 ;
	RL3-40/81 ;	RL3-40/82 ;	RL3-40/83
Ferma-Fenster GmbH	RL3-38/273 ;	RL3-38/274 ;	RL3-38/275 ;
	RL3-40/2 ;	RL3-40/3 ;	RL3-40/6 ;
	RL3-40/7		
Paul Herzog, Stahlbau	RL3-38/93		
Pront und Renard KG	RL3-40/273 ;	RL3-40/343 ;	RL3-40/344 ;
	RL3-41/24 ;	RL3-41/134	
Rheinische Papiermanufaktur H. Mehwald	RL3-36/13		
Wilhelm Vilhuber	RL3-38/92		

Düsseldorf-Neuß

Peltz Geldschrankwerke GmbH	RL3-36/105 ;	RL3-37/88 ;	RL3-38/28 ;
	RL3-38/29 ;	RL3-38/139 ;	RL3-38/176 ;
	RL3-40/99 ;	RL3-40/217 ;	

Döbeln

Metallwarenfabrik Johannes Großfuß	RL5-39/34		

Ebersbach

Robert Sinkwitz, Mechanische Weberei	RL3-41/142		

Eilenburg

Dermatoid-Werke Paul Meißner	RL3-42/4J		

Eisenach

Fabrik f. Eisenkonstr. und Aufzüge	RL3-38/162		

Elben bei Betzdorf

Nüchtern's Söhne	RL5-40/79		

Elbing

Friedrich Drewski, Schlossermeister	RL3-39/192		

Emmerich

Johann Breitenstein, Metallwarenfabrik	RL5-39/27		

Engstlatt

Franz Dietzinger	RL3-39/259		
Schmid & Co., Möbelfabrik	RL3-39/293		

Erfurt

Carl Schröder	RL3-40/174		
J. A. John AG	RL3-36/80 ;	RL3-37/29 ;	RL3-37/185
Johannes Schöttle	RL3-38/230		
Thür. Gummimantel-Fabrik Paul Lehmann	RL1-39/1		

Erkelenz

Erkelenzer Maschinenfabr. Ferd. Clasen	RL3-38/140		

Erkrath

Rheinische Buntpapier-Fabrik KG	RL1-40/15		

Esens

Gebr. Janssen	RL3-40/272		

Essen

Chemische Fabrik Dr. Reininghaus	RL1-38/93		
Erwin Remy	RL1-38/69		
Essener Metallwerkstätten L. Leiner	RL3-37/8 ;	RL3-37/101 ;	RL3-38/145 ;
	RL3-39/159 ;	RL3-39/160 ;	RL3-39/193 ;
	RL3-39/194 ;	RL3-39/310 ;	RL3-39/311 ;
	RL3-41/95 ;	RL3-42/60 ;	RL3-42/233
Hohendahl, Gummi- u. Asbest-Ges.mbH	RL1-37/58 ;	RL1-37/72 ;	RL1-37/73
J. Tönnesmann & Vogel	RL3-42/28		
Jos. Bauer, Eisenkonstruktionen	RL3-38/187		
Verbandstoff-Fabrik G. W. Knöchel	RL5-39/29		

Essen-Bredeney

Hugo Herzbruch	RL3-39/127		

Essen-Stoppenberg			
Jos. Bauer u. Söhne, Fabrik f. Eisenkonstr.	RL3-39/202 ;	RL3-40/186 ;	RL3-40/348 ;
	RL3-40/349 ;	RL3-40/350 ;	RL3-41/171
Essen-Werden			
Müller & Biermann	RL1-40/8		
Ettlingen			
Ettlingen-Maxau Papier- u. Zellstoffwerke	RL3-42/8 ;	RL3-42/9 ;	RL3-42/160J
Eßlingen			
Elektror Karl W. Müller & Co.	RL4-37/7 ;	RL4-37/12 ;	RL4-37/35 ;
	RL4-37/36 ;	RL4-37/37 ;	RL4-37/38 ;
	RL4-37/55 ;	RL4-38/52 ;	RL4-38/55 ;
	RL4-41/1 ;	RL4-41/2	
F.W. Quist GmbH, Metallwarenfabrik	RL2-39/21		
Gottlob Schatz	RL3-40/68		
J. Eberspächer	RL3-37/107 ;	RL3-37/265 ;	RL3-38/107 ;
	RL3-41/6		
Fahr am Rhein			
Lohmann KG, Verbandstoff- u. Pflasterfabr.	RL5-36/9 ;	RL5-36/41 ;	RL5-36/44 ;
	RL5-40/6 ;	RL5-40/81	
Falkenstein			
August Rudert Nachfolger	RL5-42/6		
Forst			
Gerhard Richter	RL3-37/9		
Frankenthal			
Fritz Massung	RL3-43/62		
Frankfurt			
F. & C. Achenbach	RL5-37/48 ;	RL5-40/74	
Frankfurt / Main			
A. Borgs, Meteor Leuchtfarben	RL3-37/169		
A. O. Kaiser, Schlosserei und Stahlbau	RL3-42/83		
Beith-Werke AG, Werk Höchst	RL3-40/363		
Dr.-Ing. Schneider & Co.	RL3-36/150 ;	RL3-36/151 ;	RL3-36/152 ;
	RL3-36/153 ;	RL3-39/188 ;	RL3-39/189 ;
	RL3-40/106 ;	RL3-43/35	
Fr. J. Reutzel	RL3-40/170 ;	RL3-40/171 ;	RL3-41/114 ;
	RL3-42/90		
G. Schanzenbach & Co. GmbH	RL3-40/187 ;	RL3-40/188 ;	RL3-40/193

Gebr. Kimmich	RL3-40/237 ;	RL3-40/293	
Gummiwerk Odenwald Willy Kraus	RL3-43/94		
Herbert Scheld	RL3-42/201		
Hermann Müller	RL3-40/132		
Hermann Siegrist	RL3-37/235 ;	RL3-37/236 ;	RL5-37/49 ;
	RL5-40/43		
IG Farbenindustrie AG	RL1-38/19 ;	RL1-38/83 ;	RL1-38/84 ;
	RL1-39/58		
Jakob Holler, Tapeziermeister	RL3-41/51 ;	RL3-41/52 ;	RL3-41/53
Stahl-Schanz	RL3-38/71 ;	RL3-38/233 ;	RL3-38/234 ;
	RL3-40/43		
Telefonbau und Normalzeit GmbH	RL4-37/47 ;	RL4-37/48 ;	RL4-37/53 ;
	RL4-38/53 ;	RL4-38/83 ;	RL4-39/1 ;
	RL4-39/15 ;	RL4-39/27 ;	RL4-40/3 ;
	RL4-40/4 ;	RL4-40/5 ;	RL4-40/6 ;
	RL4-40/14 ;	RL4-40/15 ;	RL4-40/20 ;
	RL4-40/22 ;	RL4-41/7 ;	RL4-41/8 ;
	RL4-41/10 ;	RL4-42/10 ;	RL4-42/11 ;
	RL4-42/12		
Zulauf & Cie., Feuerlöscharmaturen	RL2-39/36 ;	RL2-40/7	
Frankfurt-Höchst			
J. Schmitz & Co.	RL2-40/9		
Rolladen-Klein	RL3-40/164 ;	RL3-42/89	
Frankfurt-Rödelheim			
May & Christe, Transformatorenfabrik	RL3-40/137		
Freiberg / Sachsen			
Curt Rüdiger	RL3-42/68		
J. Herbert Eppendorfer	RL3-38/83		
Frieda			
Gebr. Holzapfel & Co.	RL3-40/116 ;	RL3-42/172S	
Friedland / Sudeten (Frýdlant, Tschechien)			
Gloria-Werk Brosche & Co.	RL2-40/10		
Friedrichroda			
Ewald Friederichs	RL3-38/125 ;	RL3-38/126 ;	RL3-38/127 ;
	RL3-38/128 ;	RL3-38/129 ;	RL3-38/130 ;
	RL3-38/131 ;	RL3-38/132 ;	RL3-38/133 ;
	RL3-38/134 ;	RL3-41/18 ;	RL3-44/7J
Hermann Schein	RL3-40/70 ;	RL3-40/167 ;	RL3-40/168 ;
	RL3-42/213		

Furschweiler

Otto Schley	RL3-38/237		

Fürth

A. Dickmann & Co.	RL3-39/142		
Vermas	RL5-40/69		

Gablonz / Sudeten (Jablonec nad Nisou, CZ)

R. Kreisel	RL1-41/34		
Heinrich Wander	RL3-40/244		

Geisweid

Deutsche Gerätebau AG	RL1-39/72		

Gelsenkirchen

Alters- und Invalidenwerk GmbH	RL3-41/16		
Heinrich Raacke, Eisen- u. Stahlbau	RL3-38/151		

Gera

Laurenz & Wilde	RL3-42/33J		
Paul Sörgel	RL3-39/52 (Zweiteintrag)		
Richard Telle, Papierwarenfabrik	RL3-36/26		

Gladbeck

August Preuß, Feineisenbau	RL3-38/67		

Glauchau

Bößneck & Meyer	RL3-40/302 ;	RL3-42/124J	

Gotha

August Blödner GmbH	RL3-36/33 ;	RL3-39/265	
Blödner & Bierschrodt	RL3-40/356		
Brand & Grafemann Nachf.	RL1-39/44 ;	RL1-39/75 ;	RL1-39/76 ;
	RL3-37/69		
Friedrich Ziegler	RL3-38/87		
Vereinigte Gothania-Werke AG	RL3-41/67		

Greifenberg / Ammersee

Elsa Raschke	RL3-39/280		

Greiz

Otto Günther, Papierfabrik	RL3-37/56 ;	RL3-37/299 ;	RL3-38/86 ;
	RL3-38/157 ;	RL3-38/239 ;	RL3-38/270 ;
	RL3-39/175 ;	RL3-42/103J ;	RL3-42/104J ;
	RL3-43/56J ;	RL3-43/57J	

Greven
Anton Kramer & Co. RL3-39/268

Grimma
Bruno Werner, Werkstätten f. Holzbearb. RL3-38/46
H. Weissing AG RL3-40/28
Walther-Werke Ferdinand Walther RL4-38/48 ; RL4-38/49 ; RL4-38/50 ; RL4-38/51

Großbreitenbach
Thürofa Heinrich Landgrebe KG RL3-39/273 ; RL3-39/274 ; RL3-39/275 ; RL3-39/276

Großenhain
Ernst Ferd. Waentig RL3-36/78 ; RL3-43/23S ; RL3-43/88S
Papierfabrik Großenhain AG RL3-41/2 ; RL3-41/145 ; RL3-41/146 ; RL3-42/155J

Grulich / Sudeten (Králíky, Tschechien)
Steiner & Kober RL1-44/6 (Zweiteintrag)

Grünbach / Vogtland
Friedrich Ebersbach RL3-42/81J
Max Scheffel GmbH, Mech. Weberei RL3-36/102 ; RL3-37/154 ; RL3-40/128

Grünhain / Sachsen
C. Herrmann Gross RL5-39/4

Gschwenda
Willy Bartolomäus RL3-43/17

Gundelfingen
Josef Gartner & Co. RL3-38/89

Görlitz
Dr. Theodor Schuchardt GmbH RL1-37/32 ; RL1-37/33 ; RL1-37/34 ; RL1-37/35 ; RL1-37/36 ; RL1-37/37
Waggon- und Maschinenbau AG RL5-37/42 ; RL5-40/47

Göttingen
Mittendorf & Co., Blaulicht-Gesellschaft RL3-36/38 ; RL3-40/330 ; RL3-40/331
Physikalische Werkstätten AG RL1-38/11 ; RL1-38/12
Vohlit-Werke AG RL3-36/15

Hagen
Erich Köster RL3-40/182

Hagener Elektrizitäts-Ind. GmbH (Helin)	RL4-37/8 ;	RL4-37/10 ;	RL4-37/43 ;
	RL4-37/44 ;	RL4-38/84 ;	RL4-39/44 ;
	RL4-41/4		
Joh. Casp. Post Söhne	RL4-38/62		
Meyer-Hagen GmbH	RL3-38/217 ;	RL3-38/218 ;	RL3-38/219 ;
	RL3-38/250 ;	RL3-42/72	
Zugschutz KG Max Theinert	RL3-40/131		

Haindorf / Sudeten (Hejnice, Tschechien)

Papier- und Pappenfabrik Haindorf	RL3-40/136

Hainichen

Max Kermes, Fabrik med. Verbandstoffe	RL5-36/33 ;	RL5-39/36
Mechanische Plüschweberei GmbH	RL3-42/67J	
Paul Krämer	RL5-40/18	

Halle / Saale

Betonwerk E. Hänsel & Müller	RL3-40/107
Betonwerk F. Wiemann	RL3-43/8
Emil Michel, Stahltürenbau	RL3-37/153
Hermann Fischer, Eisenbau	RL3-39/35
Otto Schöbe	RL3-38/149

Hallein

Ebenseer Solvaywerke	RL1-39/14

Hamburg

Adolf Groh, vorm. H. Groh Söhne	RL3-39/11		
Anton Kaeser	RL4-39/2		
Asbest- und Gummi-Werke M. Merkel KG	RL3-40/364		
Bruno Matthes & Co.	RL3-40/296 ;	RL3-40/297	
Chemische Fabrik Dr. Hugo Stoltzenberg	RL1-37/61 ;	RL1-37/62 ;	RL1-37/63 ;
	RL1-38/22 ;	RL1-38/43 ;	RL1-38/58 ;
	RL1-38/66 ;	RL1-38/67 ;	RL1-38/68 ;
	RL1-38/87 ;	RL1-39/19 ;	RL1-39/59 ;
	RL1-40/21 ;	RL1-40/23 ;	RL1-40/55 ;
	RL2-38/19 ;	RL2-38/20 ;	RL2-38/21 ;
	RL2-38/22 ;	RL2-38/23 ;	RL2-38/24 ;
	RL2-38/25 ;	RL2-38/26 ;	RL2-38/27 ;
	RL2-38/32 ;	RL2-38/33 ;	RL2-38/34 ;
	RL2-39/32 ;	RL2-39/33 ;	RL2-39/34 ;
	RL2-40/11 ;	RL2-43/2	
Chemische Fabrik Marienfelde GmbH	RL5-39/82 ;	RL5-40/60	
Christian Köpcke	RL3-40/143		
Deutsche Großeinkaufs-GmbH	RL3-40/259		

Dr.-Ing. Werner Scheibe	RL3-38/229 ;	RL3-41/43 ;	RL3-42/41 ;
	RL3-42/47 ;	RL3-43/3	
Freytag & Bielefeldt	RL3-40/251		
Friedrich Dlugowski	RL3-40/306		
Hamburger Metalltüren-Fabrik	RL3-38/244		
Hamb. Springrulo-Ges. Seyffett & Co.	RL3-40/41 ;	RL3-40/42	
Hammonia-Rollofabrik Hermann Stachnau	RL3-40/88 ;	RL3-40/89	
Hansa Metallwarenges. Thiessen & Hager	RL3-36/29 ;	RL3-40/254 ;	RL3-40/255 ;
	RL3-40/256		
Hanseatische Stahltürenfabrik Oeltjen	RL3-38/150		
Hesselkamp & Co.	RL3-38/45		
Hollender & Wolf	RL3-36/6 ;	RL3-38/202 ;	RL3-38/203
J. W. von Berg KG	RL7-37/3 ;	RL7-39/2	
John Finke, Schlosserei	RL3-40/146 ;	RL3-40/148 ;	RL3-40/149 ;
	RL3-40/282		
Josef Schmitz	RL3-40/247		
Karl W. Steffen	RL3-40/246		
Paul Friedrich, Rollofabrik	RL3-40/271		
Paul Schröder	RL3-40/231 ;	RL3-40/232	
Pruter	RL2-39/28 (Zweiteintrag)		
Rollo-GmbH	RL3-40/274 ;	RL3-40/275	
Tapeten-Popken	RL3-42/98		
Teppich Schwabe KG	RL3-41/126		
Tretorn und Calmon Gummiwerke AG	RL1-38/21 ;	RL1-40/19	
Walter Schönemann KG	RL3-41/148		
Wilhelm Kampf	RL3-41/150		
Willi Henze, Rollovertrieb	RL3-41/138		

Hamburg-Altona

Adalbert Klement & Sohn, Stahltürenwerk	RL3-37/87 ;	RL3-38/257 ;	RL3-38/261 ;
	RL3-39/71 ;	RL3-39/72 ;	RL3-39/77 ;
	RL3-39/243 ;	RL3-39/244 ;	RL3-40/51 ;
	RL3-40/52 ;	RL3-40/218	

Hamburg-Blankenese

Walther Müller & Co. GmbH	RL3-39/308

Hamburg-Eidelstedt

Aktiengesellschaft Josef Jeserich	RL3-39/165

Hamburg-Harburg

H. Rost & Co.	RL3-41/44		
Phoenix AG, Harbg. Gummiwaren-Fabrik	RL1-37/52 ;	RL1-39/29 ;	RL1-39/78 ;
	RL1-39/79 ;	RL1-40/18 ;	RL1-40/57 ;
	RL1-42/14 ;	RL3-40/360	

Hamburg-St. Georg			
Georg Kammenhuber	RL3-36/123 ;	RL3-39/69	
Hamburg-St. Pauli			
Carl Eßmann, Stahltürenbau	RL3-38/88 ;	RL3-38/248	
Drogerie Lachmann	RL3-40/270		
Hamburg-Wandsbek			
Akron-Platten-Hamburg, M. Heyn	RL3-41/86		
Hans Vollmer KG	RL3-39/164		
Hamburg-Winterhude			
E. Pohl & Co.	RL5-38/24 ;	RL5-38/25 ;	RL5-39/69 ;
	RL5-39/76 ;	RL5-40/17 ;	RL5-40/91
Hameln			
Friedrich Richardt, Eisenbau	RL3-39/190 ;	RL3-39/198	
Hammerbrücke			
Richard Meinel & Söhne	RL3-42/168J		
Hann.-Münden			
Cellulose-Fabrik Hann.-Münden	RL3-42/244J		
Hannover			
C. A. Schaefer KG, Lichttechn. Spezialfabr.	RL3-37/222 ;	RL3-37/223 ;	RL3-37/271 ;
	RL3-37/272 ;	RL3-37/273 ;	RL3-37/274 ;
	RL3-39/170 ;	RL3-39/171	
Continental Gummiwerke AG /	RL1-37/9 ;	RL1-38/91 ;	RL1-39/77 ;
Continental Caoutchouc-Cie. GmbH	RL1-40/12 ;	RL1-40/63 ;	RL1-41/6 ;
	RL1-41/21 ;	RL3-36/14 ;	RL3-41/41 ;
	RL3-43/93		
Dreyer, Rosenkranz & Droop AG	RL4-38/86		
Fr. Nagel, Bauschlosserei	RL3-39/241		
Georg Grzemba, Bautischlerei	RL3-38/271		
Georg Mowit	RL3-40/307		
Helmut L. F. Viereck	RL3-41/7		
Karl Prelle, Feineisenkonstruktion	RL3-38/226 ;	RL3-38/227	
Karl Siebrecht	RL3-38/213 ;	RL3-38/214 ;	RL3-38/215
Otto Suter	RL3-40/252 ;	RL3-40/253	
Rudi Ebeling	RL3-40/213		
Westermann & Co., Betonwerk	RL3-42/209		
Hannover-Linden			
Karl Grube GmbH	RL1-37/39		

Hannover-Wülfel			
Ernst Robert Grastorf	RL3-42/52		
Hansens Gummi- und Packungswerke	RL3-43/1		
Hattingen			
Ruhrstahl AG, Henrichshütte	RL3-37/317		
Haunstetten			
Martini u. Ko.	RL3-38/158		
Heidelberg			
Köhler & Cie.	RL5-37/103		
Timmermann & Wollet	RL5-40/22		
Wilhelm Jung	RL3-38/240		
Heidenau			
Elbtalwerk	RL4-37/5 ;	RL4-37/6 ;	RL4-37/39 ;
	RL4-37/40 ;	RL4-37/41 ;	RL4-37/42 ;
	RL4-41/15		
Heidenheim / Brenz			
C. F. Plouquet	RL3-36/20 ;	RL3-39/19	
Paul Hartmann AG	RL5-36/23 ;	RL5-37/12 ;	RL5-37/13 ;
	RL5-37/26 ;	RL5-39/47 ;	RL5-40/30 ;
	RL5-40/89		
Heidersdorf			
Ernst Hähnel	RL2-39/35 ;	RL2-40/6	
Heilbronn			
Otto Dieterich, Feineisenbau	RL3-40/150		
Heiligenhaus			
Karl Woelm & Sohn, Baubeschlagfabrik	RL3-40/185		
Helsa bei Kassel			
Evens & Pistor	RL5-37/90 ;	RL5-37/91 ;	RL5-37/92 ;
	RL5-37/93 ;	RL5-40/10 ;	RL5-40/62 ;
	RL5-41/2		
Herford			
Johann Stiegelmeyer & Co. GmbH	RL5-37/45 ;	RL5-40/46	
Herrenmühle / Großwusterwitz			
C. Stoltze, Papierfabrik	RL3-41/156		

Hildesheim			
E. L. Meyer Auswahl GmbH	RL3-39/73 ;	RL3-39/74 ;	RL3-39/75 ;
	RL3-39/76 ;	RL3-39/277 ;	RL3-41/30
Wetzell, Gummiwerke AG	RL3-41/28		
Hirschberg / Riesengebirge (Jelenia Góra, PL)			
Heinrich Hübner, Preßstoffschilderwerk	RL3-39/1A		
Hirschberg-Cunnersdorf			
Schlesische Cellulose- und Papierfabriken	RL3-41/162 ;	RL3-41/163 ;	RL3-41/164 ;
	RL3-42/161J		
Hochkoppelmühle			
Strepp & Co. KG	RL3-42/181J		
Hochneukirch			
Gebr. Brunner	RL3-42/187J		
Hof Göhlenau			
Fritz Hanke GmbH	RL3-38/200 ;	RL3-38/201	
Hofheim / Taunus			
Jos. Herzog, Schlosserei – Stahlbau	RL3-39/57 (Zweiteintrag)		
Hohenstein-Ernstthal			
C. F. Jäckel	RL3-41/166J		
Emil Heidel, Mechanische Weberei	RL3-39/292 ;	RL3-40/50 ;	RL3-40/110 ;
	RL3-41/87 ;	RL3-41/149J ;	RL3-42/75J ;
	RL3-42/159J		
Gebr. Himmelreich, Mechanische Weberei	RL3-42/30J		
J. G. Böttger	RL3-42/14J		
Max Behrends	RL3-42/24J		
Paul Löffler, Mechanische Weberei	RL3-40/194 ;	RL3-42/20J	
Robert Pfefferkorn	RL3-42/18J		
Wilhelm Ende vorm. Wilhelm Jäckel	RL3-42/54J		
Holsten-Mündrup			
Johann Bartelt, Tischlereiwerkstätten	RL3-38/216		
Holzwickede			
V.M. Werke Vincent Wiederholt	RL5-39/37		
Hoya			
Rollpappenind. Hoya, Reiffenstein & Co.	RL3-39/289 ;	RL3-39/290	

Hückeswagen
Rafflenbeul & Sohn, Preß- und Stanzwerk RL2-39/10

Iburg
Draht- u. Metallwarenfabr. Vormbäumen RL3-43/106

Iserlohn
Vollmann & Schmelzer, Metallwarenfabrik RL3-37/123

Jülich
Schleipen & Erkens AG & Co. RL3-37/132 ; RL3-39/174 ; RL3-39/181 ; RL3-40/130 ; RL3-42/245J ; RL3-43/46

Kaiserslautern
Pfälzische Verbandstoff-Fabrik Karl Mayer RL5-41/8

Kappelrodeck
Papierfabrik Kappelrodeck, Richard Lenk RL3-42/32 ; RL3-42/39 ; RL3-42/154J

Karlsruhe
Gustav Genschow & Co. AG RL1-38/72 ; RL1-38/73
J. Dellert & Braun RL3-42/170
Oscar Sichtig & Co. RL1-41/1

Kassel
Betonwerk Heinz Müller RL3-40/125
H. Max Heber RL3-38/10

Kassel-Bettenhausen
Wachstuch- und Kunstleder-Werke AG RL1-40/17 ; RL3-36/6 ; RL3-38/35 ; RL3-41/35 ; RL3-42/134S

Katscher
Otto Krebs RL3-42/242J

Kerntal-Stuttgart
Otto Wöhr RL3-40/327

Kiel
Carl Immenkamp GmbH RL3-39/283 ; RL3-39/284 ; RL3-39/285
Elektro-Buhmann, Inh. Paul Buhmann RL3-39/286
Hagenuk – Hanseat. Apparatebau-Ges. RL1-37/3 ; RL1-37/19 ; RL1-37/20 ; RL1-37/21 ; RL1-37/22 ; RL1-37/23 ; RL1-37/24 ; RL1-37/25 ; RL1-37/26 ; RL1-37/78 ; RL1-38/99 ; RL1-38/100 ;

	RL1-39/69 ;	RL1-40/30 ;	RL1-40/48 ;
	RL1-41/21 ;	RL1-41/22 ;	RL2-38/3 ;
	RL2-38/4 ;	RL2-38/5 ;	RL2-38/6 ;
	RL2-38/7 ;	RL2-38/8 ;	RL2-38/9 ;
	RL2-39/3 ;	RL2-39/4 ;	RL2-39/5 ;
	RL2-39/6 ;	RL2-39/7 ;	RL2-39/8 ;
	RL2-39/9 ;	RL2-39/17 ;	RL2-39/22 ;
	RL2-39/23 ;	RL2-39/37	
J. Georg Eiser	RL3-37/70 ;	RL3-37/71 ;	RL3-37/72
Peter E. Kühl	RL3-39/235		
Plechati-Glühlampenfabrik mbH	RL3-36/51 ;	RL3-39/135 ;	RL3-39/136 ;
	RL3-39/137 ;	RL3-39/266 ;	RL3-39/267 ;
	RL3-39/316		
Kirchberg / Sachsen			
Im. Unger AG	RL3-39/51		
J. G. Wolf sen., Tuchfabrik	RL3-39/279		
Kirchheim-Teck			
C. Riethmüller, Papierlaternenfabr. GmbH	RL3-37/28 ;	RL3-37/61	
Klardorf			
Rana-Werke	RL5-37/34 ;	RL5-40/41	
Klein Auheim bei Hanau			
Hess. Gummiwarenfabrik Fritz Peter AG	RL3-41/59		
Klein-Wittenberg			
Gummi-Werke „Elbe“ AG	RL3-41/10		
Konstanz			
L. Stromeyer & Co.	RL3-36/12 ;	RL3-40/66	
Kuchen			
Süddeutsche Baumwolle-Industrie AG	RL3-39/253		
Kulmbach			
Mech. Plüschfabrik Türk & Kneitz GmbH	RL3-42/106J		
Köln			
Biberwerk Gustav A. Braun	RL3-38/189 ;	RL3-38/206 ;	RL3-38/224
C. Zimmermann	RL3-40/181		
Eisenbau Fabry	RL3-36/68		
Fr. A. Wilh. Bus	RL3-40/47 ;	RL3-40/48 ;	RL3-40/49
Josef Eger	RL3-40/29 ;	RL3-40/30	
Joseph Lehmacher	RL3-42/84		

Mauser KG - Werk Waldeck — RL3-36/37 ; RL3-36/45 ; RL3-37/116 ; RL3-39/187

Rechlaternen, Herstellungs- u. Vertr.-KG — RL3-41/76

Köln-Braunsfeld

Fritz Gielow & Co. — RL3-38/280 ; RL3-39/242

Josef König, Eisenwerk — RL3-39/118 ; RL3-39/121 ; RL3-39/122 ; RL3-39/205

Köln-Dellbrück

Radium Gummiwerke mbH — RL1-39/81 ; RL1-40/38 ; RL1-40/39 ; RL1-40/41 ; RL1-40/44 ; RL1-40/50 ; RL1-40/51 ; RL1-40/53

Köln-Ehrenfeld

Mauser KG — RL3-38/58 ; RL3-38/59 ; RL3-38/60 ; RL3-38/61 ; RL3-38/84 ; RL3-38/85 ; RL3-38/108 ; RL3-38/109 ; RL3-38/188 ; RL3-39/29 ; RL3-39/91 ; RL3-39/186 ; RL3-40/45 ; RL3-40/73 ; RL3-40/74 ; RL3-40/75 ; RL3-40/76 ; RL3-40/77 ; RL3-40/78 ; RL3-40/79 ; RL3-40/96 ; RL3-40/97 ; RL3-40/111 ; RL3-40/112 ; RL3-41/56 ; RL3-41/147 ; RL3-42/7 ; RL3-43/89

Köln-Höhenhaus

Adam Stiehl — RL3-38/5

Köln-Kalk

Gottfried Hagen AG — RL3-41/80 ; RL3-41/81

Köln-Lindenthal

Otto Beger & Co. — RL3-40/245

Utila Gerätebau — RL 5-36/1 (Zweiteintrag) ; RL5-40/21

Köln-Mülheim

Christoph Andreae — RL3-42/126J

Köln-Nippes

Aug. Hönig GmbH Armaturenfabrik — RL2-39/40 ; RL2-40/8

Cölner Tapetenfabrik — RL3-40/316

E. Fochem — RL3-40/359

Math. Becker — RL1-39/18

Köln-Sülz
Ernst Rick, Metallwarenfabrik — RL5-40/27

Königsberg
Alfred Fahl, Bauschlosserei — RL3-38/246 ; RL3-38/247 ; RL3-38/277 ; RL3-39/50
Dr. Gutzeit & Braun — RL5-38/16 ; RL5-39/28 ; RL5-40/77
E. Nolde & Co. GmbH — RL5-38/1 ; RL5-38/2 ; RL5-38/3 ; RL5-41/4
Gertrud Lemke — RL3-41/109
Knecht & Weidner — RL3-42/218

Landau
Luitpold Schuwer — RL3-37/137
Römer & Laux — RL3-40/239

Landeshut / Schlesien (Kamienna Góra, Polen)
Carl Renner, Nachf. Ernst Brinkop — RL3-38/4

Langenbielau
Christian Dierig AG — RL3-39/177 ; RL3-40/347 ; RL3-42/112S ; RL3-42/211S ; RL3-43/80J

Langenfeld
Becker & Bernhard, Weberei — RL3-40/119

Laufenburg / Baden
Gluma Maschinen- u. Apparatebau Glunk — RL3-42/85

Lauter / Sachsen
Franz Prochazka — RL1-37/11 (Zweieintrag)
Sächsische Emaillier- und Stanzwerke — RL2-40/1
W. Reinwart, Metallwaren — RL1-37/11

Leichlingen
Rosenkaimer & Cie. — RL5-39/30

Leinzell
Julius Miller & Co. — RL3-37/134 ; RL3-37/135

Leipzig
A. Degner, Fenster- und Türenfabrik — RL3-40/189
Alb. Fritz Ebert — RL3-38/75 ; RL3-38/76 ; RL3-38/77 ; RL3-38/78 ; RL3-42/252S ; RL3-43/44J
Albert Koch — RL3-41/173
Alfred Läßig — RL3-40/235

Curt Bennewitz	RL3-38/211 ;	RL3-38/212	
E. Wilh. Scheibe, Eisenbau	RL3-42/73		
Eduard Keffel AG	RL3-38/96 ;	RL3-38/97 ;	RL3-38/155 ;
	RL3-38/156 ;	RL3-42/119S ;	RL3-42/183S ;
	RL3-42/184S		
Emil Plarre	RL3-40/158		
Flügel & Polter KG	RL1-40/62		
G. Jakobs	RL1-37/12 ;	RL3-41/3	
Hans Honold	RL3-40/227 ;	RL3-40/228 ;	RL3-41/70
Hugo Krasselt	RL3-42/71		
Karl Windeit	RL2-39/29 ;	RL2-40/4	
Kultur, Versandhaus für Lehrmittel	RL1-37/6		
Körting & Mathiesen AG	RL3-37/149 ;	RL3-39/183 ;	RL3-39/184
Leipz. Chromo- u. Kunstdruck-Papierfabr.	RL1-40/65		
Ludwig Spinner	RL3-42/164		
Moritz Mädler	RL5-39/77		
Repal-Stahl-Fenster GmbH	RL3-38/138 ;	RL3-38/146 ;	RL3-38/147
Rudolph & Co. KG, Textil-Gummiwarenfbr.	RL1-39/82 ;	RL1-40/40 ;	RL1-41/9 ;
	RL1-41/10		
Sauer & Co.	RL5-38/19 ;	RL5-38/20 ;	RL5-38/33 ;
	RL5-39/26 ;	RL5-40/52	
Vulkan Gummiwarenfabr. Weiß & Baeßler	RL1-40/20		
Walter Bühnert	RL3-42/94		
Zieger & Wiegand	RL1-40/49 ;	RL1-41/5	

Lengenfeld

C. E. Baumgärtel & Sohn	RL3-41/120 ;	RL3-42/212J	

Lenzing-Agerzell

Lenzinger Zellwolle- und Papierfabrik AG	RL3-40/183 ;	RL3-41/160 ;	RL3-42/27 ;
	RL3-42/162J ;	RL3-42/250J	

Leutenberg

Papierfabrik A. Otto Schmidt oHG	RL3-38/252 ;	RL3-42/197J	

Leutersdorf

J. H. Knöpfel KG	RL3-38/110		

Lichtenstein / Sachsen

A. L. Günther, Mechanische Weberei	RL3-40/67 ;	RL3-41/154 ;	RL3-42/19J
Brunner & Kober	RL3-42/53J		
F. A. Kreissig & Sohn	RL3-42/36J		
J. F. W. Berger	RL3-40/311 ;	RL3-42/25J	
Knörnschild & Kretschmar	RL3-42/101J		
Otto Ebert	RL3-42/131J		
Paul Zierold, Mechanische Weberei	RL3-40/169 ;	RL3-42/70J	
Robert Müller	RL3-42/23J		

Liegnitz
Walter Klein Stahlbau und Eisenkonstr. RL3-37/325

Lippstadt
Westfälische Metall-Industrie-AG RL3-41/34

Litzmannstadt (Lodz, Polen)
Ing. Alfred Kostyrko RL3-41/45 ; RL3-41/46 ; RL3-43/63

Lobberich
A. Virgelen & Co. RL3-39/14

Ludwigsburg
Perkeo, Hermann Stahl & Co. RL2-42/2

Ludwigshafen
Carl Grab RL3-43/40
Carl Platz GmbH RL1-39/12

Lübeck
August Härder & Co. RL3-39/179 ; RL3-39/180
Drägerwerk Heinr. & Bernh. Dräger RL1-37/10 ; RL1-37/16 ; RL1-37/27 ; RL1-37/38 ; RL1-37/40 ; RL1-37/54 ; RL1-38/5 ; RL1-38/6 ; RL1-38/16 ; RL1-38/18 ; RL1-38/31 ; RL1-38/35 ; RL1-38/56 ; RL1-38/85 ; RL1-38/88 ; RL1-38/90 ; RL1-38/94 ; RL1-38/98 ; RL1-39/4 ; RL1-39/5 ; RL1-39/6 ; RL1-39/32 ; RL1-39/35 ; RL1-39/48 ; RL1-39/50 ; RL1-39/51 ; RL1-39/62 ; RL1-39/66 ; RL1-39/87 ; RL1-39/90 ; RL1-40/16 ; RL1-40/26 ; RL1-40/27 ; RL1-40/28 ; RL1-40/29 ; RL1-40/35 ; RL1-40/67 ; RL1-40/68 ; RL1-40/69 ; RL1-40/70 ; RL1-40/73 ; RL1-40/74 ; RL1-40/75 ; RL1-40/79 ; RL1-40/81 ; RL1-44/9 ; RL1-44/14 ; RL1-44/15 ; RL3-37/308 ; RL3-37/309 ; RL3-37/314 ; RL3-37/315 ; RL3-37/326 ; RL4-38/2 ; RL4-38/3 ; RL4-38/4 ; RL4-38/6 ; RL4-38/7 ; RL4-38/8 ; RL4-38/13 ; RL4-38/14 ; RL4-38/15 ; RL4-38/16 ; RL4-38/29
Kappen-Orth RL3-37/230 ; RL3-38/25 ; RL3-38/26
Oscar Mielentz RL5-40/1 ; RL5-40/2 ; RL5-40/3

Lüdenscheid			
Crone & Heinz, Metallwarenfabrik	RL3-39/305		
Pleuger & Voß	RL3-40/38		
Westf. Aluminiumindustrie Jürger & Co.	RL2-39/24		
Löbau / Sachsen			
Gebr. Müller GmbH	RL3-36/28		
Lyck / Ostpreußen			
Carl Fritz sen.	RL3-37/123 (Zweieintrag)		
Magdeburg			
Fahlberg-Lift AG	RL5-40/19		
Günther Wilke	RL5-38/7 ;	RL5-38/8 ;	RL5-38/9 ;
	RL5-38/22		
Künneth & Knöchel	RL1-39/43 ;	RL1-42/9	
Rudi Ebeling, Bau- und Möbeltischlerei	RL3-38/223		
Walter Jacobs, Bauunternehmung	RL3-42/144		
Wilhelm Dorendorf	RL3-38/135		
Wilhelm Francois	RL3-38/220 ;	RL3-38/221 ;	RL3-38/222
Magdeburg-Buckau			
Schäfer & Budenberg GmbH	RL1-40/45		
Mährisch-Chrostau (Moravská Chrastová, CZ)			
Gebr. Bader	RL1-44/5		
Mährisch-Schönberg (Šumperk, Tschechien)			
Landeslieferungsgenossenschaft	RL1-44/7		
Mährisch-Trübau (Moravská Třebová, CZ)			
Mayer & Söhne KG	RL1-44/4		
Mainz			
Carl Busse	RL2-39/11 ;	RL2-39/30	
Georg Fendt, Bauschlosserei	RL3-39/299		
Ludwig Fey, Stahlkonstruktionen	RL3-38/276		
Mainz-Kostheim			
Alfred Stütz GmbH	RL5-40/61		
Manebach			
Thüringer Maskenfabrik Heintz & Kühn	RL3-37/18 ;	RL3-37/19 ;	RL3-37/20 ;
	RL3-37/22 ;	RL3-37/23	
Mannheim			
Gummiwarenfabrik Hutchinson	RL1-41/29 ;	RL3-41/60	

Walter Bichler RL3-42/69

Mannheim-Neckarau
Rheinische Gummi- und Celluloid-Fabrik RL3-41/137 ; RL3-42/240

Mannheim-Rheinau
Th. Goldschmidt AG, Chem. Fabrik RL3-40/358

Mariendorf
Mariendorfer Gummiwarenfabrik GmbH RL3-36/30

Meerane
Richard Matthes Nachf. RL3-42/82J

Meiningen-Grimmenthal
Koitwerk Carl Koch RL3-38/235

Meißen
Oskar Törsel RL3-36/95

Mittelschmalkalden
Kugella vorm. Max Roth GmbH RL1-38/59

Mittweida
Danielzick & Berger RL5-37/109 ; RL5-40/54 ; RL5-40/82

Mönchen-Gladbach
Eduard Aretz RL3-43/36J
Eduard Funck, Mechanische Weberei RL3-39/20 ; RL3-39/81 ; RL3-41/119 ; RL3-42/115J ; RL3-42/133J
Jos. Kleinsorg Nachfolger RL3-40/17 ; RL3-40/18
L. Menckhoff & Co. RL3-39/49 ; RL3-42/16J ; RL3-42/17 ; RL3-42/105J
R. Schürenberg & Co. RL3-38/243
Th. Gerards, Mechanische Weberei RL3-39/252
Theodor Thelen RL3-42/86

Münchberg
Gebr. Stöckel & Grimmler RL3-40/19
Hch. Kalbskopf, Textilwerk RL3-39/178

München
Bayer. Beton- u. Eisenbetonwerk GmbH RL3-42/199 ; RL3-43/32
Eisenwerk Friedr. Schröder RL3-43/27
Friedrich Reiner RL4-38/41
Georg Kaiser, Meteor Leuchtfarben RL3-37/169 (Zweiteintrag)

H. Kurt Schnidt & Co. KG	RL5-40/20		
Hans Weich & Ludwig Hammer	RL3-42/200		
Josef Bader, Kunst- und Bauschlosserei	RL3-39/166		
Klett & Co. KG	RL3-42/219		
Leonhard Moll, Betonwerk	RL3-42/143		
Lorenz Sporer	RL3-39/287 ;	RL3-39/288 ;	RL3-41/14 ;
	RL3-41/15		
Ludwig Baur, Architekt	RL3-36/18		
Ludwig Kaufer, Eisenbau	RL3-37/178		
Metzeler Gummiwerke AG	RL1-38/39 ;	RL1-41/4 ;	RL3-40/357 ;
	RL3-41/115		
Michael Kiefer & Co.	RL5-37/83		
Münchener Verbandstoff-Fabr, A. Aubry	RL5-40/58 ;	RL5-40/75 ;	RL6-41/2 ;
	RL6-41/3		
Nova-Technik GmbH (Notek)	RL3-40/15 ;	RL3-40/354 ;	RL3-41/98 ;
	RL3-42/210		
Sengmüller & Sohn, Rolladenfabrik	RL3-41/71 ;	RL3-41/72 ;	RL3-41/73 ;
	RL3-41/74		
Walter Koch	RL3-40/308		
München-Kleinhadern			
L. Lustiger	RL3-40/257 ;	RL3-40/258	
München-Ottobrunn			
Seb. Pöttinger	RL3-43/26		
München-Solln			
Alkor-Werk, Karl Lißmann	RL3-41/31 ;	RL3-41/32 ;	RL3-41/33
Münster			
Aug. Tempelmann	RL3-40/309		
Bernhard Althoff, Möbel- u. Bautischlerei	RL3-39/154 ;	RL3-39/155	
Münster/Westf.			
Gebr. Koch	RL5-38/26 ;	RL5-38/36	
Naumburg			
Curt Schröter & Sohn	RL3-38/165 ;	RL3-38/167	
Naunheim			
Heinrich Bull	RL3-42/182		
Neheim / Ruhr			
M. Westermann & Co. GmbH (WESCO)	RL5-38/38		
Paul Steinau, Stahltüren- und Fensterbau	RL3-37/140 ;	RL3-38/124 ;	RL3-38/141 ;
	RL3-38/193 ;	RL3-39/36 ;	RL3-39/46 ;

	RL3-40/102 ;	RL3-40/103 ;	RL3-40/109 ;
	RL3-43/2		
Schröder & Co.	RL1-39/71		

Nettingdorf

Nettingdorfer Papierfabrik AG	RL3-40/135 ;	RL3-40/365 ;	RL3-42/188J ;
	RL3-42/189J		

Neu-Oderberg / Oberschlesien

Oderberger Chemische Werke, Aktienges.	RL5-41/1

Neu-Ulm

Hans Römer, Fabrik für Heeresausrüstung	RL2-39/14 ;	RL2-40/13
Heinrich Sohn	RL1-38/20	

Neuenkirchen bei Rheine

Hecking, Baumwoll-Buntspinnerei	RL3-41/94

Neugersdorf / Sachsen

C. G. Rudolph GmbH	RL3-40/196		
Hermann Beck & Co.	RL3-40/289		
J. G. Klippel AG	RL3-39/67 ;	RL3-41/131 ;	RL3-42/12 ;
	RL3-42/42J		
Oswald Herrgesell	RL1-38/55		

Neugraben (Hmbg.)

Kunstfeuerwerkerei Carl Flemming	RL1-38/70 ;	RL1-38/71

Neurode / Eulengebirge

Geyer & Klemt	RL3-37/329 ;	RL3-37/330 ;	RL3-38/190 ;
	RL3-38/191 ;	RL3-42/191S ;	RL3-42/192S ;
	RL3-42/193 ;	RL3-43/86J	
Grüßner & Co.	RL3-38/116 ;	RL3-38/117 ;	RL3-38/118
Karl Riesel	RL3-38/20		

Neussen

Martin Nagel	RL3-39/79

Neustadt / Sudeten

Jg. Klinger AG	RL3-42/142J

Neustadt bei Coburg

Hermann Steiner	RL3-38/74 ;	RL3-39/271 ;	RL3-42/169J

Neuß

Gisbert N. Witt	RL3-38/267

Niedergrund / Sudeten

Niedergrunder Papier- und Pappenfabrik	RL3-42/21J ;	RL3-42/167J	

Niederoderwitz

E. Kühnel, Mechanische Weberei	RL3-39/176 ;	RL3-39/182	

Niedersedlitz

Kelle und Hildebrandt GmbH	RL3-39/18		
Sachsenwerk Licht- und Kraft AG	RL4-37/1 ;	RL4-37/2 ;	RL4-37/26 ;
	RL4-37/33 ;	RL4-37/34 ;	RL4-38/5 ;
	RL4-39/6 ;	RL4-39/7 ;	RL4-39/8

Nürnberg

Adolf Fichter	RL3-37/41		
C.A. Pocher KG	RL2-39/16		
Carl Hermann Luftschutztürenbau	RL3-37/239 ;	RL3-37/295	
Carl Schimpf	RL2-40/17		
F. Hermann Hesse KG	RL3-37/129		
Ferd. Bethäuser	RL5-37/38		
Frühwald & Jäger, Eisen- und Preßwerk	RL3-40/4		
Gustav Seifferlein, Eisenkonstruktionen	RL3-41/64		
Hofmann & Debus	RL3-40/229		
Huber, Jordan & Körner, Abziehbilderfabr.	RL2-39/19		
Karl Ehrmann, Metallwarenfabrik	RL3-36/143 ;	RL3-37/103 ;	RL3-38/1
Max Carolus & Sohn	RL1-40/43		
Papyrolin-Fabrik Wassermann & Co.	RL3-39/66		
Tobias Krauss	RL3-39/55 (Zweiteintrag)		
Wienhold & Reich	RL3-40/145		

Nürnberg-Doos

Mars-Werke AG	RL4-37/51		

Nürnberg-Feucht

Metallbettenfabrik Noris, Greller & Weber	RL5-37/82		

Oberhausen

Johann Böger	RL3-40/315		

Oberhausen-Sterkrade

GHH (Gutehoffnungshütte)	RL3-36/124 ;	RL3-39/195 ;	RL3-39/207 ;
	RL3-39/300 ;	RL3-40/53 ;	RL3-40/54

Oberhennersdorf

J. Klinger	RL3-42/207J		

Oberkirch
Papierfabrik August Köhler AG — RL3-40/120 ; RL3-41/168 ; RL3-42/15 ; RL3-42/109J

Oberpfannenstiel bei Aue
Gustav Rudolph, Stanz-, Preß-u. Ziehwerk — RL2-39/42 ; RL5-40/72

Oberprik
Tüllfabrik Mehltheuer AG — RL3-42/107J

Oberstedten
Wilhelm Ruthe — RL3-37/119

Oberweimar
Elektrotechnische Fabrik J. Carl GmbH — RL3-37/17

Obrau / Sudeten
Optimit Gummi- Kabel- und Textilwerke — RL3-42/3

Oelsnitz
Kock & Te Kock AG — RL3-40/200 ; RL3-40/201

Offenbach
E. Krausch — RL3-41/47
Ludwig Krumm — RL1-44/1
Maury & Co., Lederwarenfabrik — RL2-38/31 ; RL2-39/38 ; RL2-40/16
Opelit, Georg von Opel — RL3-40/264 ; RL3-40/265
Rieth & Kopp GmbH — RL1-44/8

Ohrdruf
Carl Hanf, Papierwarenfabrik — RL3-37/150 ; RL3-39/1

Olbernhau
Zimmermann & Ihle — RL5-41/5

Oldenburg
Justin Hüppe — RL3-40/65

Oranienburg — siehe Berlin: Auergesellschaft AG

Oschatz
P. F. Schönberner — RL3-37/62 ; RL3-37/63 ; RL3-37/64 ; RL3-37/65 ; RL3-37/66 ; RL3-37/67 ; RL3-37/68

Osnabrück
Friedrich Schaper, Beton- u. Edelputzwerk — RL3-40/98

Heede & Tobergte	RL3-40/290		
Wilh. Goltermann	RL3-40/31 ;	RL3-40/32 ;	RL3-40/33 ;
	RL3-40/34		
Osnabrück-Eversburg			
Klöckner-Werke AG	RL3-38/195 ;	RL3-43/31 ;	RL3-43/41
Osternienburg			
Deutsche Solvaywerke AG	RL1-38/81		
Osterode / Harz			
Anton Piller KG, Maschinenfabrik	RL4-38/30 ;	RL4-38/31 ;	RL4-38/32 ;
	RL4-38/33 ;	RL4-38/34 ;	RL4-38/35 ;
	RL4-38/56 ;	RL4-38/57 ;	RL4-38/58
Parchim			
Karl Niemann	RL3-38/204 ;	RL3-38/205	
Peine			
Albert Hansen, Eisenbau	RL3-37/45 ;	RL3-38/27 ;	RL3-38/272 ;
	RL3-40/276		
Penig			
Patentpapierfabrik zu Penig	RL3-42/165J ;	RL3-42/166J	
Peterswaldau			
Ferdinand Haase	RL3-36/8 ;	RL3-39/42	
Pforzheim			
Ernst Keller	RL1-40/22		
Plaidt			
Papierfabrik Noldensmühle	RL3-41/161		
Plauen			
Eugen Kentner AG	RL3-42/173J		
Gardinenfabrik Plauen AG	RL3-40/20		
H. J. Otto Rüsse und Joh. Schöttle	RL3-36/34		
Industriewerke AG	RL3-40/115 ;	RL3-40/238	
Kley & van Delden	RL3-43/52J		
Martin Schneider	RL3-38/209 ;	RL3-38/210	
Martin Schneider, Willy Hamerler	RL3-38/209 ;	RL3-38/210 (Zweiteinträge)	
Tilgner & Co.	RL3-40/236		
Porta			
Karl Weber, Tief-, Beton- u. Eisenbetonbau	RL3-39/31		

Potsdam
D. R. Halemeyer Nachf. RL5-39/79

Potsdam-Babelsberg
Franz Klinder, Verarbeitung Dt. Werkstoffe RL3-42/114

Prag-Straschnitz
Josef Hollmann, Fensterrollos RL3-43/34

Prenzlau
Conrad Lamm, Inh. Gebr. Lamm RL3-40/248 ; RL3-40/249

Pulsnitz
J. G. Bursche & Co. GmbH RL5-37/37

Radeberg
Jurk-Sirenenfabrik Rupert Rauch RL4-37/11 ; RL4-37/45 ; RL4-37/46 ; RL4-38/61 ; RL4-38/63 ; RL4-39/45

Radebeul
Chemische Fabrik von Heyden AG RL5-39/64 ; RL5-39/65 ; RL5-39/66 ; RL5-42/1A

Rastatt
Vereinigte Fabriken C. Maquet RL5-37/41

Rathenow
Carl Voß RL3-38/236

Recklinghausen
Carl Schürk, Eisenbau RL3-39/40

Reichenau / Sachsen
E. W. Breuer RL3-42/156J ; RL3-42/235J
Hermann Engler, Mechanische Weberei RL3-36/7 ; RL3-38/34 ; RL3-38/286 ; RL3-40/352
J. T. Brendler RL3-42/153J
Rudolf Breuer RL3-37/104 ; RL3-39/255
Willibald Lichtner, Mechanische Weberei RL3-38/19 ; RL3-39/254

Reichenbach
Ernst Müller RL3-38/112
Johannes Uhlig RL3-41/155
Kurt Uhlemann RL3-41/167J

Remscheid-Lüttringhausen
Gebrüder Braun RL3-38/283 ; RL3-38/284

Reutlingen
Julius Bottelers Nachf. GmbH RL3-38/194

Rheinhausen
Günther Hiltgens RL3-40/16

Rhoda / Erfurt
A. Gloßmann RL3-42/95

Riesa
Hermann Billing RL3-42/91

Rostock
Ing.-Büro Kurt Walter Liebig RL3-40/262 ; RL3-40/263

Roßbach / Sudeten (Hranice, Tschechien)
F. A. Hendel, Möbelstoffweberei RL3-42/5 ; RL3-42/6J

Rumburg / Sudeten (Rumburk, Tschechien)

Brüder Schuh	RL3-42/108J
Gebr. Mattern	RL3-42/194J
Julius Pfeifer & Söhne	RL3-42/61J
Klemens Otto	RL3-42/179J
Patzelt & Böhm, Mechanische Weberei	RL3-42/57J
Rudolf Focke	RL3-42/127J

Rüdersdorf
Preußische Bergwerks- und Hütten-AG RL3-41/96

Rüsselsheim
Johann Saar, Eisenbearbeitung RL3-39/318 ; RL3-40/92

Römerstadt / Altvater
Gebr. Schiel AG RL1-44/3

Saalfeld / Saale
August Jüttner KG RL2-39/13

Saarbrücken
L. Pabst u. Sohn RL3-38/143

Saarlautern (Saarlouis)
Hawner u. Schmidt RL3-38/159 ; RL3-38/160

Salach
Mechanische Weberei Salach, Neuburger RL3-36/27
Steiger & Deschler GmbH RL3-40/55 ; RL3-40/56

Salzgitter
Mechanische Leinenweberei Salzgitter RL3-36/22

Schalksmühle / Westf.
Chemische Fabrik Dr. Franz & Rutenbeck RL2-38/11 ; RL2-38/12 ; RL2-38/13 ; RL2-38/14 ; RL2-38/15 ; RL2-38/16 ; RL2-38/17 ; RL2-38/18

Schmiedefeld
Ehrhardt & Günther RL5-39/49

Schönebeck / Elbe
Preußag-Züblin-Schleuderbetonrohr RL3-41/116 ; RL3-43/39

Schwarzenacker
Gebrüder Adt AG RL3-42/195J ; RL3-42/196J

Schwarzenberg / Erzgeb.
Richard Geidel RL5-39/21

Schweinfurt
Fränkischer Maschinen- und Stahlbau RL3-39/65 ; RL3-42/59
Hermann Vogel KG, Eisenbau RL3-40/267 ; RL3-43/70

Schwiebus
Rekord Gummifabrik Herbert Lindemann RL3-43/38

Seiffen
Nikolaus Ohler RL1-41/28

Selferitz-Meerane
Eduard Kurz RL3-42/26J

Sennheim / Ober-Elsaß
Meteor Metallmöbel RL5-43/1

Siegburg
Reinhold Hagen RL3-43/28

Siegen
Jacob Oechelhäuser, Papierfabrik GmbH RL3-42/221J ; RL3-42/222J

Singen-Hohentwiel

Aluminium-Walzwerke Singen GmbH	RL1-37/17		

Soest

Gustav Markus, Metallwarenfabrik	RL5-37/46		

Solingen

Bremshey & Co.	RL5-37/102		
Jagenberg & Cie., Solinger Papierfabrik	RL3-36/17 ;	RL3-41/157 ;	RL3-43/51J

Sondershausen

H. Brunnquell & Co.	RL3-39/294		

Sprockhövel

Rud. Hausherr & Söhne	RL5-37/44		

Sprottau

Wilhelmshütte, Eisen- und Emailierwerke	RL3-37/318		

Stammbach

H. Schoepf, Mechanische Weberei	RL3-42/29J		

Starnberg-München

Dr. Paul Stock GmbH	RL3-42/13S ;	RL3-43/92S	

Stendal

L. & C. Arnold	RL5-37/39 ;	RL5-40/28	

Stettin

A. Gerstmann	RL3-40/319		
K.H. Clostermann	RL3-37/215		
Pharmazeutische Handelsgesellschaft	RL5-36/13 ;	RL5-40/76	

Strehlen / Schlesien (Strzelin, Polen)

Max Rother, sen.	RL3-37/237 ;	RL3-38/170	

Stuttgart

A. u. E. Frank, Bau- und Kunstschlosserei	RL3-38/95		
Alfred Binder, Möbelwerkstätte	RL3-39/41		
Auwaerter & Bubeck KG, Lederwaren	RL1-40/10 ;	RL1-40/59 ;	RL1-42/16
Ed. Züblin & Cie. AG	RL3-39/13 ;	RL3-39/315	
Fritz Müller	RL3-39/27 ;	RL3-39/28	
Isoklepa Emil Häfele	RL3-40/39		
M. H. Z. Hachtel & Co.	RL3-40/24 ;	RL3-40/25 ;	RL3-40/26
Paul Lechler	RL3-38/114		
Robert Bosch	RL3-40/300 ;	RL3-40/361	

Steegmüller & Söhne — RL3-43/20
Verbandstoff-Fabrik Albert Koerner — RL5-36/18 ; RL5-39/31 ; RL5-40/68

Stuttgart-Weil
Siegle & Epple — RL3-40/195

Stuttgart-Zuffenhausen
Karl Ebinger, Blechkonstruktionen — RL3-38/41 ; RL3-39/204 ; RL3-39/236
Strateg-Glühlampen Rieker KG — RL3-40/203

Suhl
Suhler Rollofabrik Hans Jenrich — RL3-36/23 ; RL3-42/118

Süchteln
Chora Textil-GmbH — RL3-42/198J

Sürth bei Köln
Trube & Kings KG, Stahlbau — RL3-36/106 ; RL3-36/107 ; RL3-42/48

Tanna
Otto Prägler — RL3-40/40 ; RL3-41/57

Thale (Harz)
Eisenhüttenwerk Thale AG — RL2-38/29 ; RL2-39/25

Tiefenbach / Sudeten
Papierfabrik Brüder Roesler — RL3-40/295

Trier
Hausen & Co. — RL5-36/15
Verbandstoff-Fabrik Hansen & Co. — RL5-39/33

Troisdorf
Dynamit AG vorm. Nobel & Co. — RL3-42/10 ; RL3-42/11
Venditor Kunststoff-Verkaufsges. mbH — RL3-40/21

Trubenhausen
Johann Pflüger Söhne, Metallwarenfabrik — RL3-41/48 ; RL3-42/42

Tuttlingen
Bollmann — RL5-37/62

Uhingen
Färberei u. Appretur-Anst. Uhingen — RL3-39/272 ; RL3-43/45J ; RL3-43/97S ; RL3-43/98S

Ulm

H. Lindemann	RL3-42/132 ;	RL3-43/18	
Verbandstoff- u. Pharmaz. Fabrik Ulm	RL5-40/29 ;	RL5-41/6	

Velbert

Albert Küppersbusch	RL5-40/49		

Veltrup

Flamor-Gesellschaft	RL3-40/58 ;	RL3-40/59 ;	RL3-40/60

Viersen

Pongs & Zahn Textilwaren AG	RL3-36/24		

Vinnhorst

Benecke, Wachstuch- u. Ledertuch-Fabrik	RL3-39/15 ;	RL3-39/16 ;	RL3-40/294 ;
	RL3-42/174S ;	RL3-42/175S ;	RL3-42/176S ;
	RL3-43/33S ;	RL3-43/95S ;	RL3-43/102J ;
	RL3-43/103		

Waldenburg

E. Wunderlich & Comp. AG	RL2-39/18		

Waldkirch

Wilhelm Bruder Söhne	RL1-37/142		

Waldsassen

J. u. E. Glück KG, vorm. Gebr. Glück	RL3-40/44 ;	RL3-40/45 ;	RL3-43/50J

Waltershausen

Baumbach, Fabrik für Verdunklungsanl.	RL3-39/80 (Zweiteintrag)
Schneider & Lehrbach	RL3-39/80
Thür. Schlauchweberei u. Gummiwerke	RL3-41/58

Warnsdorf / Sudeten (Varnsdorf, Tschechien)

Ed. Strache	RL2-39/39
Samtfabrik Paul Gerhus	RL3-44/4JF

Wattenscheid

Heinrich Habig	RL3-39/245	

Weidenau (Sieg)

Schmidt & Melmer, Blechwarenfabrik	RL1-40/5 ;	RL1-40/9

Weilenkirchen

Werner Küning	RL1-39/36

Weinheim
Carl Freudenberg GmbH RL3-39/45
Weinheimer Gummiwarenfabrik GmbH RL3-43/30

Wermelskirchen
Hermann Schöpp RL3-42/102J

Westerburg
Gebr. Menk OHG RL3-42/239

Westeregeln
Alkaliwerke Westeregeln GmbH RL1-38/78

Wien

Aboxit, Schmid & Co.	RL3-39/291		
Allgemeine Glühlampenfabriks-AG	RL3-39/148 ;	RL3-39/149 ;	RL3-39/246 ;
	RL3-39/247 ;	RL3-39/248 ;	RL3-39/249 ;
	RL3-39/250 ;	RL3-39/251 ;	RL3-40/206 ;
	RL3-40/207 ;	RL3-41/25 ;	RL3-41/26 ;
	RL3-41/97 ;	RL3-42/65 ;	RL3-42/66
August Filzamer	RL3-40/10 ;	RL3-40/11	
Brüder Wüster	RL5-39/70		
Circum, Patentverwertungsges. mbH	RL3-40/151		
Dietelgesellschaft mbH	RL3-41/54 ;	RL3-41/84 ;	RL3-41/85 ;
	RL3-42/163 ;	RL3-43/42 ;	RL3-43/53
Eugen Müller, Pyrotechnische Fabrik	RL2-39/44		
F. X. Robitza	RL3-40/133 ;	RL3-40/134	
Guggenbacher Papier- u. Zellstoff-Fabr.	RL3-41/79 ;	RL3-42/228J ;	RL3-42/229J ;
	RL3-42/230J ;	RL3-43/90S	
Heinrich Fritsch	RL3-42/238		
Hermann Reimelt & Co.	RL3-40/240		
Jac. Schnabel & Co.	RL3-38/287		
Johann Kremenezky, Elektr. Glühlampenf.	RL3-39/138 ;	RL3-39/139 ;	RL3-39/225 ;
	RL3-39/226 ;	RL3-40/121 ;	RL3-41/100
Johann Kromus, Stahlkonstr.werkstätten	RL3-39/4		
Leykam-Josefsthal AG	RL3-39/10		
Litega, Linoleum-Teppiche-Gardinen-AG	RL3-43/19		
Niessen-Werke KG	RL4-39/5		
Papierfabrik Rennersdorf	RL3-41/83		
Rauscher & Co.	RL5-39/42 ;	RL5-39/43 ;	RL5-39/44 ;
	RL5-39/45 ;	RL5-39/46	
TEAN, Gesellschaft f. technische Anlagen	RL3-42/236		
Verbandstoffabrik „Eswa“ Fischer & Co.	RL5-42/1 ;	RL5-42/3	
Victor Otte & Co., Eisenbau	RL3-39/34 ;	RL3-39/48	
Watt Glühlampen- und Elektrizitäts-AG	RL3-42/247		
Wiener Linoleum- und Wachstuchwerke	RL3-41/93 ;	RL3-43/83S ;	RL3-43/96S

Wiesbaden

Ludwig Eichenauer	RL3-37/136		
Möbus-Werkstätten	RL3-42/246		
W. Söhngen & Co., Fabriken f. Verbandst.	RL5-36/11 ;	RL5-37/18 ;	RL5-37/19 ;
	RL5-37/20 ;	RL5-38/18 ;	RL5-39/7 ;
	RL5-40/7 ;	RL5-40/80	
Willi Lermer, Stahlbau	RL3-39/150		

Wiesbaden-Biebrich

Dyckerhoff & Widmann AG	RL3-38/90		
Kalle & Co. AG	RL3-36/82		

Wilhelmshaven

Peter Gerdes	RL3-41/143 ;	RL3-41/144	

Wipperfürth

Radium Elektrizitäts-GmbH	RL3-38/91 ;	RL3-39/227 ;	RL3-39/228 ;
	RL3-39/229 ;	RL3-39/230 ;	RL3-39/231 ;
	RL3-39/232 ;	RL3-41/103 ;	RL3-41/104 ;
	RL3-42/248		

Wolfgang

Dt. Kunstlederwerke Wolfgang GmbH	RL3-36/31 ;	RL3-42/110S ;	RL3-42/111S ;
	RL3-43/21S		

Worms

C. Steuernagel, Kleiderfabrik	RL1-37/79 ;	RL1-39/13	
Gebr. Müller	RL3-40/301		

Wuppertal-Barmen

Rheinische Möbelstoffweberei	RL3-42/125J		
Vorwerk & Co.	RL3-40/22 ;	RL3-40/23 ;	RL3-40/298 ;
	RL3-41/23		
Westdt. Wand- und Möbelstoffweberei	RL3-42/120J		

Wuppertal-Beyenburg

Friedrich Erfurt & Sohn GmbH, Papierfabr.	RL3-38/6 ;	RL3-41/151 ;	RL3-41/152 ;
	RL3-42/31 ;	RL3-42/151J ;	RL3-42/152J

Wuppertal-Elberfeld

Adolf Toenges	RL3-42/130J		
Erich Hinnenberg	RL3-42/80		
Hans Bopp	RL3-40/179		
Heines & Hinnenberg	RL3-38/80 ;	RL3-38/81	
Hinnenberg-Graf	RL3-38/253		
Johannes Heines	RL3-38/254		

Metzenauer & Jung	RL4-38/9 ;	RL4-41/3 ;	RL4-42/7
Noß & Lukas	RL3-42/243J		
Rheinische Textilfabriken AG	RL3-41/165 ;	RL3-42/190J	
Schlieper & Baum AG	RL3-43/108S		
Th. Möhle, Inh. J. Flüchter	RL1-40/71 ;	RL3-39/263 ;	RL3-39/264 ;
	RL3-40/100 ;	RL3-40/101 ;	RL3-41/42 ;
	RL3-42/231 ;	RL3-43/49 ;	RL3-43/60 ;
	RL3-43/61		
Theodor Möhle	RL3-38/103		
Walter Osthoff	RL1-41/23 ;	RL1-41/33	
Wuppertal-Oberbarmen			
Spelleken Nachf. KG	RL1-39/46 ;	RL1-39/67 ;	RL1-39/74 ;
	RL1-40/24 ;	RL1-40/25 ;	RL1-40/61 ;
	RL3-37/44 ;	RL4-38/76	
Maschinenfabrik Rheinwerk Heinen & Co.	RL1-41/38 ;	RL1-41/45 ;	RL4-38/12 ;
	RL4-38/25 ;	RL4-38/26 ;	RL4-38/43
Würzburg			
Eisenkonstruktionen Gerhard Glos	RL3-38/106		
Wüstewaltersdorf			
Websky, Hartmann und Wiesen AG	RL3-38/192 ;	RL3-40/46	
Zeitz			
Erhard Hillmann	RL3-41/17		
Zell			
Spinnereien u. Webereien Zell-Schönau	RL3-40/129		
Zella-Mehlis			
Thelta Elektro-Apparate Melzer & Seipp	RL3-43/22		
Zittau			
A. Nachod & Häbler AG	RL3-40/117		
F. A. Bernhardt AG	RL3-38/18 ;	RL3-39/7	
Paul Wolff			RL5-40/59
Zwickau			
Lieder & Fischer	RL3-42/123J		
Zwönitz / Sachsen			
E. Martin Scheithauer KG	RL1-40/11 ;	RL2-40/14 ;	RL3-37/76

Anhang 1: Abbildungen

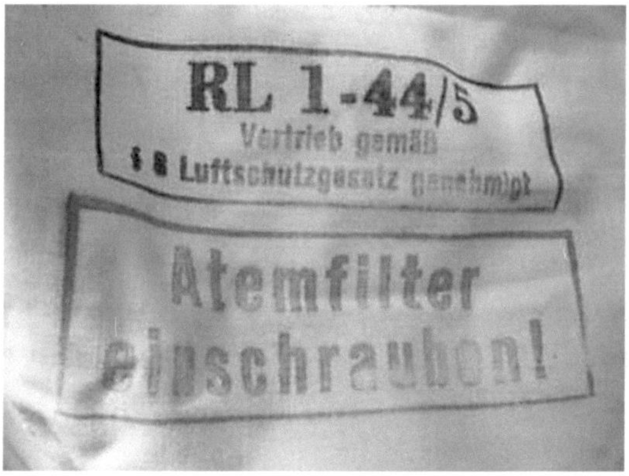

Kopfweite:

Vertrieb genehmigt gemäss
§ 8 Luftschutzgesetz.
Kopfweite

RL-2 40/14

LEIPZIG C1
Kenn Nr. RL 2-40/4
Vertrieb genehmigt
gemäß § 8 Luftschutzgesetz
Höchstpreis RM 18.-

RL 2-40/5

RL2-40/17

RL2-40/18

Ein Griff genügt -
den Schutzraum gasdicht abzuschliessen.
Erste gemäß § 8 des Luftschutz-Gesetzes von der Reichsanstalt für Luftschutz unter Kenn-Nr. RL. 3-36/45 zugelassene
Schutzraum-Tür
nach Din 4104
mit Zentralverschluß
MAUSER
SCHUTZRAUMTÜR
„CERTIT"
MAUSER
MAUSER K.-G. · WERK WALDECK (Bez. Kassel)

EISENBAU-FABRIK
KÖLN-E.
RL 5-36/68

Gasschutztüren
Schutzraumtüren
nach den neuesten Vorschriften. Zugelassen unter Kenn-Nr. RL 3-37/182
Gepreßte Stahlzargen
Max Rieger · Berlin N 58
Kastanienallee 79 · Tel. 45 23 42 und 45 23 43

GEORG KAMMENHUBER
HAMBURG 1
Alexanderstr. 12
Ruf: 247967
Kenn-Nr. RL 3-36/123
Vertrieb gem. § 8 Luftsch.-Ges. genehmigt

Nr. 404 **Gasdichter Schornsteinschieber** DRP. RL3-37/143
mit Reinigungsklappe i. lichten 155×180 mm für Mauerloch 25×28 cm.
p. St. RM 9.—

HYGROSIT Luftschutz-Verdunklungspapiere

wasserfest und abwaschbar

von der Reichsanstalt für Luftschutz zugelassen
unter Kenn-Nummer RL 3 — 38/262
Kenn-Nummer RL 3 — 38/264

Lieferung an Verarbeiter und Händler

Alleinhersteller:
C.F. Wachendorff, Papierfabrik, Berg.-Gladbach/Rhld.

CARL -Nr. 3 LUFTSCHUTZ-
Verdunkelungsglocken

Kenn-Nr. RL. 37/17 — Vertrieb gemäß § 8 des Luftschutzgesetzes v. 26. Mai 1935 genehmigt.

Leichte Montage · Hohe Hitzebeständigkeit
Einwandfreie Abblendung bei fast allen Fassungstypen. D.R.G.M.

Elektrotechn. Fabrik J. Carl G.m.b.H., Oberweimar/Thür. Tel. Weimar 136

NOTEK
baut nicht nur Kraftfahrzeug-Scheinwerfer!
Mit seiner glänzenden Lösung der Kriegsaufgabe einer Kfz.-Tarnung ist NOTEK den mit seinen Zusatz- und Hauptscheinwerfern einmal beschrittenen Weg der Befruchtung der Kfz.-Beleuchtung erfolgreich weitergegangen. Der Wehrmacht-Tarnscheinwerfer — das alleinige Tarngerät der Wehrmacht und der Behörden und das verbreitetste der Zivilfahrzeuge — war die Anregung zu den Arbeitsplatzleuchten:
DIE TARNLEUCHTE
ist eine transportable und aufhängbare Kleinleuchte für Normalstrom, auch als luftschutzsichere Beleuchtung im Freien benutzbar.
DER P-SCHEINWERFER
ist ein luftschutzsicherer 12 Volt / 100 Watt-Großflächen-Flachstrahler, der heute schon in großem Ausmaße eingesetzt wird.
Beide Arbeitsplatzleuchten sind im Kfz.-Handwerk vielseitig verwendbar.
Kenn-Nr. RL. 3 - 41/98
Kenn-Nr. RL. 3 - 40/354
NOVA-TECHNIK GMBH. MÜNCHEN 23

WATT

Luftförderer M 2400
Kennummer RL 4-38/11 Vertrieb gemäß §8 Luftschutzgesetz genehmigt
Fabrik Nr
Baujahr
Leistung 2,4 m³ Luft/min
bei 35 Doppelhüben/min
AUER
AUERGESELLSCHAFT A.-G.
ORANIENBURG

Elektrische Aufnahme
-Fliegeralarm-
Vertrieb gemäss § 8
Luftschutzgesetz als
Behelfsalarmmittel genehmigt.
R L 4 57/49
To: 5052
Schallplatten für Werbung Wissenschaft und Unterhaltung

Kenn-Nummer RL 4-38/60
Vertrieb gem. §8 Luftschutzges. genehmigt.

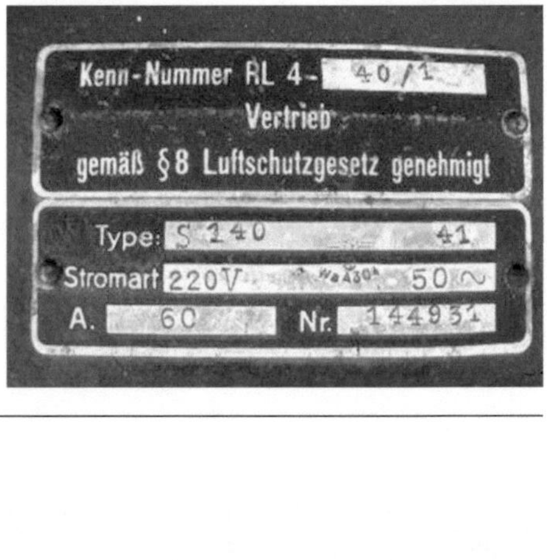
Kenn-Nummer RL 4- 40/1
Vertrieb
gemäß §8 Luftschutzgesetz genehmigt
Type: S 140 41
Stromart 220V 50 ~
A. 60 Nr. 144931

Luftschutztrage
DIN-Fanok 25 — Kenn-Nummer RL 5—36/6
sowie Krankentransportgeräte, auch Heeresmodelle
STOLLENWERK G.M.B.H.
Fabrik für Krankentransportgeräte
BABELSBERG BEI BERLIN

Luftschutztrage DIN-Fanok 25
Kenn-Nummer RL 5—37/35
Hersteller: Rieth & Sohn · Berlin N20

Vertrieb des ungefüllten Kastens genehmigt
gemäß § 8 des Luftschutzgesetzes unter
Kenn-Nummer R L 5-39/1
BLECHWARENFABRIK AUBACH
HERM. BUCHHOLTZ
AUBACH b/NEUWIED

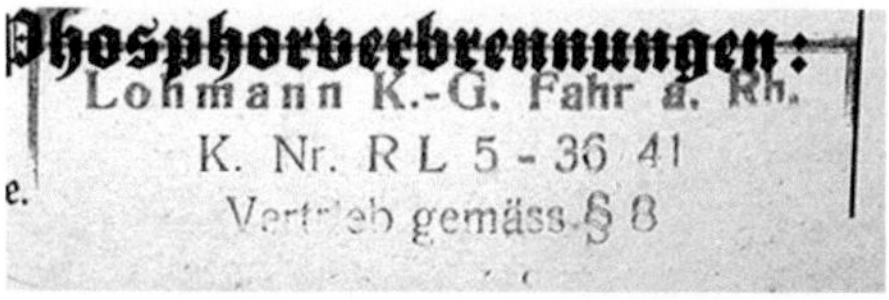
Phosphorverbrennungen:
Lohmann K.-G. Fahr a. Rh.
K. Nr. R L 5 - 36 41
gemäss § 8

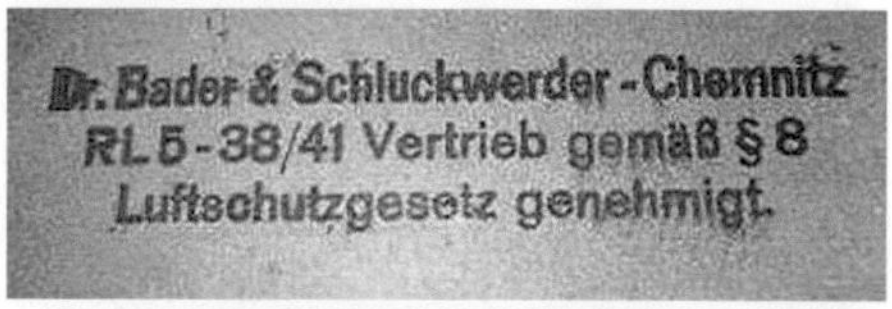
Dr. Bader & Schluckwerder - Chemnitz
RL 5-38/41 Vertrieb gemäß § 8
Luftschutzgesetz genehmigt.

Chemische Fabrik von Heyden Aktiengesellschaft
Radebeul - Dresden
Für Luftschutzzwecke!
Chloramin-Puder
„Heyden"
Vertrieb gemäß § 8 des Luftschutz-
gesetzes genehmigt, R L 5-39/64
Herstellungsjahr 1943
Netto 100 g

hergestellt: 1939
PAUL HARTMANN A.-G., HEIDENHEIM (Brenz)
K. Nr. R.L.5 - 36/23

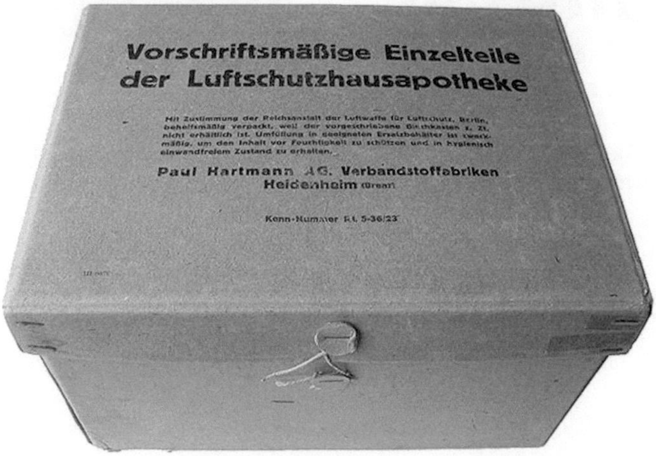
Vorschriftsmäßige Einzelteile
der Luftschutzhausapotheke
Paul Hartmann AG. Verbandstoffabriken
Heidenheim (Brenz)

Werkluftschutzleiter!

In die Befehlsstelle gehört diese
Einsatztafel „LUMEKO W"
(RL 7 — 37/3)

Aus der Praxis heraus entstanden, denkbar einfach zu bedienen. **Soll**-Stärke, **Ist**-Stärke und **eingesetzte Kräfte** werden fast automatisch angezeigt. / Für jeden Betrieb einstellbar, gleich ob mit großer oder kleiner Anzahl aktiver Luftschutz-Kräfte.

J. W. von Berg K.-G., Hamburg 13, Badestr. 43

Luftschutz-Sanitätsgerät

Gastasche für Ärzte	K.-Nr. RL 5 — 37/24
Gastasche	K.-Nr. RL 5 — 37/3
Sanitätstasche	K.-Nr. RL 5 — 37/2
Luftschutz-Verbandkasten	K.-Nr. RL 5 — 37/9
Luftschutz-Hausapotheke	K.-Nr. RL 5 — 36/36

Zu beziehen durch alle deutschen Apotheken oder durch unsere Vertragsapotheke Dr. KADE's Oranien-Apotheke, BERLIN SO 36, Elisabethufer 34.

Dr. Hermann Rohrbeck Nachf. G.m.b.H., Berlin NW 7, Albrechtstraße 15

Anhang 2: Glossar

Anilinwasser
Reagens zum Nachweis von →Phosgen. Bei Kontakt von gesättigtem Anilinwasser mit Phosgen entsteht ein weißer Niederschlag.

Atemwiderstandsmesser
Gerät zur Messung der Nutzbarkeit eines Gasmaskenfilters. Da die herausgefilterten Luftbestandteile den Filter langsam zusetzen, kann anhand des Atemwiderstands festgestellt werden, ob der Filter noch nutzbar ist oder ersetzt werden muss.

Atlasbindung
Die Atlasbindung ist eine der drei Grundbindungsarten für gewebte Stoffe. Dabei entsteht ein Stoff, bei dem auf der Oberseite die parallelen Schussfäden bei weitem überwiegen, was dem Stoff einen vom Lichteinfall abhängigen Glanz verleiht. Das Stoffgewebe wurde für gutes Aussehen optimiert, ist aber wenig beanspruchbar.

Bakelit
Elektrisch nicht leitendes Kunstharz (Phenolharz), das vorwiegend für die Produktion kleinerer Behälter und Gegenstände verwendet wurde. Benannt nach dem Chemiker Leo Hendrik Baekeland (1863 – 1944), der es 1906 erfand.

Blaukreuz
Gruppe der Kampfstoffe, die eine z. T. starke Reizwirkung auf Augen und Schleimhäute haben („Tränengas"). Die Bezeichnung rührt aus dem 1. Weltkrieg her: dort wurden die Gasgranaten zur Unterscheidung der Inhaltsstoffe mit farbigen Kreuzen markiert.

Blaulicht-Glühlampe
Am 22. Oktober 1940 wurde mit der sog. „Blaulichtverordnung" bestimmt, dass in bestimmten Bereichen nur noch blaues Licht eingesetzt werden durfte. Die Blaulicht-Glühlampen ersetzten in Folge die abgeblendeten normalen Glühbirnen.

Bn-Stoff
Bezeichnung für den Kampfstoff Brommethyläthylketon ($BrCH_2COCH_3$). Bn-Stoff gehört zu den Reizstoffen(→ Blaukreuz). Spezifisches Gewicht: 1,43. Die Erträglichkeitsgrenze liegt bei 50 mg/m^3.

Bougault-Reagens
Reagenz zum Nachweis von Arsen.

Buna
Synthetisch hergestellter Kautschuk, 1927 vom deutschen Wissenschaftler Walter Bock entwickelt.

Chloracetophenon
Chloracetophenon (C_6H_5 CO CH_2 Cl), gehört zu den Reizstoffen (→ Blaukreuz). Spezifisches Gewicht: 1,32. Reizt besonders Augen, Nase und Rachen. Erstmals 1871 hergestellt.

Chloramin

Chloramin ist eine pulverige Chemikalie zur Entgiftung und Desinfizierung einzelner Hautpartien. Der wirksame Chloranteil beträgt ca. 25%. Es kann lange gelagert werden. Angewendet wird es in wässriger Lösung und kann zur Entgiftung auch auf Textilien aufgebracht werden. Zur Flächenentgiftung ist es nicht geeignet.

Chlorkalk

Chlorkalk (Bleichkalk) mit etwa 30-35% aktivem Chlor, diente zur Entgiftung größerer Flächen. Nachteilig ist hierbei, dass der Chlorkalk nur etwa ein halbes Jahr lagerfähig ist und zudem bei der Lagerung leicht zu harten Klumpen zusammenbackt. Chlorkalk und → Lost führen zu einer Rauchbildung.

D.R.G.M.

Abkürzung für Deutsches Reichsgebrauchsmuster.

DIN

Abkürzung des Deutschen Instituts für Normung e. V. Gemeinnütziger Zweckverband mit Sitz in Berlin, der Normen verschiedenster Art erstellt und verwaltet.

Elektron

Elektron ist eine selbstentzündliche Leichtmetall-Legierung, die zu über 90 % aus Magnesium besteht. Weitere Bestandteile sind Mangan, Aluminium, Kupfer und Zink.

Ergänzungskasten

Ersatzteilkasten für die Gasmasken → VM.37 und VM.40. Enthält die wichtigsten Ersatzteile, Reparaturmittel und die erforderlichen Werkzeuge zur Instandhaltung und Reparatur der Gasmasken.

Fanok

Abkürzung für den „Fachnormenausschuss Krankenhaus", einem Gremium zur Normung von Krankenhausgerätschaften

Gasbekleidung

Schutzanzug für Personen der Kampfstoffabwehr (Gasspürer, Entgifter). Besteht aus Gasmaske, Gashose, Gasjacke, Gasanzug, Gasstiefeln und Gashandschuhen. Allesamt aus Gummi oder aus gummiertem Stoff.

Gasbettchen

Tragevorrichtung für Kleinkinder bis etwa 2 Jahre mit rundum geschlossener, luftdichter Überdeckung. Die Belüftung erfolgt über einen externen Blasebalg mit vorgeschaltetem Atemschutzfilter.

Gasjäckchen

Jackenartige Bekleidung mit angenähter luftdichter Kopfschutzhaube für Kleinkinder bis 4 Jahre, die noch keine Kindergasmaske tragen konnten. Die Belüftung erfolgt über einen externen Blasebalg mit vorgeschaltetem Atemschutzfilter.

Gasspürgerät

Gerät zur Untersuchung der atmosphärischen Luft und von Bodenproben auf → Gelbkreuz-Kampfstoff. Arbeitet mittels der Verfärbung von Prüfröhrchen nach Zugabe eines Reagensstoffes.

Gelbkreuz
Gruppe der Kampfstoffe, die eine ätzende Wirkung auf den Organismus haben und in höheren Dosierungen tödlich sind. Die Aufnahme des Gifts erfolgt hauptsächlich über die Haut. Die Bezeichnung rührt aus dem 1. Weltkrieg her: dort wurden die Gasgranaten zur Unterscheidung der Inhaltsstoffe mit farbigen Kreuzen markiert.

Geruchsprüfkasten
→ Riechprobenkasten

Grünkreuz
Gruppe der Kampfstoffe, die eine lungenschädigende und tödlich erstickende Wirkung auf den Menschen haben. Die Bezeichnung rührt aus dem 1. Weltkrieg her: dort wurden die Gasgranaten zur Unterscheidung der Inhaltsstoffe mit farbigen Kreuzen markiert.

Hlm
Abkürzung für Hefner-Lumen, benannt nach dem deutschen Konstrukteur und Elektrotechniker Friedrich von Hefner-Alteneck (1845 - 1904). Namensgeber für die Normalkerze, welche von 1890 bis 1942 in Deutschland, Österreich und Skandinavien als Lichtstärkeeinheit diente.

Köperbindung
Die Köperbindung ist eine der drei Grundbindungsarten für gewebte Stoffe. Charakteristisch ist der schräg verlaufende Grat (Köpergrat oder Diagonalgrat).

Lewisit
Bezeichnung für den Kampfstoff Chlorvinyldichlorarsin ($ClCHCHAsCl_2$). Gehört zur Gruppe der ätzenden Kampfstoffe (→ Gelbkreuz). Spez. Gewicht: 1,9. In reinem Zustand eine ölige, farblose bis schwach gelbliche Flüssigkeit, die stark nach Geranien riecht. Zersetzt sich im Wasser und wird dadurch unwirksam.

Lignatplatte
Eine mit asbestfasern verstärkte Zementplatte, ähnlich dem bekannten Eternit. Wurde als Stahlersatz verwendet.

Losantin
Losantin ist ein dem → Chlorkalk ähnlicher Stoff mit etwa 40% aktivem Chlor. Es ist begrenzt lagerfähig, da es den bei der Entgiftung wirksamen Chlor langsam verliert. Es bleibt jedoch streufähig.

Lost
Bezeichnung für den Kampfstoff Dichlordiäthylsulfid ($S(CH_2CH_2Cl)_2$; auch Senfgas oder Yperit). Gehört zur Gruppe der ätzenden Kampfstoffe (→ Gelbkreuz). Spez. Gewicht: 1,26. In reinem Zustand eine ölige, farb- und nahezu geruchslose Flüssigkeit. Verätzt bei Kontakt Haut und Organe und wirkt in größerer Konzentration tödlich. Erstmals 1822 hergestellt.

LS-Schwinge
Die Luftschutz-Schwinge wurde ab 1939 als offizielles Hoheitsabzeichen getragen. Zu finden war es auf → Luftschutzhelmen, an der Dienstkleidung des Luftschutzwarndienstes und des Sicherheits- und Hilfsdienstes.

Luftschutzhelm	Der Luftschutzhelm wurde 1938 genormt. Es gab danach nur noch die Gladiatorform, entweder in dreiteiliger Ausführung oder im Stück gepresst.
Oppanol(-stoff)	Gummiartiges Polymer, das zur Beschichtung von Gasanzügen verwendet wurde. Oppanol wurde 1931 zum Patent angemeldet. Der Kunststoff ist transparent, wasserundurchlässig, gasdicht und beständig gegen Chemikalien.
Perchloron	Zur Entgiftung hochwirksames Chlorkalkprodukt. Es ist haltbar, lagerfähig und bleibt streufähig. Die Wirkung ist etwa doppelt so hoch wie beim → Chlorkalk.
Perstoff	Andere Bezeichnung für den Kampfstoff Chlorameisensäuretrichlormethylester (Cl COOC Cl_3; auch Diphosgen). Gehört zur Gruppe der erstickenden Kampfstoffe (→ Grünkreuz). Spezifisches Gewicht: 1,65.
Phosgen	Phosgen ($COCl_2$) gehört zur Gruppe der erstickenden Kampfstoffe (→ Grünkreuz). Flüchtig und im Wasser leicht löslich.
R.d.L.u.Ob.d.L	Abkürzung für „Reichsminister der Luftfahrt und Oberbefehlshaber der Luftwaffe“
Riechprobenkasten	Wurde zur Schulung der sog. „Gasspürer“ eingesetzt. Enthält verschiedene Fläschchen mit Duftstoffen, die den Geruch von chemischen Kampfstoffen nachahmen (z. B. → Perstoff, → Lewisit und → Lost).
Rüttelbeton	Beton, der durch Rüttelung verdichtet wurde.
S-CO-Filter	Sonderfilter, der über einen speziellen Atemschlauch an die → S-Maske angeschlossen wird und seitlich am Körper oder auf dem Rücken getragen wird. Schützt im Gegensatz zum normalen → S-Filter auch vor Kohlenmonoxyd.
S-Filter	Filter der → S-Maske. Besteht aus drei Schichten (Schwebstoffschicht, Aktivkohleschicht, Mundschicht) und schützt gegen alle chemischen Kampfstoffe. Bietet keinen Schutz vor Kohlenmonoxyd (→ S-CO-Filter).
S-Maske	Einheitlich genormte Gasmaske, speziell für die Kräfte des Luftschutzes.
Schaukopf	Apparat zur Demonstration der Funktionsweise einer Gasmaske. Mittels eines Blasebalgs kann dabei die natürliche Atmung nachgeahmt werden.
Sudanpapier	Reagenspapier, das sich bei Kontakt mit Kampfstoff verfärbt und so das Vorhandensein des Kampfstoffes anzeigt.

St52
Stahlart („Stahl 52"), die eine erhöhte Zugfestigkeit von 52 kp/mm² (ca. 510 N/mm²) besitzt. Entsprechend bei St37.

Thermit
Thermit ist ein pulveriges Gemisch aus Aluminium und Eisenoxid. Reagiert nach dem Entzünden bei sehr hohen Temperaturen.

Tier-Luftschutzkasten
Der Tier-Luftschutzkasten 39 (ein Holzkasten von 43 x 30 x 13 cm) beinhaltete Verbandstoffe für durch Kampfstoff verletzte Nutztiere. Er enthielt 2 Dosen → Chloraminpuder, 1 Dose kalzinierte Soda, 2 Pressstücke mit Mullbinden, 5 Rollen Verbandwatte, 1 Holzspatel und 1 gebogene Schere in einem Segeltuchetui. Seine Beschaffung war nach § 3 der 7. Durchführungsverordnung zum Luftschutzgesetz für Eigentümer von Ställen für Pferde, Rinder und Schweine vorgeschrieben.

Transkommando-Sender
Fernsteuersystem u.a. für Luftschutzsirenen. Dabei werden durch Spannungsabsenkungen im Starkstromnetz Impulse erzeugt, die über entsprechende Taster abgenommen und zur Steuerung verwendet werden können.

Verdunklungsmittel
Werkstoffe, die zur Verdunklung von Lichtaustrittsöffnungen tauglich sind. Insbesondere Holz(-platten), Karton, Verdunklungsstoff, Verdunklungspapier.

VM.
Kurzbezeichnung der Volksgasmaske. Sie wurde 1937 entwickelt (VM.37) und später mehrmals überarbeitet (VM.40). Es gab sie in vier Kopfgrößen für Kinder, Frauen, Männer und in Übergröße.

VM.-Filter
Filter der Volksgasmaske. Im Gegensatz zum → S-Filter besitzt er einen größeren Querschnitt und eine geringere Höhe, was einen geringeren Atemwiderstand zur Folge hat.

Wehrbeton
Beton, der durch eine Bewehrung (z. B. Stahleinlagen) eine höhere Zugfestigkeit besitzt.

Xylolith
Xylolith (Steinholz, Sorelzement) ist eigentlich ein fugenloser Bodenbelag, der entsteht, wenn Magnesia (Magnesiumoxid) mit einer Magnesiumchloridlösung zusammengebracht wird. Platten aus diesem Werkstoff wurden als Stahlersatz bei Luftschutztüren verwendet.

Quellen

- alle Abbildungen, soweit nicht anders angegeben: Eigenes Bildarchiv
- Deutscher Reichsanzeiger und Preußischer Staatsanzeiger; diverse Ausgaben 1936-1944
- „Die Sirene – Illustrierte Zeitschrift des Reichsluftschutzbundes"; diverse Ausgaben, 1936-1944
- Foedrowitz, Michael: „Die Luftschutztürme der Bauart Winkel in Deutschland"; Waffen-Arsenal Band 175, Podzun-Pallas-Verlag, Wölfersheim-Berstadt, 1998
- Foedrowitz, Michael: „Einmannbunker – Splitterschutzbauten und Brandwachenstände"; 1. Auflage, Motorbuchverlag Stuttgart, 2007
- Hampe, Erich: „Der zivile Luftschutz im Zweiten Weltkrieg"; Bernard & Graefe Verlag für Wehrwesen, Frankfurt / M., 1963
- Helbig, Hans und Sellien, Ewald: „Der Luftschutz in Schulen und Hochschulen: eine Erläuterung der LDv. 755/2 mit einer Sammlung der einschlägigen Gesetze, Verordnungen, Erlasse"; Verlagsanstalt Otto Stollberg, Berlin, 1942
- Knipfer, E. und Hampe, E.: „Der zivile Luftschutz – Ein Sammelwerk über alle Fragen des Luftschutzes"; 2. Auflage, Verlagsanstalt Otto Stollberg, Berlin, 1937
- Peters, Gerhard: „Das chemische Luftschutz-ABC: Eigenschaften, Wirkungen und Abwehr der chemischen Kampfstoffe"; Enke-Verlag, Stuttgart, 1938
- o. A.: „Die Luftschutzgesetzgebung des Dritten Reichs, Reihe I, Verwaltungsvorschriften. 6., 7. und 8. Durchführungsverordnung zum Luftschutzgesetz vom 26. Juni 1935"; Verlag Max Galle, Berlin, 1939
- o. A.: „Die Luftschutzgesetzgebung des Dritten Reichs, Reihe II, Technische Vorschriften. 9. Durchführungsverordnung zum Luftschutzgesetz vom 17. August 1939"; Verlag Max Galle, Berlin, 1939
- Internet: www.gasmasklexikon.com

Dank an

Hans-Albrecht Bittner, Joe Brandt, Karl-Heinz Dürr, Michael Foedrowitz, Norbert Hans, Walter Kirch, Johannes Möller, Hubert Pinick, Holger Raddatz und an alle anderen, die durch die Zusendung von RL-Nummern oder/und Bildern einen Beitrag zu dieser Zusammenstellung geleistet haben.

Ganz besonderen Dank an Wilfried Maehler vom Studienkreis Bochumer Bunker e.V.

Über die Autoren

Ingo Danielzik,
geb. 1971, Studium der Medieninformatik an der Fachhochschule Braunschweig / Wolfenbüttel. Beschäftigt sich hobbymäßig seit Anfang der 1990er Jahre mit den Luftschutzbauten aus der Zeit des Zweiten Weltkriegs in seiner Heimatstadt Braunschweig und deren näherer Umgebung.

Holger Förstemann,
geb. 1968, aus Edemissen bei Peine, selbständig tätig als Autor, Grafik-Designer, Web-Designer - Hobby-Historiker und Fotograf. Mittlerweile ist ein weiteres Buch erschienen, das sich mit den Feldpostbriefen und der Kriegsgeschichte des Großvaters aus der Zeit 1938-1944 befasst („Feldpostbriefe – meine liebe Irma).

Beide Autoren sind außerdem beteiligt an dem Buch „EINMANNBUNKER“ von Michael Foedrowitz, das im Motorbuch-Verlag erschienen ist.